AF346704

TRAVAUX

DE

LA COMMISSION FRANÇAISE

SUR L'INDUSTRIE DES NATIONS.

TRAVAUX

DE

LA COMMISSION FRANÇAISE

SUR L'INDUSTRIE DES NATIONS,

PUBLIÉS

PAR ORDRE DU MINISTRE DE L'AGRICULTURE
ET DU COMMERCE.

TOME I.

HUITIÈME PARTIE.

PARIS.

IMPRIMERIE NATIONALE.

M DCCC LXXIII.

EXPOSITION UNIVERSELLE DE 1851

TRAVAUX
DE LA COMMISSION FRANÇAISE

INTRODUCTION

PAR

M. LE BARON CHARLES DUPIN,

PRÉSIDENT DE LA COMMISSION

MEMBRE DE L'INSTITUT.

FORCE PRODUCTIVE

DES NATIONS CONCURRENTES,

DEPUIS 1800 JUSQU'À 1851.

VIII° PARTIE.

L'INDO-CHINE ET L'INDE.

INTRODUCTION.

FORCE PRODUCTIVE
DES NATIONS CONCURRENTES.

HUITIÈME PARTIE.
L'INDO-CHINE ET L'INDE.

PRÉSIDENCE DE MADRAS,
Y COMPRIS SES DÉPENDANCES.

C'est Madras qui, vers le milieu du dernier siècle, a commencé les acquisitions de territoire au moyen desquelles la Compagnie britannique des Indes orientales s'est transformée de simple marchande en puissante souveraine.

TERRITOIRE ET POPULATION, Y COMPRIS LES TRIBUTAIRES.

DIVISIONS MILITAIRES.	SUPERFICIE.	POPULATION.	HABITANTS par MILLE HECTARES.
	Hectares.	Habitants.	
De l'Ouest : Sud-Canara , Mysore , etc.	13,704,726	7,519,573	548
Du Sud........................	11,019,155	7,822,273	710
Districts cédés...................	7,427,343	2,954,710	397
Du Centre......................	7,007,245	5,301,113	756
Du Nord.......................	8,469,559	4,105,334	485
Nizam , tributaire...............	24,692,283	10,666,080	432
Nagpour, tributaire..............	19,795,888	4,650,000	235
TOTAUX..........	92,116,199	43,019,083	467

Le tableau précédent ne comprend pas seulement les provinces qui sont aujourd'hui soumises à la souveraineté complète de la Grande-Bretagne, mais les États tributaires et plus ou moins rattachés à la Présidence. Nous ferons connaître au lecteur par quelles transformations insensibles on fait passer les diverses populations de la complète autonomie à des degrés successifs de sujétion. Cette métamorphose graduelle et les moyens qui la produisent présentent le plus étonnant et le plus instructif de tous les spectacles.

DIVISION DE L'OUEST.

COLLECTORATS ou GOUVERNEMENTS ALLIÉS.	SUPERFICIE.	POPULATION.	HABITANTS par MILLE HECTARES.
	Hectares.	Habitants.	
1. Sud-Canara	1,851,368	1,056,333	570
2. Malabar	1,566,950	1,566,950	966
Cochin	514,829	288,176	559
Travancore	1,222,998	1,011,821	827
Mysore	7,999,471	3,460,696	433
3. Courg	548,044	135,600	248
TOTAUX	13,704,762	7,519,579	548

1. *Collectorat du Sud-Canara.*

Mangalore est le chef-lieu du collectorat; son nom veut dire, en langue du pays, *la ville qui réjouit.* Le principal groupe d'habitations ainsi qualifié s'élève au milieu de six bourgs, ou faubourgs, entourés de jardins et de gracieux ombrages; cet ensemble suffit pour justifier l'étymologie que nous venons de rappeler.

Situation géographique : latitude, 12° 52'; longitude, 72° 34' à l'est de Paris.

Mangalore est placée entre les embouchures de deux rivières : 1° la Balure, qui vient du nord-est, c'est la moins considérable; 2° la Netrawati, qui vient du sud-ouest. Celle-ci se partage en deux affluents, dont on peut suivre la direction en remontant jusqu'à la crête des Ghauts, sur la frontière de la principauté de Courg et du royaume de Mysore.

Quand vient la saison des grandes pluies, les rivières qui débouchent dans la mer devant Mangalore sont considérablement grossies, ce qui facilite la navigation intérieure. On remonte à *Buntawalla*, grand marché sur lequel les habitants de Mysore et de Courg viennent échanger leurs produits contre ceux qu'on apporte en naviguant sur la mer Arabique.

Les eaux intérieures, si favorables au batelage, ayant plusieurs fois menacé d'inondations périlleuses la ville de Mangalore, les indigènes imaginèrent d'en détourner une partie; c'est ce qu'ils firent en coupant la langue de terre qui les garantissait contre la mer. Dès lors la masse des eaux descendantes n'a plus conservé la même puissance pour chasser les sables accumulés sur la barre, en avant du port; par une triste conséquence, cette barre s'est de plus en plus exhaussée. A présent, lorsqu'on la franchit dans les basses mers d'équinoxe, l'eau ne présente plus qu'un mètre et demi de profondeur. On avait construit une jetée pour arrêter les invasions de l'Océan; elle est à présent presque ensevelie sous le sable.

Depuis cette époque désastreuse, l'envahissement, en apparence insensible, mais incessant, des alluvions a beaucoup obstrué le port même de Mangalore; il a moins d'étendue et moins de profondeur qu'avant l'imprudente opération que nous venons de signaler.

Station militaire. — C'est auprès de Mangalore qu'est établi le cantonnement militaire qui garde une ville de 40,000 âmes; sa présence impose à la province, et son devoir est d'assurer la soumission de tous les indigènes.

En 1837, il y eut dans la ville et dans les pays d'alentour une grave insurrection, qui ne put être réprimée que par la force des armes. Un prompt renfort fut donné par des troupes envoyées de Bombay; celles-ci pouvaient porter un secours plus facile et plus rapide que les régiments partis de Madras.

École d'industrie. — Auprès de Mangalore, il faut citer une mission de frères Moraves, infatigables, vertueux et qui, sous tous les rapports, sont dignes d'intérêt. Leur maison contient une école élémentaire pour 50 élèves; et, chose encore bien plus remarquable, une école industrielle où sont enseignées aux natifs l'horlogerie et l'imprimerie.

Ancien trafic de Mangalore. — Au moyen âge, et probablement dans les temps antiques, les Arabes faisaient un commerce actif avec Mangalore, qui leur fournissait en abondance du riz et d'autres produits de la terre.

Au XVIe siècle, les Portugais s'empressèrent d'établir dans ce port une factorerie; elle fut détruite en 1596 par l'iman de Mascate, prince dont la marine avait alors quelque puissance. En 1768, la forteresse qui protégeait Mangalore fut envahie par les Anglais; mais le sultan de Mysore, franchissant la chaîne des Ghauts, les en chassa. Quinze ans plus tard, les Anglais reprirent cette place, et Tippou, le fils d'Hyder-Ali, les expulsa de nouveau. Plus tard encore, ce même port et Buntawalla, marché de l'intérieur, sur la rivière qui descend à Mangalore, furent attaqués et définitivement conquis pour l'Angleterre par le général Abercromby ; c'est le vaillant officier qui périt avec honneur dans la bataille où l'armée française, au retour de Syrie, triompha des forces coalisées des Anglais et des Ottomans.

Commerce actuel du collectorat du Sud-Canara.

Ce commerce a son importance et mérite de nous arrêter quelques moments.

Importations.		Exportations.	
Marchandises...	2,124,355^f	Marchandises...	10,417,402^f
Trésors.......	4,174,755	Trésors.......	1,448,190
Totaux....	6,299,110		11,865,592

Quoique le district du Sud-Canara soit compris dans la province de Madras, la majeure partie de ses échanges maritimes appartient à la Présidence et surtout au port de Bombay. Ce port envoie principalement des cotons ouvrés britanniques, des métaux communs et beaucoup d'autres produits métropolitains ; ensuite 12 à 15 millions de kilogrammes de sel, qui sont fournis par le monopole du Gouvernement, etc.

Café de l'Inde vendu même à l'Arabie. — A l'égard des exportations, l'objet principal est le café, cultivé depuis peu d'années par des planteurs européens, et déjà par des Ryots, qui sont leurs imitateurs, surtout à l'orient des Ghauts. La France, l'Angleterre et la Turquie sont les principaux acheteurs, puis vient le golfe Persique ; enfin, *l'Inde moderne vend ses cafés même à l'Arabie, si célèbre pour l'excellence des siens, du moins ceux de Moka.*

Exportation du café de l'Inde par les ports du Sud-Canara.

Lieux d'exportation.	Kilogrammes.	Francs.
France.	618,920	901,108
Grande-Bretagne	612,566	859,190
Turquie.	868,192	1,279,810
Golfe Persique.	387,220	571,725
Côtes d'Arabie	42,558	61,968
Totaux.	2,529,456	3,673,801

On peut s'en fier à la persévérante activité des **Anglais**
pour agrandir ce commerce et le propager dans **toutes**
les parties du monde, au grand avantage de l'Inde.

2. *Collectorat du Malabar.*

Dans le Malabar, c'est seulement au bord de la **mer**
qu'on peut trouver des habitations groupées en nombre
suffisant pour mériter le nom de villes. Ces villes maritimes, qui vont être pour nous l'objet d'un examen spécial, expliquent la richesse du commerce le plus important, après celui de Bombay, qui soit opéré sur la côte
occidentale, au midi de l'Indus.

Le Malabar est au nombre des régions que favorisent
à la fois un tel commerce et leur agriculture.

Agriculture.

L'intérieur du pays offre beaucoup de parties basses
et largement arrosées, qui permettent la plantation des
rizières et qui suffisent non-seulement aux besoins du
pays, mais à l'exportation pour Bombay et pour l'Arabie.

La plantation du palmier à noix de coco est une ressource capitale. Il y a près d'un demi-siècle, on calcu-
lait que sur un million d'hectares, y compris les terrains
incultes et les rochers improductifs, les habitants possédaient plus de trois millions de ces palmiers. Le Gouvernement perçoit un revenu sur ces arbres si précieux pour
la richesse et l'alimentation de la contrée.

Les chefs de famille originaires du pays ont des habitations qui ne sont pas sans analogie avec ces fermes de
Normandie érigées au milieu d'un terrain complanté
qu'entoure une clôture défendue elle-même par un fossé
large et profond. L'enclos contient le jardin, le verger,
et probablement aussi les arbrisseaux qui produisent le
poivre noir; ce poivre fut pendant longtemps l'objet
principal des exportations du Malabar.

Outre les demeures isolées dont nous venons de parler, cette contrée présente une foule de petits hameaux
dont la disposition est singulière. Les maisons, correcte-
ment alignées, occupent d'ordinaire deux côtés contigus
d'un spacieux carré dont le sol, exhaussé pour plus de
salubrité, est nivelé, puis dépouillé de toute végétation.
Les maisons sont construites en argile parfaitement polie,
et la surface extérieure est blanchie ou peinte : cela donne
au village un air de grâce et de parure dont la propreté
fait contraste avec l'aspect du désordre et de la malpro-
preté qu'ont les habitations des villes et des bourgades,
si mal alignées et si misérables dans les autres parties
de l'Inde. Des étrangers, dit W. Hamilton[1], ont introduit
le système de ces villages, ainsi que les bazars; tandis
que les familles aborigènes du Malabar, comme nous
l'avons rapporté plus haut, habitent des maisons isolées,
qu'elles bâtissent au milieu de leurs domaines.

[1] East-India Gazetteer.

Nous appelons l'attention du lecteur sur le tableau suivant; il fera parcourir avec plus d'intérêt les indications qui vont suivre sur les ports de mer de la province.

Commerce du Malabar [1] : *année 1862-63.*

Commerce avec........		Bombay.	Madras.
Importations .. {	Marchandises ..	14,696,870[1]	14,077,147[1]
	Trésors........	41,102	7,172,287
Exportations... {	Marchandises ..	14,441,027	33,979,307
	Trésors........	6,757,707	4,413,387
Totaux...........		35,936,706	59,642,128

Certainement, lorsqu'une province qui ne possède pas seize cent mille habitants fait un commerce annuel dont la valeur approche de *cent millions*, elle présente un magnifique résultat. Quand on aura terminé les voies de communication qu'on exécute avec activité, les échanges prendront encore un plus grand essor.

Les importations soit de Bombay, soit de Madras, consistent principalement en produits de l'Angleterre, cotons filés ou tissés, métaux ouvrés ou bruts, etc. etc. il faut y joindre le sel envoyé par le Gouvernement de l'Inde. Les exportations consistent en produits indigènes, café, gingembre, poivre, cardamomes, noix de bétel, huiles et noix de coco, filaments appelés *coirs*, et cordages en *coir*, bois de construction et de menuiserie, etc.

En 1851, dans le Palais de Cristal, figurait une collection très-variée des bois produits dans les forêts du Malabar.

---

[1] Ports dont le commerce est compris dans ce tableau : Tuticorin, Lolasagarapatam. Tellichéry, Baddagherry, Calicut, Cannanore, Bépour et Cochin.

Les villes maritimes et les îles du Malabar.

Situation géographique du port de Cannanore : latitude,
11° 52′; longitude, 73° 16′ à l'est de Paris.

Cette cité, le chef-lieu du collectorat de Malabar, est
remarquable pour sa nombreuse population; mais si nous
la comparons à la petite et charmante ville française de
Mahé, sur la même côte, nous la trouverons mal bâtie
et mal percée. Ses rues, suivant le détestable usage des
Hindous, sont d'une saleté repoussante.

Cannanore se déploie sur une côte dirigée de l'est à
l'ouest; elle est ouverte à tous les vents du large, qui
viennent du sud.

A l'orient de la ville, et près de la mer, on a placé le
cantonnement militaire, un des plus importants de la province de Madras; il est préparé pour suffire à loger un
régiment européen et trois régiments indigènes. Plus à
l'orient encore s'élève, sur une falaise bordée de rochers,
la forteresse qui protége le havre, tout ouvert en avant
de Cannanore.

Les environs de ce port sont embellis par des bosquets
de palmiers à cocos : les casernes, l'église, l'hospice, le
bazar et les nombreuses dépendances du cantonnement
semblent disposés au milieu d'une forêt de ces utiles et
beaux arbres; leur ombrage perpétuel, sous le soleil de
la zone torride, est d'un prix inestimable. L'élévation du
site, l'absence des eaux stagnantes et de terrains marécageux, rendent cette résidence une des plus saines que
puisse offrir le Malabar.

Sept ans après leur arrivée dans l'Inde, les Portugais
possédaient un fort à Cannanore. Sous le règne de Philippe II, les Hollandais s'en emparèrent; ensuite ils ven-

dirent cette place à la famille hindoue qui règne, ou du moins est censée régner encore sur un district très-circonscrit autour de Cannanore et sur les îles *Laccadives*.

La souveraine, la *Rani*, qui conserve son titre sous la suzeraineté britannique, possède un palais dont le premier étage est réservé pour le gouvernement et les fêtes princières, tandis que le rez-de-chaussée offre un spacieux magasin pour le dépôt du poivre monopolisé par la princesse.

Le trop fameux et trop turbulent Pritchard, lorsqu'il était consul dans O'Tahiti, avait organisé sur ce plan son orgueilleux consulat : logement officiel et d'apparat au premier; apothicairerie, bazar et trafic au-dessous.

Groupe des îles Laccadives.

Presque sur le même parallèle que le port de Cannanore se trouve l'archipel des Laccadives.

Cet archipel, dont le nom signifie *les cent mille îles*, s'étend du 10ᵉ au 12ᵉ degré de latitude, dans une longueur d'environ cent kilomètres; la plus grande ne contient pas mille hectares de terre végétale. Ces îles ont pour base des rochers de corail, au-dessus desquels, avec leur verdure, elles s'élèvent comme une excroissance naturelle; de tels rochers rendent leurs abords très-dangereux, excepté dans les temps où la mer est fort calme.

L'archipel est pauvre et ne compte que peu d'habitants, qui font un petit commerce de volaille et d'œufs pour ravitailler les navires; ils vendent aussi des noix de coco. La capsule de ces noix fournit des fibres d'une grande ténacité; le port de Cochin les emploie pour fabriquer les cordages appelés *coirs*.

Les îles Laccadives reconnaissent l'autorité du Gouvernement britannique depuis la conquête du Malabar faite sur le sultan Tippou, dont le radjah de Cannanore était devenu le vassal; ce radjah fut, au même titre, le tributaire et bientôt après le sujet des Anglais.

Dans le commerce de la Présidence de Madras avec les îles Laccadives, pour l'année 1862-1863, je vois figurer : Arrivées, 107 navires, qui portent en tout 1,357 tonneaux; départs, 70 navires, chargés de 1,704 tonneaux.

Le port de Tellichéry.

Situation géographique : latitude, 11° 45′; longitude, 73° 13′ à l'est de Paris.

En avant de Tellichéry se trouve un mouillage couvert, du côté du large, par des rochers qu'on peut considérer comme des brise-lames naturels contre les vents d'ouest.

Des vaisseaux de ligne peuvent s'y tenir à l'ancre, mais sans être abrités contre les vents qui règnent lors de la mousson de printemps et d'été.

En 1834, le polygar de Tellichéry ayant pris parti dans les troubles suscités contre les Anglais, le gouvernement de Madras voulut se saisir de sa personne; il se sauva dans les montagnes des Ghauts. C'est lui que le radjah de Courg refusa de livrer à ses persécuteurs; un refus si naturel fournit à la Compagnie des Indes l'occasion très-désirée de détrôner le radjah même. Nous présenterons plus loin le récit d'une si triste usurpation.

Culture et commerce des cardamomes.

On exporte par Tellichéry le cardamome de Wainaad, qu'on regarde comme préférable à celui de toute autre contrée. C'est un puissant stomachique, et les Hindous

en font un fréquent usage pour assaisonner leurs aliments. Les habitants de l'Asie le mâchent en guise de
bétel; ceux de l'Europe l'emploient dans leurs composi-
tions pharmaceutiques.

L'arbuste qui, pour graines, produit le cardamome ressemble à celui qui produit le gingembre. Il atteint quelquefois la hauteur d'un mètre avant de porter ses fruits,
qui sont renfermés dans des cosses; les graines, en mû-
rissant, acquièrent la puissante odeur aromatique pour
laquelle elles sont si renommées. Cet arbuste croît de
lui-même sur la côte du Malabar; mais, souvent, on le
cultive dans les champs semés de plantain.

Les collines, à peu près dépourvues de culture, où
le cardamome croît naturellement sont, en général, des
propriétés particulières. Quand le possesseur voit l'arbuste
sortir de terre, il coupe les buissons qui l'ombragent; il
en soigne les pousses pendant trois années. Au bout de
ce temps, elles commencent à produire; l'année suivante
est celle de leur grand rapport, après quoi la récolte
diminue. Dans le mois de septembre, aussitôt que le fruit
commence à mûrir, on le récolte à la cueillette; c'est le
seul moyen de prendre l'avance sur les écureuils et sur
une foule d'oiseaux qui dévorent ce fruit avec avidité.

En 1683, la Présidence britannique de Surate avait
établi dans Tellichéry une factorerie chargée d'acheter
le cardamome et le poivre.

Jusqu'à la fin du siècle dernier, cette place était le
principal établissement de la Compagnie des Indes sur la
côte de Malabar. Mais les Anglais, devenus maîtres de
Mahé pendant les premières guerres de la Révolution
française, y transportèrent leur comptoir de Tellichéry;
cela produisit dans cette dernière place une décadence
dont elle ne s'est pas relevée.

POSSESSION FRANÇAISE DE MAHÉ.

La ville et le port de *Mahé* sont une enclave du Malabar.

Situation géographique : latitude, 21° 42′; longitude, 73° 16′ à l'est de Paris.

Voici l'une des plus modestes et des plus charmantes possessions qui restent aux Français dans l'Hindoustan. C'est un territoire d'environ 6,000 hectares, où la végétation a toute la richesse et la puissance de la zone torride. On dirait qu'un vaste Éden tropical entoure la petite ville européenne, dont les maisons et les rues plaisent également pour leur disposition régulière, pour leur aspect confortable et pour la propreté de la voie publique, choses si rares en Asie. Une rivière, qu'on remonte assez loin en bateau, forme près de son embouchure le port de Mahé. D'habiles travaux d'art rendraient ce port praticable à des navires plus grands que de médiocres caboteurs ; mais la France pourrait-elle espérer d'être récompensée d'un tel sacrifice en faveur de quatre lieues de territoire ?

Cet établissement microscopique a subi toutes les vicissitudes qu'ont éprouvées nos possessions maritimes pendant nos guerres avec les Anglais ; fondé par nous en 1722, nous l'avons perdu quatre fois, et quatre fois récupéré, depuis 1761 jusqu'en 1815.

Calicut (Kalicod).

Situation géographique : latitude, 11° 17′; longitude, 73° à l'est de Paris.

Un grand nombre d'habitants de Calicut sont des sectateurs de Mahomet. Dans un quartier séparé se trouvent environ 4,000 Portugais, dont l'origine remonte presque au siècle de Vasco de Gama. Cet illustre navigateur, qui le premier passa de l'Atlantique dans les mers de l'Inde, vint aborder auprès de Calicut. Un monarque indigène, sous le titre de Zamorin, régnait alors sur cette ville et sur les pays circonvoisins. Après une guerre dont les succès furent longtemps balancés, la paix ayant été conclue entre ce prince et les Portugais, ces derniers obtinrent la permission d'établir au voisinage de Calicut une factorerie entourée de fortifications. Cent ans plus tard, en 1613, les Anglais établirent, à leur exemple, auprès de ce port une factorerie qui fut aussi fortifiée.

Lorsque Haïder-Ali s'empara du royaume de Mysore, il attacha le plus grand prix à se rendre maître de Calicut; mais les Anglais, en 1782, s'en emparèrent. Sept ans plus tard, Tippou-Sahib ravagea stupidement le pays d'alentour et commit d'inconcevables cruautés. Il ne lui suffisait pas de massacrer des femmes et des enfants sans défense, il coupait par le pied les arbres et les arbustes les plus précieux, le sandal, le palmier, le poivrier, etc.

En 1792, Calicut ou *Kalicod* et le pays qui l'environne furent pour toujours assujettis à l'Angleterre.

Les calicots. — Les tissus de coton que les indigènes apportaient sur ce marché, transportés en Europe, y prirent le nom du port de provenance; ils furent bientôt appelés en Occident des *calicots*, désignation qui devint celle *de tous les tissus de coton blancs et communs.*

Avant d'arriver à Calicut, lorsqu'on vient de Mahé, on côtoie des rochers renommés pour l'excellence des nids comestibles que les hirondelles y forment. Les plus beaux de ces nids se vendaient autrefois jusqu'à 60 francs le kilogramme; ils sont l'objet d'un luxe fort recherché pour la table des Chinois.

Port de Bépour : grande usine métallurgique anglaise.

Situation géographique : latitude, 11° 10′; longitude, 73° 31′ à l'est de Paris.

Cette ville est placée à l'embouchure d'une rivière qui prend sa source au milieu des monts Nilgherris, et qui traverse une très-vaste plaine avant d'arriver à la mer.

Des navires tirant 4 mètres 1/3 d'eau, lorsqu'on les soulève avec des tonneaux vides, en guise d'alléges, peuvent franchir la barre à l'entrée de la rivière, et trouver un port intérieur où le mouillage a naturellement plus de profondeur.

Ajoutons que, par un bon système de dragage, on pourrait obtenir un tirant d'eau plus considérable, et par là procurer une importance nouvelle à Bépour.

Des avantages naturels semblaient assurer à ce port un grand avenir. La rivière dont il borde le côté septentrional permet d'amener, par le flottage, de beaux bois de teck, tirés de la chaîne des Ghauts; bois précieux pour les constructions navales, et qu'on peut toujours envoyer en Angleterre. On espérait pouvoir en profiter pour bâtir à Bépour des navires de guerre; mais la difficulté de sortir du port est un obstacle qui ne permet pas qu'on y construise de grands bâtiments : c'est pourquoi le bois de teck est réservé pour l'exportation.

Scieries à vent. — Afin de tirer parti des bois de toute nature qu'on peut exploiter dans le Malabar, des mécaniciens ont essayé d'établir auprès du port qui nous occupe des scieries mues par la force du vent, comme celles de la Hollande; on a trouvé que cette force faisait défaut pendant une partie trop considérable de l'année, et qu'il en résultait des chômages ruineux.

Usine métallurgique. — Bépour était parfaitement situé pour mettre à profit un riche minerai de fer et le combustible abondant du voisinage. Ces motifs ont déterminé la Compagnie des forges de *Porto-Novo* à créer dans Bépour une usine importante, sur le plan des usines les plus belles d'Angleterre; en conséquence, elle a demandé tous ses mécanismes à la métropole. Le gouvernement de Madras a protégé les créateurs de cet établissement et les a chargés, depuis peu d'années, de fournir les fers nécessaires aux constructions de l'artillerie.

Pour dernière et grande faveur, le chemin de fer qui part de Madras et qui s'étend de l'est à l'ouest, après avoir traversé toute la péninsule, vient se terminer à Bépour, au bord de la mer. De là, les Anglais ont perfectionné la navigation des lagunes qui s'étendent jusqu'au port de Cochin; on peut donc voyager à la vapeur, par terre ou par eau, depuis Madras jusqu'à Cochin.

Port de Ponany.

Situation géographique : latitude, 10° 48'; longitude, 73° 38' à l'est de Paris.

Ce port est situé sur le bord méridional de la rivière à laquelle il doit son nom; rivière navigable pour des bateaux d'un médiocre tonnage, dans un parcours de 25 lieues, jusqu'à Palghaut.

La barre qui s'étend à l'embouchure de la rivière Ponany diminue beaucoup l'importance du port. Néanmoins, avant le règne de Tippou, la ville était florissante et son cabotage avait beaucoup d'activité; mais, bientôt, l'administration tyrannique de ce conquérant a fait déchoir cet état prospère. Depuis l'époque où les Anglais en ont pris possession, elle s'est fort peu relevée, et ne compte pas aujourd'hui plus de 8,000 habitants.

Ponany avait un titre particulier à l'intérêt de Tippou. Cette ville, presque entièrement peuplée de ses coreligionnaires, est habitée par le grand-prêtre musulman des Mapilas; elle est le chef-lieu de la juridiction de ce mufti, et ne compte pas moins de quarante mosquées : la plupart, il est vrai, sont de très-petits oratoires.

Des habitants de Ponany, les uns s'adonnent à la pêche, les autres au cabotage. Ceux-ci vont à l'orient jusqu'à Calcutta, au nord jusqu'à Bombay, à l'occident jusqu'en Arabie. Ils importent du sel, du sucre, des épices et des céréales; ils exportent du bois, du fer, du bétel, de l'huile tirée des noix de coco, etc.

Navigation des lagunes.

Au midi de Ponany se trouve un étroit *lido*, séparé de la terre ferme par une lagune longue et resserrée; elle peut servir à la navigation intérieure dans la partie de l'année où les caboteurs redoutent une mer trop tourmentée par les tempêtes. Le Gouvernement s'étudie à perfectionner cette voie de communication dans un espace de neuf lieues, entre Ponany et Chetwye.

Les mœurs des classes supérieures dans le Malabar.

Depuis Goa jusqu'au cap Comorin, les mœurs des Hindous, surtout dans le Malabar, présentent des particularités étranges et qu'il faut faire connaître; je puiserai pour cela dans les écrits de W. Hamilton et de M. Ed. Eastwick, résumés des auteurs les plus authentiques.

Jusqu'en 1766 le peuple du Malabar, protégé par les montagnes et le caractère accidenté de son territoire, n'ayant pas été dompté par les musulmans, avait conservé et conserve encore, plus que toute autre partie de l'Inde, l'état social de ses castes primitives.

Au premier rang sont les *Nambouris* ou brahmanes, qui possèdent un double pouvoir, politique et religieux; ils dirigent l'armée sous les ordres du radjah. Au second rang se trouvent les *Nairs* ou la caste militaire; au troisième, les *Tiars*, qui sont les hommes libres adonnés à l'agriculture; au quatrième rang, les *Maléars*, musiciens et devins, qui sont également des hommes libres, mais de moindre importance : voilà toutes les castes pures. Au cinquième rang viennent les *Polyars*, les *impurs;* ce sont des esclaves qui labourent la terre et restent attachés à la glèbe.

L'inégalité de ces diverses classes est marquée par les règles suivantes. Le militaire, le Nair, peut approcher un brahmane; mais il ne doit pas le toucher. Un cultivateur libre, un Tiar, ne peut l'approcher qu'à trente-six pas de distance; un Maléar, qu'à quarante-huit; et l'esclave, le Polyar, qu'à quatre-vingt-seize pas.

La même règle des distances est observée comme un privilége en faveur des guerriers, des Nairs; le cultivateur libre n'en doit approcher qu'à douze pas, le musicien qu'à seize et l'esclave qu'à quarante-huit.

Cette étrange loi protége, mais dans un degré qui diminue, le troisième rang contre les approches du quatrième et le quatrième contre celles du cinquième.

Croira-t-on que les esclaves eux-mêmes trouvent encore une classe au-dessous d'eux et qu'ils *tiennent à distance?* ce sont les infortunés *parias*. L'esclave impur aurait besoin de faire des ablutions et des prières pour effacer la souillure et la profanation de sa personne s'il était touché par un paria, qu'on pourrait appeler l'*impurissime*.

Dans le Malabar, les brahmanes sont moins nombreux,

moins civilisés et plus ignorants que dans les autres parties de l'Hindoustan. C'est peut-être pour cela qu'ils ne sont pas chargés d'administrer les revenus publics dans les principautés de cette province.

Les brahmanes ou Nambouris du Malabar et du Travancore réclamaient autrefois le droit héréditaire de toute la terre située au-dessous des Ghauts jusqu'à la mer; elle est, assuraient-ils, un don que le dieu Parschourama leur a fait, quand il a créé cette partie de l'Inde. Dieu, comme on le voit, n'aurait pas créé par un seul acte de sa volonté toute la terre, et pas même l'Inde entière.

Avant que les Anglais gouvernassent politiquement le pays, les Nairs composaient exclusivement l'armée, que commandaient les Nambouris sous l'ordre suprême du radjah, nous l'avons déjà dit. Ils sont obéissants envers leurs chefs; mais ils se montrent si jaloux de leur caste et de leur dignité, qu'ils tueraient sans pitié l'Indien de caste inférieure qui se permettrait de les toucher ou l'esclave qui ne s'écarterait pas de leur chemin.

Les Nairs adorent surtout Vishnou; *ils font* ou du moins *ils faisaient des sacrifices humains à certaines divinités.* Ils sont passionnés pour les boissons spiritueuses; ils se permettent de manger le poisson, la volaille, le chevreau, la venaison. C'est beaucoup pour des Hindous qui prétendent à la pureté des classes élevées.

Les Nairs affirment qu'ils sont tous issus d'une même caste primitive, quoiqu'ils soient adonnés à des professions assez diverses et très-inégalement considérées.

Parmi ceux de la deuxième classe, on compte les Soudras, qui sont fermiers ou comptables publics.

Dans les fêtes publiques, les Nairs remplissent de droit l'office de *cuisiniers;* ce privilége est considéré par les Hindous comme le signe certain d'un rang très-élevé. En effet, nul sectateur de Brahma ne peut manger, sans perdre sa caste, que des aliments préparés par une personne d'un rang supérieur ou du moins égal au sien.

Mœurs étranges des Naïrs au sujet du mariage. — Le Naïr se marie avant que sa fiancée ait atteint l'âge de dix ans; ils habitent une nuit ensemble, et restent ensuite séparés pour toujours. Après la noce, l'épousée demeure sous le toit maternel. Le mari laisse à sa femme, dont il ne s'occupera plus, le soin de lui donner une postérité, quand elle le voudra, et comme elle en aura la fantaisie.

Lorsque l'épouse a perdu son père et sa mère, elle cohabite avec un amant qu'elle choisit à son gré, et même avec plusieurs, si cela lui convient; à la condition, cependant, qu'ils soient ou du même rang qu'elle ou d'un rang supérieur : noblesse oblige!

Avec cette idée de distinction, les Nambouris, qui composent la classe sacrée, et surtout les radjahs, qui possèdent le suprême pouvoir, sont très-recherchés pour devenir les paramours, ou, si nous osons employer cette expression, les *concubins* des dames naïrs.

Les femmes d'un rang élevé sont fort renommées pour leur beauté; elles ont grand soin de leur personne et leur parure est pleine de recherche. Elles ne trafiquent pas de leurs faveurs; il suffit que le préféré fasse présent, comme tendres arrhes, à celle qui daigne devenir *son maître*, d'un joyau plus ou moins élégant. En même temps il donne à la mère une pièce de tissu peu dispendieuse.

Les jeunes gens de l'un et de l'autre sexe rivalisent à qui paraîtra, celle-ci la plus belle et celui-là le plus beau, à qui sera mis avec le plus d'élégance; tout entiers aux délices du présent, ils sont indifférents sur l'avenir.

La conséquence de ces mœurs polies, mais détestables, c'est qu'aucun Naïr ne connaît son père; chacun d'eux considère comme autant d'héritiers les enfants de ses sœurs. Tous héritent par portions égales.

La mère d'un Nair en administre la famille, et quand elle meurt, l'aînée de ses sœurs occupe sa place. Les frères vivent sous le même toit; mais si l'un d'eux quitte la communauté, il est toujours suivi par sa sœur favorite. Il semble qu'au Malabar la femme dominatrice, *mater familias*, ait sous le toit domestique les mêmes droits et la même autorité qu'avait autrefois dans Rome le *pater familias*.

L'absence de retenue chez les femmes nairs et le système illimité de leur *polyandrie* ne paraissent pas nuire à l'accroissement de la population. Peut-être l'espèce de vie commune de tout un *clan*, où la femme la plus âgée pourvoit aux besoins de la nombreuse famille avec un patrimoine indivis, produit-elle un degré d'aisance peu commun chez les autres Hindous?

Il y avait dans le centre de la France un ordre social qui réunissait les avantages de cette existence en commun sans en avoir l'odieuse promiscuité. Depuis un temps immémorial, tous les rejetons d'une même famille vivaient sous un même toit avec les fruits d'un seul patrimoine. Chaque fille épousait nécessairement tout autre qu'un frère, et le gendre, accepté par la famille, n'avait pas le droit de morceler l'héritage de tous. Il a fallu le détestable génie des avoués et des gens d'affaires, et la lâcheté de certains magistrats, pour détruire ces usages vénérables, parfaitement en harmonie avec la pureté des mœurs chrétiennes [1].

---

[1] M. Dupin aîné a fait connaître la dernière de ces associations, celle des *Jauls*, dans sa description du Morvand.

Territoire et ville de Cochin.

La ville de *Cochin* appartient au Malabar britannique et se trouve soumise aux lois et *régulations* de la province de Madras.

Voici quels sont le territoire et la population de la principauté tributaire, que l'on comprend aujourd'hui dans la division du sud de la Présidence de Madras :

TERRITOIRE ET POPULATION.

Superficie...................... 514,892 hectares.
Population .... 288,176 habitants.
Habitants par 1,000 hectares 560

Le pays, dit le capitaine Ouchterlony [1], où se trouve situé le port de Cochin appartient au radjah de Travancore, et le Gouvernement anglais ne possède que la pièce de terre sur laquelle est bâtie cette ville. Il serait facile au gouvernement de Madras d'acheter de ce prince un territoire suffisant pour procurer à Cochin la banlieue la plus favorable à ses développements, et pour posséder les jardins, les plantations et les ombrages dont il convient de l'entourer.

Situation géographique de Cochin : latitude, 9° 51′; longitude, 73° 57′ à l'est de Paris.

Cette ville, qui compte 20,000 habitants, est pour les Anglais un port digne de beaucoup d'intérêt. C'est de là qu'ils exercent leur protectorat sur tous les indigènes tributaires de la côte occidentale.

Dès l'année 1503, le grand Albuquerque bâtit à Cochin la première des forteresses que les Portugais aient possédées dans l'Inde. Lorsque Philippe II se fut rendu

[1] Enquête parlementaire sur la colonisation dans l'Inde.

maître du Portugal, les possessions que ce royaume avait acquises au delà des mers furent ardemment assaillies par les Hollandais. Ceux-ci chassèrent de Cochin les Portugais; égarés par le désir d'outrager la croyance de leurs ennemis, ils profanèrent leur cathédrale et ne rougirent pas d'en faire un vil bazar[1]. Dans un dessein moins pervers que cette honteuse et misérable vengeance contre le temple de Dieu, ils recherchèrent les moyens d'attirer les étrangers; ils convièrent à se rendre dans le port de Cochin tous les peuples de l'Asie, et le commerce y prospéra. Les Arabes y faisaient deux voyages par année; ils apportaient par l'Égypte et la mer Rouge les commandes et les sequins de Venise, qui florissait encore à cette époque. Ce fait nous montre la voie que suivaient alors les échanges des Italiens avec l'Hindoustan.

Vers la fin du siècle dernier, le stathoudérat hollandais ayant été supprimé par les Français pour être remplacé par une république éphémère, le nouvel État batave fut entraîné dans notre lutte contre l'Angleterre. Cette dernière puissance, enchantée de saisir une occasion si favorable, envahit Cochin, dont elle convoitait la position maritime.

Quoiqu'en 1814 la paix générale affichât pour principe la restitution des pays qu'avaient possédés les familles souveraines comprises dans la coalition européenne formée contre l'Empire français, les Anglais refusèrent de restituer à la maison d'Orange la ville de Cochin, l'île de Ceylan, le Cap de Bonne-Espérance, etc. etc.

Cochin s'élève à l'extrémité septentrionale d'une langue

---

[1] Quand les Hollandais arrivèrent, l'évêque de Cochin, dont la cathédrale fut confisquée et profanée, se retira dans l'intérieur du Malabar, à Coilan. La juridiction de ce prélat s'étend jusqu'à Negapatam et comprend toute l'île de Ceylan. Son diocèse compte encore plus de cent églises.

de terre ayant cinq lieues de longueur et quatre fois moins de largeur. Des eaux intérieures singulièrement abondantes affluent à l'est, au nord, au midi de cette ville; elle devient ainsi le centre d'une navigation continentale étendue et qui rayonne en tous sens. On croit voir le spectacle du bassin fluvial et des lagunes de Venise.

Les cours d'eau confluents éprouvent l'effet d'une marée, faible il est vrai, mais qui cependant contribue, par sa montée et sa descente, à l'économie autant qu'à la facilité de la navigation intérieure. Chaque fois que la marée baisse, on peut diriger les courants amenés par de nombreux ruisseaux pour obtenir, à l'embouchure, une chasse capable de soulever et d'entraîner les alluvions.

Le peuple de Cochin boit une eau saumâtre et malsaine, à laquelle on attribue la fréquence de cette affreuse lèpre nommée l'*éléphantiasis* [1]. Pour les serviteurs de l'État, militaires et civils, le Gouvernement fait venir une eau parfaitement pure, que des bateaux vont chercher à six lieues de distance. Ne conviendrait-il pas d'en amener pour tous les habitants, ou d'imaginer quelque moyen efficace et peu coûteux d'assainir les eaux délétères ?

La hauteur actuelle de la mer au-dessus de la barre, en avant du port, est de $4^m,50$; indépendamment des chasses, il faudrait l'accroître par un dragage.

Autrefois Cochin était renommée pour ses constructions navales, grâce à l'emploi qu'on y faisait de l'excellent bois de teck. C'est le seul port, depuis Bombay jusqu'au cap Comorin, où l'on puisse mettre en chantier de grands bâtiments. Aussi voyons-nous qu'on y construisit en 1820 trois frégates pour la marine royale britannique et des

---

[1] *Éléphantiasis et Jambes de Cochin.* Dans la partie occidentale de l'Inde on désigne la difformité que produit cette maladie, non pas sous le nom de *Jambes d'éléphant,* mais sous celui de *Jambes de Cochin.*

navires de commerce qui portaient jusqu'à mille tonneaux. Aujourd'hui les forêts du Malabar sont sensiblement appauvries et les bois sont devenus chers à Cochin;
comme dans Bépour, ces causes ont suffi pour réduire à
de très-modestes proportions une belle industrie navale.

Bateaux dits serpents de mer. — Venise est célèbre en
Europe pour ses gondoles et pour ses gondoliers; Cochin
est renommée pour ses bateaux appelés *serpents de mer*,
longs, étroits, légers, élégants. Ces bateaux sont conduits
par des rameurs lascars, avec une incroyable vitesse; on
les construit en creusant le tronc d'arbres gigantesques.
Celui du radjah, rehaussé par des dorures magnifiques,
est assez long pour border vingt avirons. Lors de l'Exposition universelle de Londres, en 1851, parmi les produits
d'industrie envoyés de Bombay, nous avons remarqué le
modèle d'un de ces brillants serpents de mer.

Les Juifs et le Pentateuque. Dans le voisinage de Cochin subsistent encore deux races distinctes de juifs : d'a-
bord les blancs, qu'on dit originaires de Jérusalem et qui
sont les émigrés de la date la moins reculée; ensuite les
noirs, venus probablement des bords de la mer Rouge,
en des temps qui sont réputés très-antérieurs. Ces derniers possèdent une synagogue dans laquelle ils conservent avec un très-grand soin *cinq copies du Pentateuque,*
précieuses pour leur haute antiquité. Le colonel Macaulay, lorsqu'il était à Cochin Résident près du radjah, fit
présent à ces Juifs d'une couronne d'or, pour être dépo-
sée sur la collection de leurs livres saints.

PRINCIPAUTÉ DE TRAVANCORE.

Les derniers prolongements de la chaîne des Ghauts
servent de limite au Travancore, du côté de l'orient. Ces

montagnes, couvertes de jongles et de forêts, abritent les plus grands animaux à l'état sauvage, l'éléphant, le tigre, le léopard, etc. Trop souvent ils se ruent sur le pays bas, afin d'y trouver des proies abondantes; ces agressions nuisent beaucoup aux progrès des cultures et de la population.

Les montagnes et les forêts de la principauté méritent d'être étudiées sous un autre point de vue; elles sont les réservoirs que la nature prépare à d'innombrables ruisseaux ainsi qu'à des rivières généralement torrentueuses. Ces éléments de fertilité font bien comprendre la population si nombreuse que nous avons signalée. Les vallons et les plaines sont arrosés naturellement en quantités assez copieuses pour qu'on n'ait pas besoin de ces réservoirs artificiels, *les Tancks*, indispensables aux régions situées à l'orient des Ghauts. Dans cette province, les récoltes ne manquent jamais et sont d'une extrême abondance.

On comprend par là qu'en dépit de tous les obstacles le peuplement du Travancore a toujours dû tendre à s'accroître; à cet égard, il est comparable aux meilleures parties du Malabar.

Le beau pays que nous décrivons produit le café, les noix de bétel et de coco, le poivre, le cardamome, la casse, l'encens et d'autres gommes aromatiques. Pendant longtemps ces productions précieuses ont été soumises aux conditions d'un monopole qui, pour le Gouvernement, était l'objet d'un revenu considérable.

Les pêcheurs, depuis l'âge de seize ans jusqu'à soixante, sont encore *taxés pour leurs filets*. En revanche, les contributions levées sur le riz et sur les autres grains nécessaires à l'alimentation du peuple sont presque nulles.

Autrefois le Travancore subissait le joug de la féodalité la plus complète et la plus oppressive; les principaux seigneurs de la contrée, exerçant à la fois sur leurs vassaux une autorité judiciaire, militaire et financière, commandaient et pressuraient leurs inférieurs sans aucun contrôle et les condamnaient sur toutes choses sans recours.

Dans cette contrée, les lois, ainsi que la religion, sont brahmaniques; pendant longtemps elles ont été très-imparfaites et même cruelles. Jusqu'à ces dernières années, comme il se pratiquait en Europe depuis les époques barbares jusqu'à des siècles encore très-voisins du nôtre, dans beaucoup de cas, pour s'épargner l'ennui de chercher par l'étude des faits à distinguer entre le crime et l'innocence, on soumettait les parties à l'épreuve insensée, mais facile, soit du feu, soit de l'eau bouillante.

Depuis un grand nombre de générations, le christianisme est introduit dans le Travancore et dans les autres parties du Malabar. Il y a soixante à quatre-vingts ans, on admettait que les chrétiens primitifs ou convertis dans la province s'élevaient au nombre d'environ 90,000 âmes; les premiers sont appelés *Nazaréens* et *Syriens* ou *Souriens Mauplais*. Ces épithètes indiquent les pays d'où les propagateurs du christianisme partirent pour aborder au Travancore. Ils sont nestoriens, et, chaque année, leur secte fournit des néophytes au catholicisme.

Gouvernement primitif et singulier du Travancore : intrusion des Anglais.

Anciennement le pays de Travancore était gouverné par des princesses auxquelles on donnait le nom de *Tambouretties.* Comparables aux reines souveraines héréditaires de l'Angleterre, elles ne laissaient à leur époux aucun pouvoir; en revanche, l'autorité presque entière était entre les mains d'un ministre. Ces coutumes ont duré jusqu'au milieu du siècle dernier. Le premier radjah qui se saisit du trône à cette époque, organisant un corps d'armée et le disciplinant avec l'aide d'un officier qu'on croit être Français, soumit à ses lois toutes les parties du Travancore.

Ce prince, attaqué par Tippou-Sahib en 1790, fut secouru par les Anglais; comme conséquence accoutumée, dès 1795 l'allié de ceux-ci n'était plus que leur tributaire. Dix ans plus tard, ses protecteurs l'obligèrent à signer un traité par lequel il renonçait à faire la guerre ou la paix autrement que sous le bon plaisir de la Compagnie des Indes : il perdait ainsi l'indépendance politique.

En 1809, le ministre ou Diwan du Travancore osa manifester contre les Anglais une haine ouverte; la guerre s'ensuivit, et ces derniers triomphèrent. Alors un Résident britannique fut chargé de gouverner les vaincus, et surtout d'administrer leurs finances, afin de prélever sur les impôts les sommes qu'exigeaient les réclamations inflexibles de l'honorable Compagnie. Heureusement pour le Travancore, cette mission difficile fut confiée au colonel John Munroe; cet homme éminent sut à tel point améliorer le système administratif et supprimer de si nombreux abus, qu'en cinq années seulement les revenus publics doublèrent, *sans que le taux des contributions fût augmenté.*

En 1814, le Résident ayant accompli les réformes nécessaires, liquidé toutes les dettes publiques et rétabli l'ordre dans les finances, il résigna ses fonctions administratives. A cette époque, le contingent britannique exigeait, avant tout, une subvention de 3,407,000 francs; en 1862-1863, les tributs du Travancore et du pays de Cochin ne s'élèvent plus qu'à 2,491,075 francs.

Parmi les charges abusives qui, nous l'espérons bien, finiront par disparaître, il faut compter celles du plus superstitieux et du plus licencieux de tous les cultes. L'influence et l'autorité des brahmanes sont encore très-puissantes dans le Travancore : aussi les frais exigés pour

les cérémonies et pour l'entretien des pagodes sont-ils
l'objet d'une grande dépense gouvernementale.

*La nouvelle administration indigène du Travancore imite volontairement
l'Administration britannique.*

Le père du Radjah qui règne aujourd'hui sur le Travancore était doué d'un esprit à la fois clairvoyant et très-
observateur; il n'avait pas pu contempler d'un œil indiffé
rent la supériorité des gouvernements européens et le
bienfait de leurs arts. Il avait fait élever dans les écoles de
Madras un de ses sujets doué des plus heureuses facultés,
et plus tard il l'avait nommé son premier ministre, son
Diwan. Animé du même esprit que son père, le nouveau
Radjah fut heureux de conserver un tel vizir; cet homme
d'État a réalisé les améliorations que ses maîtres et ses
bienfaiteurs avaient rêvées.

Prenant pour programme celui que la Compagnie des
Indes a tracé dans les derniers temps de son existence, il
s'est proposé de satisfaire aux *Comptes moraux et matériels*
que, chaque année, les gouverneurs des trois Présidences
ont ordre de préparer pour le ministère de la métropole
et pour la Chambre des communes.

*Compte très-remarquable rendu par le Diwan du Radjah de Travancore :
parallèle des années 1859-60 et 1860-61.*

Nous n'avons pu lire sans éprouver un vrai sentiment de bonheur le Compte rendu pour 1860-61 par le
Diwan du Travancore; ce Compte présente un modèle
de ce qu'il est permis d'espérer d'heureux lorsque des
Hindous, complétement instruits par les Européens, ad-
ministreront dans un tel esprit les États qui n'ont pas
encore perdu leur autonomie.

Le Diwan, T. Madawa Rao, comme nous venons de le dire, est un de ces hommes, jusqu'à ce jour si peu nombreux, instruits dès leur jeunesse au milieu d'une capitale britannique. Il a compris les bienfaits de la civilisation moderne et les perfectionnements qu'elle sait réaliser pour la prospérité des populations. Il s'est mis à l'œuvre, et je vais indiquer les résultats qu'il a constatés, avec les sages observations dont il les accompagne.

Son rapport est daté, 2 juin 1862, de *Trivandrum*, la capitale de la principauté.

Il traite en premier lieu de la justice et fait connaître le résultat de la marche des tribunaux.

Justice civile.

«Nous avons résolu, dit le Diwan, d'introduire dans nos tribunaux, en nous réservant quelques modifications indispensables, le nouvel Acte législatif de l'Inde britannique *sur la procédure civile.* »

Cet Acte a pour but de simplifier la procédure, d'abréger les procès et de les rendre moins dispendieux.

Mouvement comparé des affaires civiles.

	1859-60	1860-61
Procès en instance au 1ᵉʳ de l'an.....	1,694	1,722
Procès introduits dans l'année.......	5,981	5,695
TOTAUX.......	7,675	7,417
Procès terminés.............	5,953	5,447
Affaires pendantes à la fin de l'année...	1,722	1,970
Durée moyenne des procès.........	3 mois 13ʲ	4 mois 3ʲ

Si l'on appliquait le même mode de calcul qui nous a donné la durée moyenne des procès civils du Travancore, on la trouverait moins longue que celle des pays administrés par les Européens de la province de Madras.

Petits délits correctionnels. Le nombre croissant des petits délits réprimés par la police est facilement expliqué pour 1860-61, année de grande disette; mais on va voir que le nombre des crimes, loin de s'être accru, a beaucoup diminué dans l'année la plus malheureuse.

Mouvement comparé des affaires criminelles.

	1859-60	1860-61
Restant au 1ᵉʳ de l'an...............	99	36
Affaires introduites dans l'année.....	985	688
Totaux.......	1,084	724
Affaires décidées.................	998	658
Restant à juger à la fin de l'année.....	86	66

Écoutons maintenant les observations du ministre : « Considérant, dit-il, le prix extraordinairement élevé des subsistances (en 1860-61), il en résultait des excitations inaccoutumées à commettre des crimes; on doit donc être satisfait de constater qu'il y ait eu moins de crimes à poursuivre dans cette année de pénurie que dans l'année précédente.

« Afin d'obtenir un pareil résultat, ajoute-t-il, nous n'avons pas proclamé de nouvelles lois; *il a suffi que les efforts de nos juges fussent constamment appliqués à perfectionner la distribution de la justice.* » On signalera bientôt une autre cause, celle du bon gouvernement civil.

Administrations diverses.

Le jeune Radjah qui vient de monter sur le trône s'est empressé de sanctionner un projet de rémunérations mieux proportionnées à l'importance des fonctions en général, et surtout des fonctions judiciaires.

Déjà ces perfectionnements sont mis en pratique; mais comme ils appartiennent à l'année 1861-1862, ils seront avec plus de convenance expliqués dans le prochain rapport, qui concernera cet exercice.

«Nous avons conçu, dit le Diwan, le plan d'une répartition nouvelle et mieux raisonnée des attributions administratives, en nous proposant de faire porter la responsabilité avec plus de précision sur les différents magistrats et d'accélérer de plus en plus la marche des affaires.»

Administration spéciale des travaux publics.

Une partie essentielle de l'administration concerne les travaux.d'utilité générale que l'État exécute à ses frais; de ce côté, le ministre signale d'heureuses conséquences. Pour exécuter ces travaux, il a fallu l'emploi d'une proportion plus nombreuse d'ouvriers, ce qui leur a procuré des moyens légitimes de pourvoir à leur subsistance. Cet emploi n'a pas peu contribué, dans une année de disette, à diminuer le nombre des crimes.

«Un témoignage populaire auquel on doit porter croyance, dit le sage Diwan, s'élève aujourd'hui pour constater que la corruption et l'oppression, reprochées naguère à diverses parties de l'administration, sont véritablement diminuées; le Gouvernement manifeste son zèle en expédiant les affaires avec une rapidité croissante.»

Du revenu territorial. Il devait diminuer dans l'année de disette 1861-1862, comparativement à l'année précédente. Le déficit était créé par les abondantes remises de contributions, remises nécessaires pour venir au secours des cultivateurs les plus malheureux.

Bienfaisance publique. Par l'insuffisance des récoltes, le prix des aliments s'est élevé plus haut qu'on ne l'avait jamais vu; des milliers d'hommes, de femmes et d'enfants n'ont pas eu d'autre ressource que les secours publics et privés, afin de conserver leur existence. En diverses localités, il a fallu distribuer gratuitement la nourriture aux affamés incapables de travail.

Le souverain n'a pas failli dans ses efforts pour adoucir cette misère autant qu'il était en sa puissance de le faire.

« Il est juste de déclarer que, dans cette conjoncture, l'Angleterre, à notre égard, s'est montrée très-bienfaisante pour alléger nos souffrances.

« Le Gouvernement britannique a gracieusement accueilli la requête du Radjah pour suspendre le droit prélevé sur l'exportation des grains et du riz opérée des États britanniques dans le pays de Travancore. Cette concession, jointe à la suppression correspondante des droits d'entrée, a fait arriver une grande quantité d'aliments, moyennant des prix modérés. »

Ici le ministre évalue la dépense du Trésor pour distribuer des céréales et du riz aux malheureux, pour tirer de Mangalore une autre partie de ces aliments et pour la revendre à prix réduit au pauvre peuple. Il porte également en compte le montant des travaux publics dont la main-d'œuvre, déjà signalée, procurait à beaucoup de nécessiteux les moyens de payer leur subsistance.

Commerce extérieur. Le commerce extérieur a prospéré malgré les malheurs de l'année; le revenu des douanes s'est accru sans qu'on en ait élevé les proportions, et quoiqu'on ait supprimé l'un des principaux droits de sortie en abolissant le monopole qui pesait sur le poivre.

Révision des tarifs. Comme il y avait près d'un quart de siècle que l'état officiel des valeurs n'avait pas été rectifié, il ne correspondait plus au prix réel des objets : discordance regrettable. Autant qu'il soit possible de le faire, on s'est rapproché des prix réels donnés par les tarifs anglais, ceux de Madras, excepté toutefois dans les cas où des différences commandées par la nature locale des choses nécessitaient une différence d'évaluation.

Ces changements devront augmenter le revenu public sans exercer aucune pression sensible sur les sources de la production ; le nouveau tarif est exécutoire depuis le 13 juillet 1861.

Commerce important du poivre. Le ministre s'étend sur cet objet. « Il est nécessaire de commencer par faire observer, dit-il, que le poivre est un des articles essentiels qu'offre le commerce de ce pays. Il est produit en abondance *et commande un bon prix sur le marché.* Jusqu'à l'année dont nous rendons compte, il était l'objet d'un monopole considérable pour l'État ; les cultivateurs étaient tenus de l'apporter dans les magasins publics et de recevoir en échange un prix fixe, prix que le Gouvernement établissait à son gré. Ensuite, il était transporté dans le port d'Alipey et mis en vente aux enchères. On a fini par reconnaître que ce système était oppressif, vu les exactions commises par les petits officiers du fisc, et vu la valeur que l'État payait au producteur, valeur plus basse que le prix ordinaire des marchés de commerce ; c'est pourquoi, dans la présente année, on a changé ce système. *On a réalisé l'abolition du monopole ;* on a remplacé les revenus par un droit de 20 pour cent sur la valeur du produit rendu libre. C'est une réduction d'impôt considérable, lorsqu'on la compare avec les charges du système précédent : aussi, l'on a lieu d'espérer que les producteurs en retireront un sensible bénéfice et produiront davantage. »

Sous l'influence d'un commerce devenu plus rémunérateur, la culture du poivre doit, en peu d'années, s'accroître beaucoup, au grand avantage et du peuple et du Gouvernement.

Commerce de l'ivoire, etc. Le ministre signale aussi les progrès obtenus dans le commerce de la cire d'abeilles, des cardamomes et de l'*ivoire;* ce dernier objet est un des plus importants. Voici quelle était la valeur de l'ivoire exporté pour deux années consécutives : en 1859-60, elle s'élevait à 295,700 francs; en 1860-61, à 431,145 francs.

Éducation publique.

L'école libre ouverte aux enfants de toutes les origines et défrayée par le souverain dans Trivandrum, sa capitale, mérite les plus sincères éloges. Le nombre des élèves de cette institution s'accroît avec rapidité.

Le ministre produit un état numérique des étudiants par races et par religions; rien n'est plus digne d'attention.

École libre fondée par le Maharadjah; élèves énumérés par cultes et par races, à la fin de l'année 1861-62 :

Enfants des brahmanes	50
Pandits (classe supérieure)	62
Soudras Malayalis (classe commune)	75
Castes inférieures aux Soudras	4
Catholiques romains	24
Catholiques syriens	2
Protestants de toutes sectes	7
Mahométans	4
Divers	2
	230

Le lecteur sera frappé de voir que les mahométans ne

fournissent guère qu'un élève sur 60 appartenant aux autres croyances, et qu'il y ait près de *quatre* catholiques pour *un* protestant.

L'anglais et la langue populaire, le malayalam, sont expliqués par principes aux élèves de la classe supérieure la plus avancée.

Les perfectionnements introduits depuis qu'un Européen, M. J. Bengley, dirige l'école libre appartiennent à l'année qui suit celle du présent Rapport; le ministre les signale. C'est d'abord un accroissement de professeurs plus convenablement rétribués; c'est ensuite une amélioration dans les études, qui sont mises en harmonie avec l'enseignement de Madras. On s'est proposé d'atteindre ce but, que les élèves instruits à Trivandrum, s'ils veulent atteindre les plus hauts degrés de l'instruction, soient en état de concourir avec les aspirants formés dans la capitale et les autres villes très-avancées de la Présidence.

On s'est occupé des écoles de district en y combinant, comme dans le chef-lieu de la principauté, les deux langues essentielles, le malayalam pour les besoins du pays et l'anglais pour le commerce extérieur.

Les missionnaires britanniques sont libres de fonder et de diriger des écoles. Ils impriment un journal populaire en malayalam pour répandre, avec leurs idées religieuses, un fond de connaissances qui concernent les besoins physiques de l'homme; ils contribuent à rendre la langue usuelle plus régulière et plus propre à traduire les termes indispensables à l'intelligence des sciences et des arts européens.

Progrès intellectuels et moraux. « En résumant tous ces moyens, l'observateur le plus superficiel, dit le ministre, ne peut s'empêcher de remarquer comment l'intelligence du peuple se développe, et par quels degrés son instruction s'étend. *La population commence à mieux distinguer entre le droit et le non-droit, entre le bien et le mal. En devenant plus morale et plus éclairée, l'opinion générale ne peut pas manquer de produire une heureuse influence sur tous les intérêts de la communauté.* »

Le Diwan constate les bons effets de l'instruction fructueuse donnée dans l'école libre (œuvre de Sa Hautesse) et dans les diverses institutions élémentaires. Ces effets commencent à se faire sentir dans le maniement des affaires publiques, partout où sont employés les indigènes instruits de la sorte. Ces hommes rendent des services dont l'amélioration progressive est une véritable récompense pour l'autorité supérieure *devenue civilisatrice*.

Le ministre énumère avec une juste satisfaction les travaux publics les plus récents. Le Gouvernement indigène a le bon sens de les faire diriger par un ingénieur en chef européen; plus tard, les indigènes que cet officier aura formés deviendront à leur tour les ingénieurs de la principauté.

Travaux importants : canal parallèle à la côte. — Jamais les travaux n'ont été plus actifs que depuis 1860 : on entreprend un canal qui commence à Trivandrum et qui longe la côte, afin d'assurer une navigation constante et sûre, en dépit des tempêtes et des vents terribles de la mousson du sud-ouest; on reconstruit, en l'améliorant, la route qui part de la capitale et qui va jusqu'à la frontière britannique, du côté des Ghauts; on travaille aux embranchements qui ramifient cette voie principale.

Port d'Alipey. Pour compléter les communications, à partir de ce port, on a fait un canal intérieur ainsi qu'*un chemin de fer économique* pareil à ceux des Américains.

Un phare catadioptrique. — Citons avec une vive satisfaction l'une des plus précieuses inventions de la France moderne introduite dans la principauté de Travancore par cet heureux amour du perfectionnement que nous cherchons à faire apprécier.

Sur la côte on a construit un phare, et pour éclairer ce phare on se sert de la magnifique découverte des savants français. « *Nos feux catadioptriques de Fresnel et d'Arago*, dit avec fierté le Diwan dans son Rapport, *sont probablement la meilleure lumière qui brille aujourd'hui sur les vastes côtes de l'Inde.* » Ce n'est pas *probablement*, c'est *certainement* qu'il aurait dû dire : poursuivons nos citations.

Irrigations. — Le Gouvernement va travailler aux travaux publics d'irrigation ; il va joindre la rivière Caramancy avec le canal de Trivandrum.

Par de semblables entreprises, le nouveau Maharadjah a pour ambition de surpasser celles qu'a pu tenter son prédécesseur ; il veut que leur développement contribue de plus en plus au bien-être du peuple, à mesure que s'accroîtront les ressources de l'État.

Hôpitaux et dispensaires. On a fondé des établissements de charité dans les trois ports de mer du pays, Trivandrum, Quilon, Alipey. Le Rapport donne le nombre des malades traités soit dans les hôpitaux, soit dans les dispensaires, *autre fondation récente.* La vaccination est poursuivie avec constance, et chaque année ce bienfait s'étend à *plus de douze mille personnes.*

Le Rapport résume en dernier lieu le budget de l'exercice dont il rend compte :

Recettes : 16,133,275 francs. Déficit : 500,000 francs.

Nous terminerons l'analyse très-succincte de ce Rapport si remarquable en reproduisant les considérations générales par lesquelles son auteur a cru devoir le conclure.

Considérations générales présentées par le ministre indigène.

« J'ai présenté le parallèle entre les résultats d'une année de grande abondance et ceux de l'année singulièrement malheureuse dont j'avais à rendre compte. Si l'on veut juger sainement une telle comparaison, voici ce qu'il faut considérer. Nous avons eu à supporter des charges extraordinaires : 1° plus de *deux lakhs de roupies* (5oo,ooo francs), somme égale au déficit, ont été retirés du revenu foncier pour réparer les désastres éprouvés par les cultivateurs; 2° par la réduction des impôts sur le tabac et sur le poivre, qui gênaient la production, un plus ample sacrifice a frappé le trésor public; 3° d'autres revenus ont été plus ou moins atténués par les calamités d'une saison fatale; 4° par la mort de Sa Hautesse le maharadjah, des cérémonies funèbres extraordinaires ont pesé sur le budget pour une dépense *d'un quart de million de francs;* 5° d'autres charges accidentelles se sont accrues indépendamment de notre volonté.

« Si l'on réunit tant de circonstances adverses, j'oserai dire qu'il existe un ample sujet de féliciter le Gouvernement : d'abord, d'avoir fait face aux plus graves embarras financiers; ensuite d'avoir pu consacrer d'abondants secours au soulagement de familles en détresse, qui se comptaient par milliers, et d'avoir pu, dans le même but, affecter aux travaux publics un crédit plus considérable qu'il ne l'avait jamais été. Enfin, malgré tant de sacrifices, des économies bien entendues ont permis de rembourser une portion notable de la dette contractée l'année précédente, et, qui plus est, de préparer pour l'année qui suit immédiatement une balance avantageuse.

« T. Mahadava Rao, Diwan. »

Certes, dans ce rapport on pouvait bien désirer plus
d'ordre, plus d'art et moins de répétitions; mais **quelle
saine raison**, quel amour de la justice, et j'ose ajouter
quelle aimable naïveté de sentiments amis du peuple!

Tel qu'il est, ce résumé ne montre-t-il pas au grand
jour l'effet que produira, pour le bonheur de la race indigène, le gouvernement des Hindous par les Hindous,
lorsqu'ils sauront mettre en usage les lois, les arts et la
savante économie des Européens? Formons des vœux
pour que les États, soit alliés, soit tributaires, qui conservent encore un certain degré d'indépendance, suivent
un si bel exemple. C'est le seul moyen de ne plus fournir
de prétextes à la destruction de leurs nationalités et d'é-
chapper à la détestable convoitise des futurs marquis Dalhousie.

Troubles remarquables et récents du Travancore.

Prérogatives des Nairs. — « Les lois et les coutumes du
Travancore et de Cochin reconnaissent la prééminence
des Kschatrias désignés sous le nom de *Nairs*. Au-dessous
de cette classe aristocratique sont placés les *Chanars*, qui
composent le commun peuple. » (*Rapport sur le progrès
moral et matériel de l'Inde, pour l'exercice de 1861-62.*)

Ici, comme dans tout le Malabar, les Nairs composent
la caste ou classe militaire; l'armée du Travancore est
uniquement composée de la brigade des *Nairs*.

Depuis plusieurs années de paix, les Européens établis
dans l'Inde méridionale et surtout dans l'île de Ceylan, afin
d'entreprendre des cultures nouvelles, entre autres celle
du café, ont demandé des ouvriers de la dernière classe à
la principauté de Travancore. Ces cultivateurs ont acquis
par le travail et l'économie une aisance toute nouvelle,
dont ils ont rapporté les fruits dans leur pays, où l'agri-

culture, l'industrie et le commerce, de plus en plus prospères, ont encore augmenté leur avoir. En acquérant un pécule toujours croissant, il ne faut pas croire qu'ils aient enterré l'argent, juste prix de leur labeur; leurs femmes ne l'ont pas permis. Au plus bas degré de l'échelle sociale, le fruit défendu des parures interdites a saisi la vanité du sexe faible.

Pour paraître plus élégantes et plus attrayantes, on aurait pu croire que les beautés de la classe inférieure auraient préféré ces tissus-et ces joyaux si peu coûteux, si voyants et si charmants que leur apportaient les arts européens.

Non! c'est plus près d'elles que l'orgueil est venu leur offrir ses tentations. Chez l'aristocratie des Nairs, le sexe féminin porte, *et porte seul*, des costumes et des parures plus ou moins bizarres, inventés et perpétués par le privilége héréditaire. Eh bien! ce sont précisément ces parures et ces costumes dont elles étaient privées que les femmes hindoues du commun peuple ont voulu porter à tout prix, parce que leur orgueil n'a jamais vu dans cette privation qu'un abaissement insupportable.

D'un autre côté, qu'on juge avec quelle indignation superbe les dames de haute caste ont fait effort afin d'empêcher une pareille usurpation! Il n'en a pas fallu davantage pour troubler la paix d'un peuple jusque-là tranquille : les pères, les maris, les frères, ont pris fait et cause dans la querelle des distinctions féminines; et cette querelle a suscité des voies de fait déplorables. Pour protéger le privilége appuyé sur les préjugés et les lois brahmaniques, les tribunaux ont prononcé des sentences bientôt après éludées; elles n'ont arrêté qu'imparfaitement les efforts du grand nombre et de sa richesse croissante, dans les champs mal défendus de la naissance et des usages antiques.

Ne soyons pas étonnés au récit de pareils faits. Ils sont

le germe et l'indice d'un changement capital dans les coutumes et les mœurs de ces peuples hindous qui, prétend-on, depuis deux mille ans semblent n'avoir jamais changé ; parce que, depuis plus de vingt siècles, ils n'ont changé que par degrés imperceptibles chaque année, et maintes fois inaperçus dans le cours d'une génération.

Des causes aussi futiles ont produit chez les nations les plus considérables des révolutions bien autrement importantes que celles du Travancore. Il a suffi qu'à Rome la femme d'un tribun du peuple tressaillît au bruit des faisceaux consulaires, qui ne pouvaient frapper qu'à la porte des patriciens, pour que les femmes plébéiennes, à force de luttes acharnées, obtinssent en définitive le consulat pour leurs époux et le bruit des faisceaux pour elles.

Les historiens français, qui semblent réfléchir trop peu sur les misères de la vanité et sur la part qu'elles prennent aux plus grandes révolutions, n'ont pas aperçu le rôle qu'elles ont joué dès la naissance des nôtres. Un de nos collègues au Jury de 1851, un illustre ami des arts, M. le duc de Luynes, a fait peindre dans la galerie de son château de Chevreuse la procession des États généraux de la nation française, lors de leur ouverture en 1789. On y voit étalés, dans l'ordre des préséances, la pourpre romaine, la mitre et la croix d'or des cardinaux et des prélats, les manteaux splendides jetés sur les épaules des pairs, les épées enrichies de diamants, le panache blanc des chapeaux à la Henri IV et le privilége de la naissance, empreint de la plus vive des couleurs, jusque sur les talons des privilégiés. Derrière ce brillant cortége, les rabats empesés des puritains politiques, les cheveux tombant à plat sur les petits manteaux noirs d'un Tiers-état qui disait tout bas et qui va dire tout haut : « Le Tiers est tout. » Qu'importait que le monarque apportât sans exception les

libertés et les droits égalitaires que pouvaient désirer la
raison, la sagesse et la fierté d'un grand peuple? Il fallait
d'abord abolir jusqu'à la possibilité des costumes, des
noms, des titres qui blessaient les regards de l'orgueil.
Aussi, depuis soixante et quinze ans, quand on nous parle
avec éloquence des grands principes de cette époque mémorable, il faut sous-entendre, avant tout, les grands principes à poser sur l'anéantissement de ces titres, de ces costumes et de ces vanités qui défilaient pour la dernière fois
sous les yeux des spectateurs de 1789. N'est-ce pas ici
l'image agrandie du Travancore, avec ses Brahmanes, ses
Nairs et son peuple de travailleurs?

ANCIEN ROYAUME DE MYSORE ET PRINCIPAUTÉ DE COURG.

Nous avons parcouru les régions situées à l'occident de
la chaîne des Ghauts. Voici deux États contigus, situés à
l'orient de la même chaîne et plus au nord, régis longtemps par la même administration, jouissant du même
climat, de la même fertilité, et semblables pour tout le
reste : l'un est le royaume de Mysore [1], qui pendant un
demi-siècle a rempli le monde du bruit de son nom;
l'autre est l'ancienne principauté de Courg, enclave de ce
royaume. Depuis trente années, cette principauté fait
partie intégrante de la Présidence de Madras; mais son
état social et son organisation ne sont pas encore assez
avancés pour participer aux lois générales de tous les collectorats. Elle est soumise à des *régulations spéciales*, et
confiée aux mêmes magistrats anglais que l'État de Mysore, actuellement mis en tutelle.

---

[1] Les Hindous prononcent *Maïssour;* mais le nom plus harmonieux de
Mysore a passé depuis près d'un siècle dans les langues de l'Occident, et
nous n'avons pas cru devoir y renoncer.

TERRITOIRE ET POPULATION.

ÉTATS.	SUPERFICIE.	HABITANTS.	HABITANTS par MILLE HECTARES.
	hectares.	habitants.	
Mysore......................	7,991,800	3,400,696	425
Courg......................	551,420	135,600	246
Totaux..............	8,543,220	3,536,296	413

A mon avis, la meilleure preuve que les territoires
dont le lecteur voit ici le tableau n'ont pas joui d'un bon
gouvernement, c'est que, malgré les avantages qu'ils ont
reçus de la nature, leur population s'est accrue faible-
ment, ou plutôt est en réalité diminuée par l'effet des révolutions et des épuisements qu'ont produits des guerres
incessantes. Vers la fin du siècle précédent, il ne paraît
pas qu'on pût compter dans le royaume de Mysore plus
d'un habitant pour trois hectares de terre, et dans la
principauté de Courg, beaucoup moins encore. Depuis
l'année 1800, soixante-cinq ans de paix ont sensiblement
amélioré l'état des choses, mais en laissant beaucoup à
désirer pour un prochain avenir.

Topographie du royaume de Mysore

Essayons de nous former une idée précise de la situation topographique et des avantages naturels propres au
royaume de Mysore. Son territoire est compris entre le
10ᵉ et le 14ᵉ degré de latitude, c'est-à-dire en plein milieu

de la zone torride. Sa configuration triangulaire nous rappelle la Sicile, *Trinacria*, qu'elle surpasse de beaucoup en étendue, mais qu'elle n'égale pas en fertilité. Du côté du Malabar, dans une étendue supérieure à quatre-vingts lieues, la base du triangle formé par le pays de Mysore est appuyée sur la grande cordilière occidentale de l'Inde, appelée la chaîne des Ghauts.

La hauteur de ce triangle est à fort peu près égale à sa base, et son sommet, très-avancé vers l'orient, est seulement à cinquante lieues de Madras. Examinons cette configuration sous le rapport successif des arts de la guerre et de la paix.

Point de vue de la défense militaire. La haute chaîne des Ghauts doit être considérée comme un rempart formidable élevé par la nature. Ce rempart présente des courtines et des tours basaltiques taillées à pic, qui s'élèvent en quelques endroits à de très-grandes hauteurs; elles ne laissent qu'à de rares intervalles des passages d'un accès toujours difficile. Par conséquent, du côté qui fait face à la mer occidentale, le pays de Mysore peut être considéré comme inattaquable par des Asiatiques et difficilement abordable pour des Européens. Les habitants, si bien protégés dans cette direction, cultivaient avec sécurité les pentes douces et continues qu'offre leur pays. Dès l'instant que ce peuple formait un État militaire, il pouvait, avec une extrême facilité, se précipiter, soit au sud, soit à l'est, vers les contrées inférieures; de ces deux côtés, la figure même du sol lui présentait l'appât d'une proie sans défense. Aujourd'hui, de telles facilités pour l'attaque et le pillage sont heureusement transformées en facilités pour une bienfaisante circulation, par le moyen d'un commerce paisible et fructueux.

Le côté du midi, qui descend par degrés de l'occident

vers le nord, sert de limite septentrionale aux territoires maritimes du Carnatic. Cette frontière commune est formée par une chaîne de montagnes secondaires qui commence, à partir de l'ouest, aux monts Nilgherris, et qui, vers l'est, aboutit à la contrée que les Anglais appellent *les districts cédés :* nous parlerons plus tard de ces districts. Voilà pour le royaume le second rempart naturel. Quatre fleuves, que grossissent toutes les eaux du Mysore, le traversent par autant de défilés pour arroser ensuite les provinces du Coromandel et se jeter dans le golfe du Bengale.

Sans présenter contre l'invasion des obstacles aussi formidables que la frontière occidentale, la frontière sud-orientale, montueuse et fort accidentée, était pourtant très-respectable et susceptible d'une défense avantageuse.

Restait le troisième côté, qui n'offrait par lui-même aucune défense, et que les gouvernements dégénérés du centre de l'Hindoustan permettaient de considérer comme une porte ouverte à toutes les invasions.

Avec un État circonscrit de la sorte, la nouvelle dynastie, qui n'avait gagné ses domaines que les armes à la main, au lieu d'éprouver le bonheur d'être tranquillisée de trois côtés, se sentait dévorée par trois ambitions qui correspondaient à ses trois frontières ; elle brûlait de descendre dans la direction de l'ouest, jusqu'à la mer d'Arabie, pour posséder les ports du Malabar ; elle brûlait de descendre vers le sud-est, jusqu'à la mer du Bengale, pour posséder les ports du Coromandel ; en même temps, elle était sûre d'empiéter à son gré, vers le nord-est, sur tous les États centraux. En même temps, aussi, l'Anglais, non moins ambitieux, s'apprêtait à refouler les conquérants par leurs trois frontières, plus ou moins opposées à ses trois Présidences de Bombay, de Madras et de Calcutta.

On doit comprendre maintenant la haine implacable
soulevée de toutes parts entre les convoitises qu'éprouvaient les sultans de Mysore et la Compagnie des Indes,
qui partout se trouvaient en rivalité. La dernière moitié
du xviiie siècle a vu commencer et finir cette lutte, mortelle à la fin pour la dynastie mahométane.

Arrêtons nos regards sur un spectacle plus consolant
que celui de ces âpres ambitions : c'est le tableau des bienfaits que l'heureuse conformation du territoire présentait
aux indigènes dans cette partie de l'Hindoustan.

Point de vue des arts de la paix. Rappelons-nous que,
du côté de l'occident, la plus grande partie du royaume
de Mysore est fort élevée au-dessus du niveau de la mer
et que l'on descend par des pentes insensibles, en partant
des hautes crêtes, pour avancer toujours vers le golfe du
Bengale.

Les eaux très abondantes fournies surtout par la mousson d'été, qui vient du sud-ouest, s'écoulent vers ce golfe
en partant du revers oriental de la chaîne des Ghauts;
elles alimentent un nombre considérable de ruisseaux,
de rivières et de fleuves.

Comme un objet digne de toute notre attention, il faut
considérer l'immense éventail formé par un ensemble de
cours d'eau comparables aux rayons d'un vaste cercle; ils
viennent successivement grossir le Cauvery, le plus puissant de tous les fleuves qui se jettent dans le golfe du
Bengale, à l'ouest du Gange. Cette ramification fécon-
dante arrose un territoire de deux mille lieues carrées,
3,200,000 hectares, plus étendu que notre Normandie
et même que notre Bretagne.

Ce magnifique déploiement des eaux prodiguées par
la nature pendant les deux moussons de chaque année,
joint à la puissance d'un soleil tropical, permet de cul-

tiver avec succès les végétaux les plus précieux, la vigne, l'oranger, le caféier, le dattier, le cotonnier, la canne à sucre, etc. c'est la variété dans la richesse.

L'expansion des eaux, que nous venons de signaler, apporte naturellement l'abondance, pour la nourriture de l'homme et des grands animaux qui le secondent, dans un pays dont les vallées, enrichies par les alluvions, ont beaucoup de fertilité. Autrefois l'art avait étendu le bienfait des arrosements sur tous les flancs des grandes ondulations qu'offre le sol des plateaux; nous dirons ce qu'on avait entrepris à cet égard dans les temps antiques les meilleurs, et ce qu'on restaure de nos jours.

Au point de vue du climat, la position élevée que nous signalons est infiniment favorable aux jouissances, à la force, à la santé des populations; elle permet de goûter, même au milieu de la zone torride, les délices d'un séjour exempt de chaleurs par trop accablantes et d'hivers par trop rigoureux. En respirant un air plus pur et moins énervant que celui des plaines inférieures, les Mysoriens acquièrent la vigueur physique et l'énergie morale des montagnards. Voilà comment, grâce à l'heureuse influence des lieux, de l'air et des eaux, leur race peut être à la fois de haute stature, vigoureusement constituée, martiale d'aspect et ferme de caractère.

Richesse minérale; le fer, l'acier. La nature a fait au Mysore un don précieux pour un peuple naturellement militaire, comme pour un peuple qui veut ramener ses goûts vers les arts de la paix. De toutes parts, elle présente à fleur de terre un riche minerai noir de fer magnétique; on l'a jugé comparable à celui qui produit les célèbres fers de Suède et les aciers de cette contrée, les meilleurs de l'univers. Si les indigènes avaient couvert de forêts les parties de leur territoire les moins propres au labour, ils posséderaient en abondance un combustible qui leur manque ; ce combustible leur permettrait de fabriquer, en quantité considérable, des fers et des aciers que toutes les nations rechercheraient à l'envi.

Belles espèces des principaux animaux domestiques.

La race humaine n'est pas la seule que favorise le pays. La bonté des eaux et l'abondance des pâturages ont permis de propager des races d'animaux utiles à l'homme et présentant des qualités supérieures à celles qui sont élevées dans beaucoup d'autres parties de l'Inde.

Race chevaline. Déjà la race des chevaux aborigènes possédait des qualités naturelles ; les habitants l'ont perfectionnée en la croisant avec des étalons demandés à l'Arabie. Cette amélioration date du siècle dernier ; elle appartient au très-petit nombre de progrès qu'on peut rapporter à l'époque où les musulmans avaient courbé le pays sous leur domination.

Plus tard, la Présidence de Madras a tiré parti de la race chevaline améliorée par ce croisement ; elle y puise la remonte de sa cavalerie légère.

Race bovine. Elle est robuste, d'une haute stature, et fort employée pour les transports civils, ainsi que pour ceux de l'artillerie et des équipages militaires. Il y a longtemps qu'afin de mettre à profit cette ressource précieuse la Compagnie des Indes a créé dans le Mysore une vaste ferme gouvernementale ; cette ferme a pu présenter jusqu'à 3o,ooo têtes *dans une seule inspection.*

Avant les progrès dus à l'Angleterre, il y avait absence presque complète de routes où des voitures auraient pu circuler en tout temps. On comprend qu'alors les transports étaient opérés presque uniquement par des bêtes de somme, ou bœufs ou chevaux; transports à la fois très-coûteux, très-limités et pourtant indispensables.

Race ovine. Cette race avait déjà de bonnes qualités avant les croisements dus à l'art européen.

Alimentation du peuple; état arriéré de l'agriculture.

Malgré toutes les ressources naturelles que nous venons d'énumérer, il ne faut pas s'imaginer que le peuple mysorien fût riche, ou seulement qu'il vécût dans l'aisance; depuis plus d'un siècle, il se voyait arracher, sous forme de revenu public, le plus clair de ses produits. Disons le mot, par l'effet des gouvernements spoliateurs, il était pauvre; sa nourriture était grossière comme son vêtement, son mobilier presque nul, et son habitation vraiment misérable.

Son agriculture était dans l'enfance. Les végétaux qu'il cultivait étaient depuis longtemps dégénérés, parce qu'il n'apportait pas plus de soins à la conservation qu'au triage des semences. En beaucoup d'endroits, il avait appauvri sa terre, parce qu'il ignorait la nécessité non-seulement d'en conserver, mais d'en accroître, au moyen des engrais, les facultés fécondantes. Il n'avait pas su préserver de vastes forêts contre la dévastation; et pour tenir lieu du combustible qui lui manquait, à l'exemple des Arabes voisins du désert, il faisait cuire ses aliments avec la fiente desséchée de ses chevaux et de son bétail : fiente perdue pour une terre que les siècles épuisaient. Même à présent, il a trop peu changé ces déplorables habitudes.

Pour tenir lieu de froment ou de riz, le Mysorien cultive et consomme une espèce de millet appelée *ragi,* qu'il fait cuire en y mêlant un peu de sel; c'est à peu près toute sa nourriture.

Les révolutions éprouvées par le royaume de Mysore.

Après ce coup d'œil général sur la situation des habitants et des campagnes, il faut maintenant examiner le degré plus ou moins florissant des villes principales. Mais leur existence est trop intimement liée au sort du royaume pour ne pas exiger quelques explications sur des changements de régime introduits depuis un petit nombre de générations.

Le pays de Mysore, un des États les plus méridionaux de l'Inde, a subi, l'un des derniers, le joug des empereurs mogols, qui propageaient leurs conquêtes en partant du nord. Sous la suzeraineté musulmane, cette contrée n'avait pas cessé d'être régie par ses antiques radjahs appartenant aux castes des brahmanes ou des guerriers hindous.

Vers le milieu du siècle dernier, un condottiere mahométan, Haïder-Ali, acquérant par degrés de l'importance, avait fini par expulser les lieutenants qui gouvernaient au nom des faibles successeurs de l'empereur Aureng-Zeb; il se proclama sultan de Mysore. Son fils Tippou-Sahib, qui prit, à l'exemple de son père, le titre suprême de sultan, consacra sa vie entière à combattre pour agrandir ses États, au lieu de les améliorer et de rendre heureux ses sujets. Ce conquérant éprouva contre les Anglais une haine implacable qu'il hérita de son père; son trône même lui semblait incompatible avec leur puissance. Il osa deux fois les attaquer et les menacer une troisième fois; c'est alors que ceux-ci, dans la dernière année du siècle dernier, lui firent perdre d'un même coup le trône et la vie.

Faible proportion des musulmans. Malgré tout le fanatisme et l'intolérance des deux souverains disciples de l'Islam, leur dynastie s'est maintenue trop peu de temps pour acquérir beaucoup de prosélytes. On comprend par là comment il s'est pu faire qu'au commencement du siècle actuel, lorsque les Européens s'enquirent de la proportion des habitants qui se partageaient les deux croyances principales, un dénombrement donna 466,000 familles du culte brahmanique et 17,000 seulement du culte mahométan. La plupart des villes, ainsi que les campagnes, étaient, dans une immense majorité, peuplées par les sectateurs de Vischnou et de Siva.

Lorsque Tippou-Sahib périt dans le tumulte de l'assaut qu'il soutint pour défendre sa capitale, le marquis Wellesley, gouverneur général, qui conduisait cette guerre, prit aussitôt la résolution de restituer l'autorité royale à la famille indigène qui l'avait longtemps possédée, et dont le culte appartenait à la classe la plus nombreuse de la population. Il détrôna pour toujours la dynastie musulmane et la remplaça par un gouvernement hindou, qui ne pouvait pas manquer d'être l'ennemi juré du pouvoir des sultans.

Suivant le système anglais imaginé par Wellesley, un *Résident* britannique fut accrédité près du nouveau monarque. Afin que ce moderne proconsul l'accoutumât plus insensiblement et plus aisément à l'obéissance, on avait fait choix, pour régner, d'un enfant âgé de six ans. Ce faible rejeton des maharadjahs fut assis sur le trône de ses ancêtres; en même temps, pour administrer le pays au nom du monarque mineur, on nomma régent l'Hindou Pournéah, l'un des plus expérimentés parmi les anciens ministres du gouvernement qui disparaissait pour jamais.

Ce régent gouverna pendant douze années avec intelligence et modération. Mais aussitôt que le jeune prince eut atteint sa majorité, ce fut en 1812, la fureur le prit de régner par lui-même; il se chargea de ce lourd fardeau sans avoir la prudence de conserver un ministre habile et fidèle qui l'aurait par degrés initié dans les secrets d'une bonne administration. Inconsolable d'éprouver une si noire ingratitude, le faible Pournéah mourut de douleur.

Par une décadence insensible et fatale, qui rentrait dans les longues prévisions du marquis Wellesley, moins de vingt ans s'écoulèrent, signalés par une désorganisation toujours croissante, jusqu'au moment où le désordre parvint à son comble. Les sujets étaient de plus en plus accablés d'impôts, et le gouvernement dissipateur ne savait pas même, au moyen d'un peu de modération, renfermer ses dissipations dans les bornes de ses revenus. Tout périclitait, et le mécontentement devenait extrême chez un peuple, patient à coup sûr, mais assez énergique pour ne pas endurer la souffrance au delà d'un certain terme. A la veille d'un grand conflit, et pour prévenir des désastres inévitables, le Résident crut devoir réclamer un remède héroïque auprès du gouverneur général de l'Inde : ce fut de transférer la gestion des affaires du royaume à des agents britanniques, et pour un temps dont la limite dépendrait du cours des événements ultérieurs.

Par bonheur pour la nation opprimée, c'était lord William Bentinck à qui s'adressait une telle requête. Ce noble ami de l'humanité prit la résolution de faire administrer le pays *à titre provisoire*, en choisissant un commissaire général honnête et modéré parmi les agents supérieurs de la Compagnie des Indes. Cette résolution fut exécutée en 1831, et nous en montrerons les importantes conséquences.

Parlons, avant tout, des vicissitudes éprouvées au milieu de tant de révolutions par les cités principales du royaume qu'a possédées, pendant deux générations, l'autorité militaire des sultans.

Maïssour ou Mysore, l'ancienne capitale hindoue.

Situation géographique : latitude, 12°19′; longitude, 74°
22′ à l'est de Paris.

Maïssour, la ville dont le royaume de Mysore a tiré
son nom, avait été pendant des siècles la capitale de cet
État. Elle est bâtie près d'un vaste lac artificiel, œuvre
des anciens souverains; ce réservoir, destiné pour les irrigations, s'étend jusqu'au pied d'une montagne isolée qui
s'élève à 300 mètres au-dessus d'une plaine magnifique.
Après la révolution opérée par le marquis Wellesley, le
Résident britannique accrédité près du maharadjah se
construisit une résidence alpestre au sommet de cette
montagne. De cet endroit, son regard dominait la contrée qu'il asservissait à la politique de la Compagnie.

Depuis trente années la ville, ayant cessé d'être une capitale, avait perdu beaucoup de sa richesse et de sa population. Mais lorsqu'à partir de 1800 elle redevint le
siége d'un gouvernement hindou, elle reprit son importance, et le nombre de ses habitations s'accrut avec rapidité. A cette nouvelle époque, le château du maharadjah
fut entouré de fortifications empruntées à l'art moderne.

Dans les premiers temps du siècle présent, Pournéah, le
vizir que nous avons déjà cité, conçut le dessein de conduire
à la ville de Maïssour des eaux potables empruntées au
fleuve Cauvery. Il fit creuser à très-grands frais un large
canal de douze lieues de longueur, et pour cette œuvre
aucune dépense ne fut épargnée; ce fut seulement lorsqu'il
restait encore à faire une lieue d'excavations que l'entreprise pour laquelle on avait sacrifié des millions dut
être abandonnée. Au dernier moment, on reconnut que
le canal ne pourrait pas remplir sa destination, tant on

avait mal établi les nivellements. Je cite un tel échec, afin
de montrer que l'Administration hindoue, quoique animée d'intentions excellentes et très-favorables à l'ouverture des canaux comme à la création des routes, manquait
pourtant des lumières qui conduisent au succès.

Seringapatam, la capitale musulmane.

Situation géographique : latitude, 12° 25′; longitude,
74° 25′ à l'est de Paris.

A quatre lieues au nord de Maïssour, sur une île du
fleuve Cauvery, s'élève l'antique forteresse dont Haïder-
Ali, en 1770, avait fait sa capitale, et qui fut prise d'assaut par les Anglais en 1799.

Au centre de la cité s'élève une pagode imposante consacrée à Vischnou, le dieu qui conserve, c'est-à-dire à *Sri-
Ranga;* ce nom, joint à celui de Patana ou *Patam*, la ville,
est devenu par corruption *Seringapatam.* La dynastie mahométane n'a pas osé détruire ni confisquer pour l'Islam le
temple le plus révéré des sectateurs de Brahma; elle s'est
contentée d'ériger à peu de distance une grande mosquée-
cathédrale.

Le château royal, qui domine la cité, est construit sans
goût, et très-massif; les édifices qu'il renfermait révélaient
le génie architectural le plus médiocre, et presque tous
aujourd'hui tombent en ruine. Le seul endroit qui conserve un peu de vie est un simple bourg où le commerce a pris refuge; il s'élève au milieu de l'île et couvre
l'emplacement d'un camp retranché jadis réservé pour
l'armée de Tippou. Là se trouve un mausolée que ce
dernier sultan avait bâti pour son père Haïder-Ali, et dans
lequel lui-même fut enseveli comme par pitié.

Ponts extraordinaires. Du côté du sud, les anciens Hindous avaient construit à grands frais un pont-aqueduc, sans avoir aucune idée de nos arches curvilignes, qui combinent à la fois la légèreté, l'économie et néanmoins la solidité. Cet aqueduc amenait aux points les plus élevés de l'île les eaux nécessaires pour les troupes et la population.

Le même caractère architectural et primitif se faisait remarquer dans la juxtaposition des blocs de granit énormes qui formaient les barrages que les Hindous avaient érigés, en amont de la ville, à travers le Cauvery. Les eaux étaient déversées par des canaux d'irrigation sur les deux rives du fleuve, en des champs devenus par là susceptibles des plus riches cultures.

Pont monumental. Si l'on imaginait un temple égyptien dont les colonnes à triples rangs seraient carrées au lieu d'être rondes, un temple où l'on chercherait en vain quelque voûte circulaire, où de longues architraves, rectangulaires et planes, supporteraient des dalles de pierres transversales; si l'on supposait que 67 piles ou pilastres formassent chaque rangée, et qu'un fleuve coulât perpendiculairement aux trois rangées, dont il traverserait les entre-colonnements, on aurait l'idée du pont de Seringapatam, sur lequel les hommes et les voitures traversent le fleuve Cauvery. Pour achever de peindre l'étrangeté de ce monument, faisons remarquer que les trois rangées de pilastres ne sont pas même en ligne droite, et que les personnes qui marchent sur la plate-forme que supportent ces pilastres suivent une ligne sinueuse. Voilà ce que le ministre Pournéah faisait construire dans les premières années du xixe siècle, avec infiniment plus de dépense que n'en eût exigé le pont européen le plus élégant, le plus solide et le plus favorable au libre passage des eaux.

Seringapatam, qui comptait 31,000 habitants en 1800, est aujourd'hui presque dépeuplée. Les Anglais, en disposant du royaume, s'étaient réservé d'occuper cette place avec une garnison considérable. Une extrême insalubrité, qui s'est plus tard manifestée par des effluves délétères et qu'aucun savant ne put expliquer, a contraint d'éloigner les troupes. Dès cet instant, la ci-devant capitale de Tippou-Sahib est tombée dans la misère et dans la solitude.

Sera, grande cité; sa décadence sous les musulmans.

Position géographique : latitude, 13° 44'; longitude, 74° 38 à l'est de Paris.

Dans cette ville, les Hindous comptaient 50,000 maisons avant qu'elle devînt la conquête de Haïder-Ali; moins d'un demi-siècle plus tard, elle n'en comptait que 3,000. Un pareil fait est au nombre de ceux qui condamnent le plus l'administration de ce conquérant et celle de son fils.

Bangalore, devenue centre militaire, sous le régime britannique.

Lorsque, en 1831, la compagnie des Indes entreprit d'administrer par un commissariat le royaume de Mysore, elle ne voulut pour capitale militaire, ni de Seringapatam, que condamnait son insalubrité phénoménale, ni de Maïssour, ville trop éloignée de Madras; elle choisit Bangalore.

Situation géographique de Bangalore : latitude, 12° 57'; longitude, 75° 18' à l'est de Paris.

Cette ville, élevée de près de 700 mètres au-dessus de la mer, occupe une position salubre et magnifique. Comme un faubourg isolé, il s'est formé, vers l'année 1840, une modeste colonie composée d'Européens, anciens pensionnaires sortis des troupes anglaises. Dans cette ville annexe on a construit une église anglicane, quelques chapelles dissidentes, et d'autres édifices qui rappellent l'Occident. Là, les sous-officiers et les soldats aiment à jouir de leur retraite : ils y vivent infiniment mieux avec leurs modiques pensions qu'ils ne pourraient le faire au sein de la métropole; ils épousent des natives ou des *Eurasiennes*, qui sont issues d'Européens et de femmes asiatiques.

Cantonnement. — A proximité de Bangalore, on a placé la station principale des forces britanniques, pour tenir en respect le pays conquis et servir de dépôt central à la division militaire de l'Ouest, l'une des cinq qui composent la Présidence de Madras.

Dans les premiers temps de l'administration du pays par des commissaires anglais, une conjuration de cipayes s'était formée dans le cantonnement de Bangalore; elle fut découverte à temps et prévenue plutôt que réprimée. Depuis cette époque, les troupes européennes n'ont pas eu l'occasion de manifester la supériorité de leur courage, et les soldats indigènes sont restés fidèles au drapeau de l'Angleterre, même quand a surgi la grande rébellion de 1857, aux bords du Gange.

Le Gouvernement britannique à Bangalore.

En 1831, comme nous l'avons fait connaître, une simple décision du gouverneur général a suffi pour mettre en tutelle complète le maharadjah, prince nominal qui reste confiné dans sa capitale antique de Maïssour. Il reçoit une liste civile qui n'est pas sans importance.

Sous le titre de *commissaire général* dut résider à Bangalore sir Marc Cubbons, le président du conseil exécutif. Il y joua le rôle d'un souverain, et dans le principe son autorité s'étendit jusqu'au droit de vie et de mort.

De simples commissaires, ayant le titre d'*adjoints au*

commissaire général, sont devenus les intendants respectifs des quatre grands districts dont se compose le royaume.

Il n'y a d'autres lois que celles qui sont édictées par le principal commissaire, assisté de son conseil; il régit sans contrôle et sans bornes la justice, les finances, l'administration, en un mot, tous les intérêts publics.

Cependant le droit de vie et de mort, cité plus haut, et le droit de grâce, dont il avait joui jusqu'à ces derniers temps, ne peuvent plus être exercés que par le vice-roi, gouverneur général à Calcutta.

Sir Marc Cubbons était si robuste qu'il a vécu cinquante-huit ans dans l'Inde, sans que son tempérament ait succombé sous un climat qui pardonne à si peu d'Européens. Cet homme, aussi vigoureux d'esprit que de corps, fut dans le royaume de Mysore le sage représentant de lord William Bentinck, et digne en tout de son modèle. Comme ce noble ami de l'humanité, il s'est montré sans orgueil et sans faste, ferme, simple, et juste par nature. Pendant un tiers de siècle, il a maintenu le pays de Mysore en paix; sous son administration, les crimes, poursuivis sans relâche et punis d'une main sévère, ont diminué.

Par degrés, la sécurité des personnes et des biens s'est accrue. Dès le principe, les charges publiques ont été soulagées; d'assez nombreux travaux d'utilité générale ont été commencés et régulièrement conduits à terme; d'autres ont été restaurés, surtout ceux qui pouvaient accroître l'alimentation du peuple : tant de bien s'est opéré simplement, sans faste et sans aucun charlatanisme.

Arrêtons-nous à ce spectacle. Il ne présente, à coup sûr, rien qui soit extraordinaire, rien qui puisse émerveiller par la grandeur des actions ni par le génie de la parole. Cependant il nous fait connaître une des phases les moins malheureuses, si l'on n'ose pas dire une des plus fortunées, dans la transformation graduelle, et presque fatale, qui conduit deux cents millions d'hommes à se courber avec résignation sous l'uniformité du joug européen dans l'immense pays de l'Inde. Saisir sur le fait une telle métamorphose, voilà l'intérêt à la fois moral et politique du tableau que nous voulons présenter en indiquant les parties caractéristiques du gouvernement des Anglais dans le royaume de Mysore.

Administration des finances. Un premier bienfait a consisté dans l'abolition d'un nombre à peine croyable d'impôts arbitraires, bizarres et trop de fois purement vexatoires. Dans quelques cantons, et par rapport à certaines castes, les contributions étaient inégales comme les classes. Partout l'indigène était foulé, pressuré; il l'était, soit qu'il contractât un mariage légitime, soit qu'il préférât la liaison moins obligatoire d'une concubine. Il était taxé s'il lui naissait un fils et taxé pour le nom que ce fils devait recevoir; il était taxé quand il lui naissait une fille et taxé lorsqu'elle atteignait l'âge nubile; chaque décès était frappé d'un tribut, comme chaque naissance. Il serait fastidieux d'énumérer les autres impositions établies sur les actes de la vie les plus insignifiants, sur toute espèce de travaux, sur des coutumes singulières et bizarres, parfois même sur de simples souvenirs. Voilà ce que l'insolent arbitraire, tantôt des sultans, tantôt des radjahs, avait imaginé pour suffire aux prodigalités incessantes et sans bornes de leur pouvoir illimité.

Dès les premiers temps de leur administration, les Anglais ont supprimé *sept cent soixante neuf de ces taxes injustifiables.* Il en est résulté sans doute une diminution considérable pour le trésor : *les deux cinquièmes des recettes.* Mais le soulagement que le peuple en a ressenti, mais les divers moyens qu'on a mis en usage pour favoriser le travail et par conséquent augmenter l'aisance générale, ces moyens ont bientôt plus que compensé la perte volontaire par laquelle on a généreusement, disons mieux, par laquelle *on a politiquement inauguré la révolution financière et sociale indo-britannique.*

Aux personnes qui regarderaient comme incroyable l'extrême multiplicité des taxes étranges que nous venons de mentionner, il nous suffira de rappeler ce qu'on a nommé dans l'Europe du moyen âge les *droits féodaux*, si pesants, si nombreux et si bizarrement divers. A coup sûr, le très-petit nombre de ces droits qui restait en France au siècle dernier avait cessé d'être oppressif; mais il se rattachait à des souvenirs tellement odieux au peuple, que leur suppression est devenue l'un des principaux leviers de la Révolution française. Vingt ans, trente ans, quarante ans après cette abolition, lorsqu'on voulait renverser un gouvernement assez peu prudent pour écrire sur son oriflamme le mot *restauration*, le moyen le plus efficace imaginé par ses ennemis afin de le perdre consistait à l'accuser de rêver le retour impossible, insensé, des droits féodaux; de ces droits dont le moindre n'aurait pu revivre sans faire tomber un pouvoir qui n'eût pas reculé devant la renaissance de ce passé dont le fantôme seul menaçait de mort tout un système moderne.

Ces explications suffisent pour montrer la profonde portée gouvernementale des suppressions d'impôts vexatoires et stupides opérées dans le royaume de Mysore par le Gouvernement anglais.

Parmi les taxes supprimées, citons celles qui pesaient sur le transit et la circulation, et d'autres qui frappaient directement certains produits du sol, le coton, par exemple. Les progrès du commerce et de l'agriculture ont avec avantage compensé ces sacrifices intelligents.

Le rapprochement court et frappant que nous allons présenter démontre combien, même au point de vue financier, l'abandon de certaines branches de revenu, loin d'appauvrir le trésor, a favorisé dans les revenus publics un accroissement que les novateurs les plus confiants n'auraient pas osé se promettre dès le principe.

Progrès du revenu public dans le royaume de Mysore, depuis l'époque où les Européens ont entrepris de l'administrer.

	Impôts à base constante.	Impôts supprimés.
1ᵉʳ *exercice.* Années 1831-32....	37,600,000 fr.	25,000,000 fr.
25 ans plus tard............	66,500,000	

Travaux publics : routes et ponts. L'administration musulmane avait totalement négligé les travaux de cette nature. Ses vues étaient tournées sans cesse vers les conquêtes, et les dépenses de la guerre absorbaient tout. Dans les douze années de retour au régime hindou, sous le ministre Pournéah, quelques routes avaient été commencées. Comme nous l'avons mentionné, un pont prodigieux, mais absurde, avait été construit; un canal avait été presque achevé, puis abandonné. Pendant les vingt années subséquentes, on avait oublié toute idée d'entretenir les voies publiques, et le pays, sous ce rapport, avait fait retour vers la décadence. Les Anglais ont repris et continué avec leur persévérance accoutumée l'exécution des routes; ils en ont achevé la longueur totale de *huit cents lieues*, suivant les directions qui leur ont paru le mieux convenir aux débouchés du pays : résultat digne d'éloge. Cependant faisons remarquer que la presque totalité de ces voies utiles n'a pas reçu d'autres travaux que ceux *de terrassement :* travaux qui constituent ce que, dans l'Inde, on appelle *des routes de beau temps,* et qui suffisent lorsqu'on n'est pas dans la saison des pluies. Un très-petit nombre de routes sont empierrées, ce qui diminue extrêmement la dépense et le mérite général de l'entreprise.

Ouverture de la chaîne des Ghauts pour communiquer avec la mer. Une des œuvres les plus désirables était d'ouvrir une communication praticable aux voitures entre le royaume de Mysore et la mer, dont il est complétement séparé par la haute chaîne des Ghauts : c'est ce qu'on a fait en perçant à grands frais un nouveau passage. Ce travail excellent, qui ne date que de cinq à six ans, conduit par une route bien exécutée au port de *Mangalore*.

Aménagement des eaux pour les irrigations. Dans les meilleurs temps de leur domination, les anciens souverains de l'Hindoustan avaient fait beaucoup d'efforts pour favoriser l'agriculture. Sur le haut plateau, qui descend par une pente insensible depuis les cordilières occidentales en avançant vers l'orient et le midi, ils avaient érigé dans toutes les vallées des barrages étagés avec intelligence. On retenait par ce moyen d'énormes masses d'eau, que des canaux agricoles conduisaient sur des terres modérément inclinées; ces terres acquéraient par l'irrigation une valeur considérable.

Disons à la gloire des Hindous qu'ils avaient fini par établir jusqu'à *vingt-deux mille réservoirs d'eau*, dont quelques-uns d'une très-grande superficie; tous destinés, comme il vient d'être dit, à multiplier les irrigations.

Pendant les guerres cruelles et dévastatrices du siècle dernier, un grand nombre de barrages s'étaient écroulés, et beaucoup de réservoirs s'étaient, ou comblés ou desséchés. Il a fallu réparer ces ruines; c'est ce qu'a fait l'administration britannique, non-seulement en restaurant les ouvrages délabrés, mais par des constructions neuves.

M. le colonel Campbell Onslow, l'un des quatre com-

missaires du Mysore qui présidaient aux quatre divisions
territoriales, administrait celle de *Nuggur;* il nous apprend qu'en douze années le nombre des tanks ou réservoirs d'eaux fécondantes s'est accru, sous sa direction,
du nombre de 7,407 à celui de 8,607.

Pour construire et même pour réparer les barrages et
les réservoirs, il faut faire de grandes dépenses et les faire
dans les instants les plus propices. On doit pouvoir disposer d'un très-grand nombre de travailleurs, afin de porter
un remède immédiat et souverain à des accidents imprévus, accidents que le moindre retard mis à les réparer
rend parfois irréparables.

Initiative que les indigènes réclament du Gouvernement.

Les indigènes apprécient pleinement la valeur des travaux que nous venons de mentionner, travaux qu'ils sont
incapables d'exécuter avec leurs fortunes privées, et qu'ils
n'attendent jamais que du Gouvernement. Dans leur
pensée, la mission de l'État est de tout faire; ce préjugé,
qu'ils semblent partager avec les Français, donne aux administrateurs une influence parfois excessive.

L'irrigation est si précieuse que, dans certains cas, les
Ryots payent sans hésiter six, sept et huit fois le taux de
la rente foncière qu'ils doivent au Gouvernement, pour
procurer à leurs terres ce bienfait extrême. Lorsqu'un
surintendant des finances visite quelque village, la première demande que lui font les habitants, c'est de l'eau, et
par conséquent un réservoir, un étang. Exauce-t-on leurs
prières : ils prendront à leur charge autant de nouvelles
terres qu'on le voudra pour les cultiver. Cela seul, dût-on
ne rien changer au *prorata* de la rente, accroîtrait en
proportion le revenu public.

Quelle que soit l'importance des irrigations conservées, rétablies ou créées depuis trente ans, on conçoit des entreprises plus vastes encore, formées par des compagnies avec le secours de capitaux européens, pour ouvrir des canaux qu'on rendrait navigables, en même temps qu'ils serviraient aux irrigations. L'auteur de ces pensées appuie ses projets sur les travaux et les calculs d'un célèbre ingénieur, sir Arthur Cotton; nous les ferons connaître en expliquant les travaux de la Présidence de Madras.

Influence de l'administration britannique sur les progrès
· de la population.

M. le colonel Onslow, déposant à Londres devant la Commission d'enquête sur la colonisation de l'Inde, cite avec orgueil quelques-uns des résultats de l'administration du pays de Mysore, à laquelle il a pris une part éminemment fructueuse.

En seize années, la province de Nuggur qu'il administrait, favorisée par des routes, des digues, des réservoirs, et par des irrigations ou rétablies ou créées, a vu sa population s'accroître de plus d'un cinquième. Si les mêmes causes bienfaisantes continuent de produire les mêmes effets, en soixante ans la population doublera.

Territoire et population de la province de Nuggur, en 1854.

Superficie.....................	1,554,000 hectares.
Population	660,305 habitants.
Habitants par mille hectares...	425

Culture du coton mexicain; difficultés et succès.

Les brahmanes sont opposés à toutes les innovations, même agricoles; leur instinct les porte à repousser les perfectionnements qui pourraient éclairer le commun peuple et lui donner l'indépendance pour résultat du bien-être. Nous en trouvons un exemple remarquable rapporté par le surintendant de la province de Nuggur, au sujet du coton mexicain introduit et propagé par les Anglais dans le royaume de Mysore.

« Mon prédécesseur, dit-il, cultivait comme essai, sur le sol où plus tard j'ai créé ma ferme expérimentale, une plantation cotonnière qui réussissait à merveille; mais un jour qu'il vint la voir, tous les plants étaient flétris. Il ne pouvait pas deviner par quelle fatalité. — Le brahmane, fonctionnaire de la localité, lui dit alors : « Vous le voyez, « ce coton ne peut pas pousser; le pays ne lui convient pas : « tout est mort. » Le surintendant à qui l'on tenait ce langage imagina d'arracher quelques pieds de cotonniers mexicains : il trouva les racines fraîchement coupées entre deux terres. On espérait ainsi persuader aux cultivateurs indiens, et même aux Européens, que l'innovation ne pouvait pas réussir. Les planteurs indigènes sont maintenant désabusés; ils s'empressent de cultiver la nouvelle espèce de cotonnier, et vont à la ferme expérimentale pour s'en procurer la semence. » (*Col. W. Onslow's Evidence, Select Committee on colonization and settlement in India.*)

Culture du caféier.

Quand le commissaire que nous nous plaisons à citer eut cessé d'être surintendant de la province de Nuggur, rentré dans la vie privée, il n'a plus, *comme l'est tout fonctionnaire*, été soumis à la défense d'acquérir une propriété des indigènes. Alors il s'est proposé de cultiver le caféier, en subissant les conditions imposées à tous les habitants. Il a commencé, comme un modeste propriétaire, par un essai sur *trente* hectares; avec le temps, il en a planté jusqu'à *trois cent cinquante*, au grand avantage du pays, éclairé par son exemple, encouragé par ses succès. Arrêtons-nous sur ce sujet intéressant.

Quand un planteur de café veut s'établir en Mysore, il se présente pour acquérir un terrain dans les jongles, regardés, en général, comme propriétés domaniales. Un avertissement public appelle avec soin l'ayant droit à ce terrain, en supposant qu'il en existe un; si dans un mois nul ne réclame, la terre est mise à l'enchère, et le plus offrant l'obtient. Il ne paye pas de rente foncière; il satisfait seulement au droit d'excise quand vient le moment où le café doit être vendu. Cette facilité intelligente a suffi pour attirer les indigènes vers une culture qui devait leur procurer de sensibles avantages.

On concevra tout le prix d'un pareil système, en réfléchissant que le cultivateur qui commence une plantation de caféiers reste sept années avant d'arriver au maximum de ses récoltes, et que souvent il n'a rien obtenu dans les trois premières années; il est juste, il est utile que pendant le temps des sacrifices il ne paye aucun impôt.

Quand les Anglais commençaient leur administration, le droit qui pesait sur les cafés équivalait à vingt francs par cent kilogrammes; *ils l'ont réduit au quart de cette valeur.* Malgré cette réduction si considérable, par l'encouragement qu'elle offrait à la culture, en dix-huit ans un revenu réduit *au quart* a fini par devenir *quadruple* de la valeur primitive. Un tel progrès est magnifique.

Les petits cultivateurs indigènes ne sont pas en état d'opérer de vastes plantations; mais chacun peut créer près de sa chaumière un bosquet de caféiers, et trouver ainsi le moyen d'ajouter sensiblement à son bien-être.

Telle est l'influence générale qu'ont exercée sur tout

un royaume, en peu d'années, moins de vingt planteurs britanniques; ils n'étaient pas plus nombreux.

Pour donner une idée de la qualité des cafés de Mysore, il nous suffira de dire que leur prix, à Londres, est presque égal *au prix du café de Moka*. Un pareil prix est, à coup sûr, le plus efficace de tous les encouragements [1].

Indépendamment du bénéfice que procure un tel envoi de l'Inde en Angleterre, il faut remarquer que l'usage du café se répand beaucoup dans le pays de Mysore, et même sur la côte du Malabar, chez les familles indigènes; ajoutons aussi que les troupes européennes en consomment des quantités considérables. C'est la boisson la plus convenable aux pays chauds, et c'est la plus précieuse pour l'opposer à l'usage des boissons alcooliques, si funestes sous la zone torride.

Au moment même où je corrige cette feuille, parmi les mesures très-dignes d'éloge prises à Paris *contre le choléra, fléau qui vient de l'Inde*, signalons l'allocation qui permet que le soldat boive chaque matin *une tasse de café*. Le paysan du Mysore, par la plantation que nous venons de citer, s'accorde à lui-même ce bienfait.

Tels sont les résultats hygiéniques d'une culture importée dans ce royaume, ainsi que nous l'avons dit, par quelques planteurs britanniques.

Les deux exemples qui viennent d'être présentés, ceux du coton d'Amérique et du café d'Arabie, offrent la preuve certaine que les indigènes n'éprouvent aucune répugnance, ni pour s'adonner à des cultures complétement

---

[1] Tout le café qui sort du pays est destiné pour Londres. On l'envoie à Bombay, faute d'un grand port plus voisin, en passant par le Ghaut qui conduit à Mangalore. Dans ce petit port, il est chargé sur les barques appelées *Patimars,* conduit à Bombay, puis embarqué pour l'Europe. C'est, au total, le détour le moins dangereux et le plus économique.

nouvelles, ni pour remplacer des plants de qualités inférieures par d'autres qui sont préférables; il suffit que l'Européen leur offre l'exemple de l'expérience et du succès. Les Ryots sont, en cela, parfaitement comparables à nos paysans les mieux dotés de bon sens et de prud'homie; ceux-ci veulent voir par leurs propres yeux et toucher du doigt le bénéfice promis, avant de s'exposer à des essais dont ils se méfient par instinct et trop souvent par expérience.

C'est aux Anglais qu'il appartient de montrer aux natifs les méthodes nouvelles éclairées par une agriculture à la fois scientifique et pratique, ainsi que l'art des engrais et son secours pour réparer le dommage éprouvé depuis si longtemps par leurs terres; il faut leur enseigner les applications les plus habiles et les plus variées du drainage. En même temps qu'on fera prendre une valeur nouvelle aux terres actuellement exploitées, on devra commencer en grand la culture de très-vastes superficies jusqu'à ce jour restées en friche.

Par l'ensemble de ces moyens, on accroîtra graduellement la production dans un des pays les plus beaux de l'Inde.

Rapports remarquables entre les indigènes et les colons.

« Règle générale, affirme le colonel Onslow, d'après une expérience de vingt années, les Indiens respectent beaucoup les Européens vraiment respectables. Nul peuple ne les surpasse du côté du discernement; ils jugent avec finesse et promptitude si l'étranger qui vient habiter au milieu d'eux est ou n'est pas ce que les Anglais appellent *un gentleman*, c'est-à-dire un homme bien élevé, dont les sentiments sont dignes d'estime.

« Un pareil homme réussit au milieu d'eux. Ce qu'il faut à leur égard, c'est la justice et la fermeté ; le compagnon de mes cultures, dans les deux pays de Courg et de Mysore, en est un exemple. Un autre planteur de café a de même obtenu le succès le plus complet en déployant un loyal caractère, de l'énergie et de l'équité vis-à-vis des natifs ; il a complétement gagné leur confiance. Les indigènes le traitent comme ils traiteraient un de leurs *patels*, un de leurs chefs de commune : ils sont heureux de le consulter pour s'éclairer sur leurs propres affaires.

« En revanche, lorsque arrive dans le pays un Européen dont le moral est équivoque, ils s'en aperçoivent bientôt et s'évertuent à lui rendre son séjour au milieu d'eux *insupportable*. La grande difficulté pour l'établissement des colons anglais est d'empêcher que des personnes indignes essayent de se présenter. Au contraire, des hommes bien élevés et d'une morale éprouvée, s'ils immigrent et s'ils se conduisent avec honneur et convenance, produisent un bien infini par leur bon exemple, par l'emploi qu'ils font de leur capital, de leur énergie et de leur science ; mais, répétons-le, l'arrivée d'un ignorant peu délicat, qui voudrait abuser de la simplicité des campagnards et les maltraiter, celui-là produirait un mal infini pour eux et pour lui.

« En définitive, jusqu'à ce jour, dans le Mysore, le nombre des émigrants européens est très-peu considérable ; cependant l'ensemble s'est de plus en plus amélioré. Les bons sont restés, *et les mauvais ont été contraints de s'éloigner, parce que tout leur était contraire.* »

La principauté de Courg, sa conquête et son annexion.

Sans hésiter un moment, nous avons fait voir au point de vue le plus favorable l'envahissement déguisé sous forme de *tutelle administrative* dans le royaume de Mysore. Nous avons accepté le récit des administrateurs eux-mêmes, dont nous honorons le caractère, et nous avons fait connaître avec pleine confiance leurs dépositions devant une grande Commission de la Chambre des communes. Nous avons signalé, d'une part, les impôts qu'ils ont abolis; de l'autre, ceux qu'ils ont rendus plus intelligents, mieux répartis, et par là plus légers. Nous avons indiqué les travaux neufs qu'ils ont entrepris et les travaux anciens qu'ils ont restaurés, les cultures qu'ils ont encouragées chez les indigènes et celles que leurs concitoyens ont importées. Tous ces faits, sans doute, ils les ont retracés sous le jour le plus favorable, peut-être même quelquefois avec un peu d'exagération. Mais le lecteur était mis en garde par nous-même, afin de les juger sans trop de faveur; il a pu retrancher ce qu'il voulait de son suffrage approbateur. En définitive, l'ensemble est éminemment honorable pour les lumières, la prudence et l'amour du bien qu'ont apportés dans le royaume de Mysore, et par extension dans la principauté de Courg, les Européens choisis par un gouverneur général tel que lord William Bentinck pour administrer les indigènes.

Actuellement, au sujet de cette principauté, nous sommes heureux de pouvoir puiser à d'autres sources pour présenter des faits d'un ordre différent qui, sans rien ôter de leur poids à l'ensemble de ceux dont nous venons de parler, font luire un jour non moins précieux, répandu par le juge éclairé et désintéressé qui rapporte de l'Orient ses observations personnelles.

Un Français, témoin oculaire dans la principauté de Courg.

Le comte Édouard de Warren, qui va comparaître

devant nous, est d'une famille française obligée d'émigrer pendant notre première révolution. Il est né dans l'Inde, où son père et sa mère ont habité tour à tour Madras et Pondichéry. Nous verrons que l'auteur de ses jours, en 1799, montait à l'assaut de Seringapatam, et versait noblement son sang lors de l'attaque où périt Tippou-Sahib.

De Warren, qui fut de bonne heure envoyé de l'Inde en France, y reçut une brillante éducation. En 1832, il retourna dans l'Hindoustan; bientôt il obtint à prix d'argent une sous-lieutenance au 55ᵉ régiment des troupes royales, armée de Madras. Après avoir servi pendant plusieurs années avec distinction, il retourna, pour ne plus s'en éloigner, dans la patrie de son père, la Lorraine... C'est alors qu'il écrivit et publia son ouvrage remarquable intitulé : *L'Inde anglaise*. La troisième édition, qui parut en 1858, prit ce titre de circonstance : *L'Inde anglaise, avant et après l'insurrection de 1857.*

Rien n'est plus touchant que les vœux exprimés dans la préface de cette dernière édition, au moment des périls extrêmes et des succès remportés par ses anciens compagnons d'armes : succès où la soif de la vengeance, et trop souvent la barbarie, le disputaient à l'héroïsme.

« A l'heure des violences, dit-il, nous avons pu stigmatiser les triomphateurs; aujourd'hui, nous ne pouvons que nous incliner avec admiration devant le courage, la résignation, le patriotisme de cette grande race anglo-saxonne. C'est votre gloire que je veux conserver intacte en plaidant auprès de vous la cause de l'humanité souffrante, et même de l'humanité coupable. Quelle est la nation, fût-ce la plus civilisée, qui n'ait rien à se reprocher et se croie le droit d'être impitoyable? »

Il faut resserrer dans un très-court espace, et juger

d'un point de vue supérieur, des faits, des descriptions et des récits pleins d'intérêt par eux-mêmes.

Deux ans après son entrée au service, le comte de Warren, averti qu'on va porter la guerre dans la principauté de Courg, s'éloigne en toute hâte de Pondichéry, sa ville natale, pour retourner à son régiment, qui vient de partir. Il le rejoint dans la nuit du 31 mars 1834; le jour suivant, à quatre heures du matin, le drapeau britannique franchissait le fleuve Cauvery pour envahir le territoire voué d'avance à la confiscation.

L'auteur affirme qu'un ferment toujours actif de haine contre les dominateurs étrangers et des souvenirs de dévouement pour la race déchue, celle des sultans Haïder-Aly et Tippou-Sahib, n'avaient jamais cessé d'exister dans le Mysore, dans ses dépendances et surtout dans les pays qui couronnent la haute chaîne des Ghauts. Un tiers de siècle après la chute de ces conquérants, l'insurrection de Bangalore, en 1833, aurait été l'expression, *tardive, avouons-le,* de cet inaltérable sentiment. Ce ne fut pas la prévoyance anglaise, mais la trahison de quelques complices, qui permit de découvrir et d'étouffer la rébellion sur le point d'éclater. Les conjurés qu'on put saisir furent attachés à la bouche des canons et leurs membres impitoyablement lancés dans les airs, en présence des régiments indigènes, que la discipline anglaise condamnait à recevoir ce premier et terrible avertissement!...

Une partie des séditieux avait pris la fuite; elle s'était cachée dans les montagnes des petits États voisins, États dont le plus important était celui de Courg.

Pour mettre un terme à la facilité que les proscrits, militaires ou civils, trouvaient ainsi de se soustraire à la vindicte des dominateurs européens, la Compagnie gouvernante conçut la pensée de soumettre à ses lois cette principauté, la mieux située pour recéler dans ses forêts des proscrits, soit innocents, soit coupables. Cependant il fallait, pour prendre ce parti violent, mettre en oubli les services les plus importants.

Avant la conquête du royaume de Mysore, le radjah de Courg avait embrassé résolûment le parti des Anglais, et, trahissant la cause de son suzerain, il leur avait ouvert les passages de ses montagnes. Cette défection avait permis que les troupes accourues de l'Ouest, franchissant les défilés, poursuivissent le sultan Tippou jusque sous les murs de Seringapatam et détruisissent sa puissance.

Plus tard, les Anglais, foulant aux pieds un point d'honneur sacré dans l'Inde, demandèrent à ce radjah de leur livrer un réfugié politique redoutable, il est vrai, par ses intrigues et renommé pour sa vaillance : c'était Coungol Naïg, polygar de Tellichéry. Ils devaient être refusés et le furent au nom du plus généreux sentiment. Aussitôt ils affectèrent de voir un acte d'hostilité dans ce respect pour le droit sacré d'asile; ce droit, cependant, est regardé dans les trois royaumes britanniques comme inséparable de la dignité nationale et de la générosité protectrice du malheur. Tel fut le motif de la guerre injustifiable que la Compagnie des Indes, ou du moins ses représentants de Madras et de Calcutta, brûlaient de déclarer et qu'ils déclarèrent sans retard à l'infortuné prince de Courg.

Il fallait agir avec une extrême rapidité, car on était au milieu de février. Les agresseurs, partis de leurs divers cantonnements, ne pouvaient guère arriver en présence de l'ennemi qu'au 1er avril suivant; or, dès le milieu de mai, un vrai déluge pluvial, versé par la grande mousson, rend impraticable un pays de hautes montagnes, de vallons encaissés, et tout un territoire incroyablement accidenté. A ces difficultés ajoutons que des forêts vierges

remplies d'arbres gigantesques, aux troncs enlacés par
de vastes plantes grimpantes croisées dans tous les sens,
couvrent sous leurs ombrages des détritus de végétaux
mêlés à des cadavres d'animaux en putréfaction, qui
remplissent l'air de miasmes mortels aussitôt que vient
la saison des chaleurs. Cette saison, même au sommet
des monts de Courg, commence dès le printemps.

On organisa simultanément quatre colonnes pour pénétrer par quatre côtés dans le pays à conquérir. Les
points de départ furent Mangalore à l'ouest, Bangalore
à l'est, Cannanore au sud et Bellary vers le nord-est.

La colonne du nord était celle où servait Édouard de
Warren; elle avait remonté la partie supérieure, de plus
en plus encaissée, du fleuve Cauvery, déjà cité. Elle va
combattre au milieu d'une épaisse forêt vierge qui cache
des lignes redoutables et surtout la forteresse de Bakh.

*Jugements remarquables d'un officier français qui marche
avec l'armée de l'Inde.*

Dans cette marche agressive et dans les combats
qu'elle exige, l'officier français juge de ses yeux la vaillance relative de tous les genres de troupes dont il est
le compagnon d'armes. Il faut résumer le jugement qu'il
en porte sur le champ de bataille; c'est celui qui trompe
le moins.

Son récit nous fait connaître l'incapacité hautaine de
ces généraux obscurs, lentement parvenus par ancien-
neté dans l'Inde, et la plupart ignorant le véritable art de
la guerre; ces généraux, qui n'appartenaient pas à l'état-
major des troupes royales, ont tous fini leur carrière.

Les cipayes. Les régiments ordinaires de cipayes sont
les moins capables d'affronter de grands périls. Lorsque

la colonne reçoit presque à bout portant les feux d'une ligne soudainement démasquée, Warren *voit* les soldats indiens se jeter ventre à terre et laisser les autres troupes leur passer sur le corps. Il fait toutefois une exception honorable pour la compagnie d'élite des carabiniers indigènes, vétérans éprouvés par de nombreux combats et fortifiés par le nerf d'une sévère discipline. Ces grenadiers, entraînés par leurs officiers anglais, bravent tous les feux cachés derrière les abatis, et même ceux du fort de Bakh, avec une admirable résolution; mais ne leur parlez pas de monter à l'assaut ni de lutter à l'arme blanche. « C'est, dit l'officier français, une chose inconcevable que l'effet magique d'une ligne d'Européens qui s'avancent les yeux étincelants et d'un pas mesuré qui fait retentir le sol; les plus braves Asiatiques n'ont jamais pu, depuis les temps d'Alexandre jusqu'à nos jours, et jamais ils ne pourront supporter cette vue : on dirait la fascination que le serpent exerce sur l'oiseau. Leurs genoux fléchissent et la fuite seule peut leur rendre l'action. »

M. de Warren parlant de la sorte, d'après le spectacle qui le frappe en 1834, n'avait pu voir au pied des Himâlayas les Sikhs, exercés, aguerris par des généraux français, soutenant des luttes corps à corps avec l'armée britannique et manifestant une force d'âme qui frappait d'admiration leurs propres vainqueurs, plus d'une fois vaincus par des adversaires d'une vaillance, je dirais presque *francisée*.

Les pionniers du génie. Un corps d'indigènes qui mérite les plus grands éloges est celui des pionniers ou sapeurs du génie. C'est un corps à part et tout à fait différent des autres troupes indigènes de la Compagnie. Les pionniers, recrutés dans les dernières classes et souvent parmi les domestiques des soldats européens, le sont plus souvent encore parmi les enfants nés du commerce de ces mêmes soldats avec les femmes du pays. Ces enfants, élevés dans les casernes, recevant une nourriture substantielle, habitués à la même gymnastique et possédant une force physique à peu près égale à celle des Européens, marchent en première ligne après les Anglais et leur cèdent à peine en courage. Mais un semblable choix est très-limité; il suffit difficilement à remplir les cadres restreints du génie militaire. J'ai trouvé, dans la grande Enquête sur les établissements à former dans l'Inde, le témoignage le plus remarquable sur les excellents services et la valeur des pionniers envoyés en Chine. Ils étaient partis sans difficulté, tandis que les cipayes refusaient obstinément de quitter l'Inde, berceau de leur foi brahmanique, et d'aller combattre au delà des mers.

Cavalerie indigène. L'officier français flétrit avec une juste sévérité la cavalerie indigène fournie *par le radjah de Mysore;* elle s'enfuit honteusement sans affronter une seule fois le péril. On est réduit à l'envoyer garder les bagages sur les derrières de la colonne qui s'avance pour combattre[1].

Dans la cavalerie irrégulière au service de la Compagnie, tout cavalier est censé fournir son propre cheval; sa solde est fixée en conséquence. Mais presque jamais il ne peut satisfaire à cette condition, et rien n'est plus rare que de trouver une recrue qui se présente avec sa monture. D'ordinaire, un des *rissaldars,* chefs d'escadron indigènes, devient, avec l'approbation du Gouvernement, le fournisseur ou plutôt l'entrepreneur de la remonte. Il prend alors, vis-à-vis de l'autorité militaire, l'engagement

---

[1] Dans un autre endroit de son livre, l'auteur émet une tout autre opinion sur le meilleur corps de ce genre, devenu célèbre dans l'Inde sous le nom de *cavalerie de Skinner,* son organisateur (*Skinner's horse*).

de se tenir toujours prêt à fournir un certain nombre de chevaux, moyennant un prix déterminé. Ces chevaux doivent d'abord être acceptés par un conseil de remonte; ensuite, ils sont distribués aux cavaliers, qui payent à l'officier fournisseur un intérêt de 15 p. o/o sur le capital avancé, jusqu'à liquidation. Lorsqu'un cheval meurt de maladie, la perte est supportée par l'officier entrepreneur; le Gouvernement ne répond que des pertes éprouvées dans les marches et sur les champs de bataille.

Continuons à suivre la colonne où servaient ces différents corps. Après avoir franchi de redoutables abatis malgré des feux invisibles et très-meurtriers, il fallait livrer l'assaut au fort de Bakh : cet assaut fut vaillamment tenté par l'infanterie royale européenne et les sapeurs indigènes. On arrivait au pied du rempart qu'il s'agissait d'escalader, mais on ne possédait qu'une seule échelle de siége; deux officiers, Warren compris, la dressent et montent les premiers; alors un boulet de canon la brise entre leurs mains. Il faut renoncer à l'escalade, et la colonne, criblée de feux ennemis, est obligée de battre en retraite.

Sympathie de la troupe anglaise pour l'officier français. Rapportons une circonstance qui fait le plus grand honneur au moral de la troupe royale anglaise, et qui donne un nouveau prix à sa vaillance au-dessus de tout éloge.

Pour passer en sûreté la nuit qui succède à l'assaut malheureux que nous venons de citer, on établit Édouard de Warren, avec vingt-cinq de ses soldats, dans un poste avancé, entre le camp et la forêt qui recèle la forteresse de Bakh. Écoutons son récit : « Jetés sur la lisière du camp, nous ne pouvions allumer aucun feu, car c'eût été faire connaître notre position à l'ennemi ; cependant le froid était excessif. Nos membres s'engourdissaient par l'effet d'un phénomène qui se reproduit chaque nuit dans ces hautes régions, et qu'il faut attribuer sans doute à l'action exercée dans l'atmosphère par leur végétation colossale : c'est une épaisse rosée, blanche comme du givre, mais plus compacte et plus humide, qui sature tous les objets en quelques minutes, qui pénètre jusqu'à la moelle des os et détermine les plus douloureuses maladies. Dépourvu de tout abri et devant être prêt à lutter d'une seconde à l'autre avec l'ennemi, je m'arrangeai ainsi : après avoir distribué mes sentinelles de façon à éviter toute surprise, je m'assis sur le gazon et j'ordonnai à tout mon monde de s'étendre autour de moi, chacun sur son mousquet et serré contre son voisin, en se couvrant avec les manteaux de manière qu'il y eût deux couvertures pour chaque homme. Cet ordre fut exécuté jusqu'à un certain point; mais je vis plusieurs soldats se dépouiller malgré ma défense. Quand je voulus insister et me fâcher, on jeta les manteaux sur moi et ma résistance devint inutile; j'eus beau tempêter, menacer de punir, il me fallut subir leur dévouement : j'étais presque étouffé sous les couvertures. Un superbe *Irlandais* s'établit en travers pour que sa poitrine me servît d'oreiller; tous les autres se serrèrent autour de moi et à mes pieds. Le cœur ému de tant de fidélité, je passai les longues heures de cette nuit, si riche en souvenirs, à réfléchir sur les événements d'une journée qui ressemblait à quelques pages du roman que j'avais rêvé, mais triste comme la vie réelle. »

Revenons à la poursuite générale de la guerre contre le radjah de Courg. La colonne de l'ouest n'avait pas été plus heureuse et n'avait pas moins souffert que celle du nord, dont les revers viennent d'être signalés. Les Européens, obligés de faire face à la plupart des dangers, avaient éprouvé des pertes énormes, et l'on pouvait à la lettre dire que leur troupe était hors de combat; les montagnards qui, protégés par les forêts, l'avaient presque détruite, pouvaient attendre les colonnes du sud et de l'est pour leur faire éprouver le même sort, en profitant de la même difficulté des lieux. L'ennemi gagnait trois semaines, et la mousson, avec ses pluies et ses fièvres, suffisait pour anéantir les agresseurs.

Par un bonheur assez fréquent dans l'histoire des guerres soutenues au nom de la Compagnie, le radjah de Courg, loin de prendre courage à la vue de son triomphe, est bientôt saisi d'une terreur inexprimable. Tout en applaudissant au premier succès de ses armes, il se demande à quoi va lui servir, en définitive, ce sourire de la fortune? Quand même, au milieu du printemps, il aurait achevé la destruction des quatre corps qui l'assaillaient, ne sait-il pas qu'avant la fin de l'automne toutes les forces de Madras et de Bombay, avec Calcutta pour réserve, seraient commandées afin de venger cet affront et d'en exterminer l'insolent auteur? Victorieux, il se soumet, *et se soumet sans conditions;* il espère ainsi fléchir le gouvernement de la Compagnie. Aussitôt les troupes anglaises, ne trouvant plus de résistance, s'emparent du pays et pénètrent jusqu'au sein de la capitale.

Mercara, chef-lieu du pays de Courg. Cette ville compte dix mille habitants. Sa position est singulière; elle se déploie sur le penchant d'une vaste montagne dont le sommet est ombragé par une forêt magnifique.

Situation géographique : latitude, 12° 26′; longitude, 73° 30′ à l'est de Paris.

En parcourant Mercara, l'officier français rencontre presque à chaque pas des Indiens auxquels il manque aux uns le nez, à d'autres une oreille; il en voit auxquels il manque à la fois les deux oreilles et le nez. Ces mutilations étaient le genre de châtiment que, par préférence, le radjah infligeait à ses sujets, et qu'il appliquait, suivant son caprice, même aux délits les moins importants.

Tel est le détestable usage que les souverains de l'Hindoustan qui sont encore sur le trône font trop souvent de leur pouvoir arbitraire, pouvoir qu'ils se montrent par là peu dignes de conserver. Parfois leurs infortunés sujets, mutilés avec tant de légèreté et de barbarie, viennent adresser leurs plaintes au Résident britannique accrédité près de leur tyran. Hélas ! que pourrait-il faire qui réparât leur malheur? Trop souvent, pour écarter même l'ombre d'un blâme officieux ou les ennuis d'une remontrance, le gouvernement indigène fait subir une effroyable aggravation de peine à l'infortuné qui s'adresse à l'étranger. Quelquefois il fait enterrer ce téméraire dans un espace étroit *et muré*, pour qu'il y périsse de faim, sans que personne ait jamais connaissance de son sort.

Revenons aux sujets du prince de Courg, si fréquemment mutilés et qui, néanmoins, lui décernaient assez gratuitement le titre de Maharadjah, de grand radjah; ses soldats appartenaient à la caste des Nairs, aristocratie du Malabar. C'est la classe privilégiée, que nous venons de remarquer pour sa bravoure.

Comment les Anglais ont apprivoisé le peuple confisqué.

Afin de s'attacher les habitants, les Anglais ont d'abord supprimé la mutilation; ensuite ils ont réduit de moitié les impôts. La considération de l'avantage pécuniaire a peut-être été plus décisive que l'adoucissement des peines chez les races avides, nécessiteuses et mercenaires dont l'Hindoustan est peuplé. «Non-seulement, dit Warren, par ces bienfaits, on n'avait plus à craindre aucune insurrection tentée pour revenir à l'ancien état des choses:

mais *on était certain que si le prince renversé du trône avait reparu, ses anciens sujets auraient pris les armes contre lui!* »

Sort final du radjah. En récompense de sa soumission volontaire et sans conditions, le prince est à jamais dépossédé de ses États; il est relégué pour le reste de ses jours dans la ville de Bénarès, à 5oo lieues de sa principauté. Cependant on le gratifie *généreusement, à ce qu'il paraît,* d'une pension d'*un million de francs* par année, pour le consoler de sa déchéance.

Ce revenu, qui représenterait trois millions en Europe, pouvait sembler excessif en faveur du petit souverain d'une principauté médiocrement cultivée, sans industrie, et qui ne comptait pas plus de 135,ooo habitants. Proportion gardée avec la population, c'est comme si le Gouvernement de Juillet, en 183o, avait assuré au monarque exilé une pension de 846 millions par an!...

Voici, selon le comte de Warren, le secret de cette incroyable munificence. La pension accordée au radjah de Courg n'était autre chose que l'intérêt d'un capital précédemment placé dans les fonds si sûrs de la Compagnie des Indes, placement qu'il avait fait à l'exemple de beaucoup d'autres radjahs. Confisquer l'intérêt de cette rente eût été porter atteinte au crédit anglais, et tous les princes indigènes auraient à l'instant retiré leurs capitaux des fonds exploités par les conquérants mercantiles.

Pour tout résumer, on ravissait au radjah sa principauté, son trésor de Mercara, son palais, ses joyaux, ses ameublements, ses revenus réguliers; et tout cela, pour n'avoir pas voulu livrer un proscrit indigène que protégeaient l'honneur et la religion des mœurs nationales.....

Nous avons regret à mentionner que de pareils actes aient été commis lorsque le gouvernement général était entre les mains de ce noble lord William Bentinck dont

nous avons si souvent et si justement célébré la modération et les vertus.

Nous devons faire une autre réflexion dont la sévérité
portera sur le radjah même. Qu'on se figure quelles exactions le souverain de Courg et son père ont dû commettre
pour amasser un capital d'au moins quinze millions, qui
vaudraient trois fois autant chez nous, en pressurant un
petit et pauvre peuple de 135,000 âmes : tout au plus le
tiers d'un département français ?

La translation du radjah détrôné. Le 55° régiment de
l'armée royale, celui dans lequel de Warren porte les
armes, est choisi pour escorter le radjah qu'on va dé-
porter à Bénarès. L'officier français assiste à toutes les
scènes du départ et de la marche; il les constate, et de
là sort un tableau de mœurs digne d'arrêter notre attention. Désespéré d'avoir osé compter sur la magnanimité
d'un gouvernement européen, le prince ne pouvait se
résoudre à quitter les lieux qui l'avaient vu naître, et son
palais, et son trône. Ses femmes, *au nombre de vingt-cinq,*
les yeux baignés de larmes, faisaient entendre des cris dé-
chirants; elles embrassaient ses genoux; si tendre était
leur dévouement qu'elles préféreraient mourir, disaient-
elles, plutôt que de ne pas partager en tous lieux la cap-
tivité de leur souverain seigneur et maître. Les grands de
sa cour et ses serviteurs personnels juraient de le suivre,
s'il le fallait, jusqu'au bout du monde. Des vœux si beaux
sont exaucés : tout part! Vingt-six palanquins dorés em-
portent le monarque et les vingt-cinq beautés de son
fidèle harem; beautés qui se seraient précipitées à l'envi
sur le bûcher si leur royal époux était mort un sceptre à la
main. Mais, hélas! qui l'aurait cru? dès le second jour du
départ pour l'exil, on ne comptait plus que dix épouses
dont la fidélité survécût à vingt-quatre heures de voyage;

les quinze autres, pendant la nuit, avaient pris en secret le chemin de leurs familles. Des *trois cents* gentilshommes exilés volontaires et compagnons de leur radjah bien-aimé, *seize* seulement lui conservent une fidélité qui dure au delà d'un jour. Aussitôt qu'on arrive à la frontière de ses États exigus, les porteurs officiels de son propre palanquin disparaissent; il faut remplacer les mercenaires du prince par ceux de la Compagnie. Enfin, pour comble de disgrâce, de toutes les femmes qui peuplaient son magnifique harem, il n'en conserve que *trois :* la plus jeune, et, par conséquent, la moins égoïste; une entre deux âges et déjà sur le retour; enfin, la plus âgée, pour qui les plaisirs de la liberté n'offrent plus de riantes espérances.

Pendant les combats dont nous avons donné l'idée, le bruit des revers éprouvés par les deux colonnes britanniques du nord et de l'ouest s'était répandu, rapide comme l'éclair, dans le royaume de Mysore. Au voisinage de Maïssour, l'ancienne capitale de cette contrée, certains natifs avaient arboré le drapeau noir, et l'on pouvait craindre une insurrection. Le Gouvernement anglais ordonna qu'on ferait lentement traverser ce royaume par la force armée qui conduisait le radjah dépossédé. Il fut décidé qu'on passerait par Seringapatam, la ville préférée de Tippou-Sahib; on montrerait aux indigènes la chute et l'avilissement des têtes couronnées assez imprudentes pour livrer *un combat heureux* aux soldats de la Compagnie! Citons textuellement le comte de Warren :

« Le 4 mai, vers dix heures du matin, nous vîmes poindre à l'horizon les deux gracieux minarets qui s'élèvent au-dessus de Seringapatam. Par une singulière coïncidence, qui devait ajouter à la vivacité de nos impressions, ce jour était précisément l'anniversaire de la chute de cet empire, si brillant et si éphémère. Il y avait juste trente-cinq ans qu'une dynastie, qui ne compta que deux règnes, avait succombé; mais elle était identifiée avec toute l'existence, tous les souvenirs de la nation qui lui devait sa gloire et sa prospérité. Depuis quelques jours, parmi les populations que nous traversions, les noms de Haïder-Ali et de Tippou s'échappaient de toutes les lèvres et remplissaient toute l'atmosphère. Notre imagination était frappée des souvenirs historiques que nous touchions à chaque pas. C'était donc avec un respect sincère que nous nous préparions à nous incliner sur les tombes de ces champions de l'indépendance asiatique, martyrs de leur patriotisme. Mais une autre pensée, plus intime et plus triste, parlait plus particulièrement à mon cœur; une autre image se dressait pour moi sur cette brèche encore béante et m'y faisait trouver des émotions d'un intérêt tout personnel. C'est qu'en ce jour, il y avait trente-cinq ans, mon père, officier de fortune ainsi que moi, conduisait une troupe anglaise à l'assaut de ces mêmes remparts; il y recevait une blessure glorieuse et payait de son sang l'hospitalité qu'il avait demandée à l'étranger. Dans ce même anniversaire, trente-cinq ans après, son fils arrivait au pied des mêmes murailles, escortant un prince prisonnier : singulier caprice de la destinée! »

Lorsque passait l'exilé de Courg, Seringapatam, qui comptait 40,000 âmes à la fin du siècle dernier, était réduite à 800 habitants; nous en avons expliqué la cause.

Il est regrettable que M. le comte de Warren, en nous parlant des regrets éprouvés pour le gouvernement du sultan Tippou, ne nous ait pas indiqué s'ils se bornaient à l'explosion des sentiments de la race mahométane; nous ne pouvons pas supposer que de pareils sentiments fussent exprimés par les Hindous, dont en tous lieux ce sultan profanait le culte et détruisait les temples.

Une autre réflexion se présente à notre esprit. L'officier français nous a dit que l'adoucissement des peines et la réduction des impôts excessifs opérés par les Anglais chez le peuple de Courg avaient produit un si grand effet, que ce peuple aurait pris les armes pour repousser son souverain s'il avait tenté de revenir; M. de Warren pense-t-il que les sultans aient été plus économes de sang innocent et plus sobres d'extorsions que ne l'était un radjah sectateur de Brahma? tel est le sujet de mon doute. Ne serait-ce pas aussi que trente-cinq ans d'autonomie supprimée avaient effacé le souvenir des sévices antérieurs, en accroissant la douleur de l'indépendance perdue?

DIVISION DU SUD.

COLLECTORATS.	SUPERFICIE.	POPULATION.	HABITANTS par MILLE HECTARES.
	hectares.	habitants.	
1. Coimbatore..................	2,111,109	1,153,862	546
2. Salem......................	1,942,241	1,195,377	615
3. Tinnevelli..................	1,419,838	1,269,216	893
4. Madura et Dindigal..........	3,508,155	1,756,791	500
4 *bis.* Padikota................	301,735	61,745	204
5. Tanjore....................	979,279	1,676,086	1,711
6. Trichinopoli................	756,798	709,196	937
Totaux.............	11,019,155	7,822,273	710

1. *Collectorat de Coimbatore.*

Le collectorat de Coimbatore est limité, du côté du nord, par le royaume de Mysore. La partie nord-est de ce collectorat est occupée par un massif considérable de montagnes, qui porte le nom collectif de monts Nilgherris; ce mot signifie *les Montagnes bleues*.

PREMIÈRE SUBDIVISION. LES MONTS NILGHERRIS.

L'espace qu'occupent ces monts est d'environ dix-sept lieues, mesuré du levant au couchant; c'est la direction d'un contre-fort de la grande chaîne des Ghauts, qui s'abaisse et s'interrompt à partir du 11° 15′ de latitude.

Lorsque l'on avance vers le sud, on ne retrouve cette chaîne qu'en atteignant le 10° 30′; elle s'élargit tout à coup vers l'orient, et ses crêtes s'éloignent jusqu'à vingt-cinq lieues de la côte occidentale. Ensuite elle continue, du nord au midi, jusqu'au point extrême indiqué par le cap Comorin, le Finistère de l'Inde.

Les Nilgherris, situés entre le 11ᵉ et le 12ᵉ degré de latitude boréale, se trouvent au milieu de la zone torride. Sur leur périmètre, comme au pied des Himâlayas, il existe une ceinture marécageuse, couverte de jongles et de forêts. Aucun être humain ne pourrait l'habiter, et on doit la franchir avec rapidité si l'on veut communiquer impunément entre les montagnes et le plat pays. Cette triste ceinture est d'un niveau très-bas; elle est plus large et plus malsaine sur le versant du midi que sur le versant du nord, lequel s'arrête à la frontière méridionale du royaume de Mysore.

Premières observations des Anglais sur les Nilgherris. — C'est en 1819 seulement que les Anglais attachés à la Présidence de Madras ont connu l'intérieur du groupe des Nilgherris. Ils ont bientôt eu la pensée que les positions les plus élevées de ces montagnes pourraient offrir un asile favorable à la santé des Européens; mais ce ne fut pas avant l'année 1825 qu'ils essayèrent, d'après cette prévision, d'y fonder quelques établissements hygié niques.

A mesure qu'on s'élève sur les monts, la quantité des eaux pluviales devient moins excessive et la température est moins brûlante; l'air est plus vif, il a plus de ressort.

En montant toujours, on arrive en des lieux qui sont les plus agréables et les meilleurs que les Européens aient pu trouver dans l'Hindoustan pour la douceur et la salubrité du climat; cette région délicieuse ne présente pas, pour température moyenne annuelle, plus de 14 1/2 degrés. A coup sûr, c'est peu sous la zone torride.

En réalité, quoique les Nilgherris couvrent un grand espace, ils n'offrent qu'un territoire assez limité dont le séjour réparateur convienne parfaitement aux Européens; c'est la partie supérieure, nous l'avons déjà dit, celle que les eaux pluviales inondent le moins. Dans les parties inférieures, on peut juger de l'excessive humidité du sol par le fait suivant. Les sangsues y pullulent à tel point que les indigènes ne peuvent marcher au milieu des champs bourbeux ou des jongles sans que leurs jambes et leurs pieds soient ensanglantés par la morsure de ces insectes; bientôt ils ne présentent plus qu'une vaste plaie.

Dans ces montagnes, depuis des temps dont l'origine est inconnue, se sont propagées quelques faibles tribus, qui semblent pratiquer, comme à regret, de rares cultures, d'une imperfection très-primitive; ce peuple, presque tout entier pasteur, est à la fois pauvre, ignorant et peu nombreux.

Premier établissement sanitaire d'Outacamund; le docteur Baikie.—Le premier établissement des Européens, qui porte le nom d'*Outacamund*, est situé sur un plateau fort élevé,

mais néanmoins dominé par de plus hautes montagnes.
La principale n'a pas moins de 2,630 mètres d'altitude.

Dans cet endroit, on a commencé par faire une double
création gouvernementale. On a construit un premier hospice pour les officiers, soit de l'ordre civil, soit de l'armée,
ayant perdu les forces et la santé par le service qu'ils ont
fait dans les plaines énervantes et brûlantes; on en a
construit un second pour les soldats dont la santé se trouvait délabrée par la même cause.

Un habile médecin, le docteur Baikie, fut dès l'origine
chargé de l'inspection générale; il eut à soigner bon
nombre d'officiers convalescents et beaucoup de soldats
plus ou moins invalides. Presque tous les officiers, en
obéissant avec discernement aux préceptes d'une hygiène
intelligente, ont recouvré la santé; mais, par un triste
contraste, les succès ont été très-médiocres chez les
simples soldats. On avait placé ces derniers sous l'autorité
d'un capitaine qui n'habitait pas auprès d'eux, et dont la
surveillance était à peu près nulle. Leur conduite n'avait
rien de régulier: ils fréquentaient le bazar, la taverne; ils
s'enivraient avec de l'arrack; ils vagabondaient, et sans
cesse ils étaient en conflit, en bataille, avec les indigènes.

Au milieu de ses fonctions, le docteur Baikie eut bientôt acquis une parfaite connaissance des localités et du
climat. Il publia, vers l'année 1840, le premier ouvrage
qui nous ait donné quelque connaissance des monts Nilgherris; son livre est instructif et plein d'intérêt.

Outacamund est à présent une ville florissante, qui
communique par des routes différentes vers l'orient avec
Madras, vers le nord par Maïssour avec Pounah, vers
le midi par Coimbatore avec le golfe de Manâr en face de
Ceylan, vers l'occident, par le Malabar, jusqu'à Cochin et
Calicut.

Situation géographique : latitude, 11° 24′; longitude, 74° 27′ à l'est de Paris.

Le capitaine Ouchterlony; ses vues générales. — La Commission d'enquête, instituée en 1838, sur la colonisation dans l'Inde, jeta naturellement les yeux sur les Nilgherris; elle interrogea les observateurs principaux qui les avaient visités. Elle recueillit surtout des renseignements précieux dus à l'expérience d'un savant ingénieur, le capitaine Ouchterlony, employé pendant neuf années à la triangulation qui sert à construire la grande carte de l'Hindoustan, ainsi qu'au cadastre. Cet officier appartenait à la Présidence de Madras; il avait longtemps servi dans les collectorats du Malabar, de Salem, de Coimbatore et surtout dans les monts Nilgherris. Comme ingénieur du cadastre et des travaux publics, il avait pris une part active aux créations d'établissements utiles, ainsi qu'à l'introduction des cultures les plus désirables. Nous essayerons d'analyser ses dépositions, d'y mettre de l'ordre, d'en accroître ainsi l'intérêt et d'en montrer toute l'utilité.

Des travaux physiques auxquels les Européens pourraient se livrer dans les montagnes de l'Inde. — Comme ingénieur, M. Ouchterlony s'est particulièrement occupé du travail personnel que les Européens peuvent effectuer, ou du moins diriger, au voisinage des établissements sanitaires. Il faut, s'il se peut, qu'ils choisissent des localités assez élevées pour ne pas éprouver les chaleurs excessives, funestes à leur santé.

Dans les montagnes du sud, où règne une grande humidité, les Anglais ne pourraient pas travailler longtemps à l'agriculture; néanmoins, s'ils étaient doués d'un tempérament robuste, s'ils étaient modérés et sobres, ils pourraient diriger activement et même commencer de leurs propres mains quelques cultures de coton, d'indigo, de canne à sucre, etc. sans pour cela perdre ni la santé ni l'aptitude au travail.

Dans les plaines les plus chaudes, il suffirait qu'ils trouvassent, à distance convenable de leurs domaines, une station sanitaire assez élevée pour s'y retirer lors des trop grandes chaleurs. C'est là que le planteur anglais se réfugierait afin de ranimer ses forces; c'est là qu'il trouverait à placer ses enfants avec avantage pour leur éducation.

Répétons que les Européens ne pourraient pas prospérer, ni prolonger beaucoup leur existence, s'ils habitaient sans interruption les plaines de l'Inde, à la fois brûlantes et malsaines. Même en supposant que la jeunesse n'y devînt pas prématurément victime du climat, quand les adolescents approcheraient de l'âge viril, leur tempérament serait déjà détérioré, et leur énergie britannique aurait perdu sa puissance primitive.

On ferait disparaître toutes les difficultés si l'on ajoutait aux lignes principales des chemins de fer quelques rameaux qui seraient poussés jusqu'au pied des stations sanitaires des montagnes. Dans ces positions élevées, la plupart des avantages du climat et de l'enseignement seraient avec facilité rendus égaux à ceux que des individus des rangs inférieurs ou moyens trouvent en général au sein de la mère patrie. Si l'on établissait les communications qui viennent d'être indiquées, les Européens pourraient diriger leurs plantations dans le bas pays, même fort loin des montagnes; chaque chaîne particulière serait comme un centre de colonisation et, dans la chaude saison, deviendrait le refuge le plus assuré contre le seul ennemi que, physiquement parlant, les colons eussent à redouter sur leur terre d'adoption.

Rares avantages des monts Nilgherris. — En 1848, le gouvernement de Madras a publié le *Mémoire descriptif* conposé par M. Ouchterlony, d'après une inspection attentive des régions élevées dont cet officier voulait faire connaître tout le prix aux Européens. Selon l'habile observateur, entre toutes les chaînes de montagnes qui peuvent être habitées et cultivées, les Nilgherris présentent la région la meilleure et la plus importante, aux deux points de vue de la colonisation et de l'état sanitaire.

Il explique avec soin les avantages de ces monts : d'un côté, pour le climat et pour l'abondance des provisions de toute nature qu'on trouve à proximité dans les pays bas circonvoisins; de l'autre côté, pour l'excellence de la position commerciale. Au sud, la contrée limitrophe est traversée par la ligne principale de chemins de fer dirigée de l'est à l'ouest, depuis Madras jusqu'au port de Bépour, ligne qui sera prolongée jusqu'à Cochin.

L'éminent ingénieur parle des monts Nilgherris avec un enthousiasme qui nous paraît dépasser un peu les justes bornes, mais avec une abondance de preuves et de motifs qui mérite d'être prise en considération très-sérieuse. Leur position, affirme-t-il à dix reprises, leur position est sans rivale dans l'Inde; elle doit attirer, et le capitaliste qui veut faire des placements avantageux, et le modeste émigrant qui cherche le meilleur terrain sur lequel il puisse commencer, de ses propres mains, les cultures spéciales dont plus tard il deviendra le directeur, cultures qui procureront une honorable aisance à sa famille. Il portait bien plus haut ses vues d'avenir pour la région qu'il étudiait sous tous les aspects importants.

Les monts Nilgherris proposés pour y créer un grand centre militaire. — Si le Gouvernement voulait concentrer dans ces monts des masses de troupes européennes, avec le secours des chemins de fer, au premier signal elles seraient aisément et rapidement transportées jusqu'à la mer, soit à

l'occident, soit au midi; vers tous les points désirables de
l'intérieur, on pourrait les conduire avec la même rapidité.
Leur santé serait conservée dans l'état le plus parfait; en
même temps, à tous les points de vue, fût-ce à celui de
l'agrément, la vie sédentaire du soldat serait beaucoup
améliorée.

Il faudrait, au moins, que toutes les troupes européennes et le gouvernement présidentiel de Madras
fussent transportés dans les Nilgherris. La santé générale
du personnel civil le plus important y gagnerait à tous
égards; les employés secondaires, n'étant plus accablés
par l'excès de la chaleur, seraient susceptibles d'un travail
bureaucratique moins nonchalant et moins abrégé chaque
jour : or, à Madras, la chaleur est accablante.

Durant la belle saison de 1855, le gouverneur général
de l'Inde, pour des motifs de santé, s'était transporté de
Calcutta dans les Nilgherris. De là, par le télégraphe, il
gouvernait la Péninsule entière aussi rapidement que s'il
fût resté dans son palais, au sein de la capitale. A plus forte
raison, le gouverneur d'une simple province pourrait-il,
de ces mêmes lieux conservateurs, administrer un territoire tel que la Présidence de Madras, qui ne comprend
pas le quart de l'Inde britannique.

En dix heures, le chemin de fer peut conduire de cette
ville au pied des Nilgherris, et deux heures de plus suf-
firaient pour achever le voyage si le chemin de fer était
prolongé par un rameau jusqu'à la ville d'Outacamund.

L'officier qui présentait de tels projets joignait, à ces
motifs généraux, des réflexions pleines de raison et d'une
sympathie touchante pour l'armée, dont il était membre.
«Je ne connais, disait-il, rien de plus triste que la condition des soldats européens dans ces bas pays de l'Hindoustan, qui ne leur offrent aucune distraction, aucun

emploi journalier. Les plus intelligents d'entre eux et les plus honnêtes, renfermés dans leurs casernes, n'y trouvent nul moyen d'exercer leurs facultés intellectuelles, ni de mettre à profit l'habileté de leurs mains. Par là, souvent, ils sont entraînés vers de funestes habitudes; les officiers qui les estiment et les aiment le plus en sont désolés, mais ils ne peuvent pas porter remède à ce mal si grave.

« Les militaires doués des dispositions les plus régulières sont confinés en des localités où leur contact avec la pire espèce des hommes est inévitable; ils n'ont pas de salle de lecture, et la cantine avec ses alcools est leur unique lieu de réunion : un tel ordre de choses, considéré dans l'ensemble de ses effets, est vraiment destructeur de toute morale. Combien le sort des soldats serait différent sur les montagnes, où tant de distractions et d'occupations aussi saines que variées sont possibles! En faveur de leurs enfants, on créerait des écoles à proximité des cantonnements. Cette intéressante et jeune génération serait préservée de la mortalité précoce par l'action d'un air élastique et pur; ses forces se développeraient avec énergie, tandis qu'aujourd'hui la postérité des soldats meurt, suivant une effrayante proportion, dans les plaines de l'Inde méridionale. »

Dépôt de l'artillerie et du matériel militaire. — Un dépôt général de l'artillerie et du matériel militaire placé dans les Nilgherris offrirait de grands avantages; tous les objets d'équipement et de harnachement, si vite détériorés dans le bas pays par l'excès de la chaleur et de l'humidité, se conserveraient infiniment mieux dans les stations élevées. Le personnel qui se rattache au matériel y trouverait de non moindres avantages. Les recrues de l'artillerie s'acclimateraient avec rapidité; dès leur arrivée d'Europe, elles pourraient promptement être formées par de vigoureux exercices, sans aucuns inconvénients pour leur santé. Il faut ajouter qu'on aurait les mêmes ressources pour les recrues des autres armes.

École à fonder dans les Nilgherris en faveur des enfants de troupe. — Revenons encore sur un sujet digne d'inspirer le plus profond intérêt. Nulle part dans le midi de l'Inde, et si loin des Himâlayas, on ne pourrait trouver une situation aussi favorable que les Nilgherris pour élever en bonne santé les enfants des soldats.

Parmi les jeunes infortunés nourris dans les casernes des plaines brûlantes, *à peine*, dit M. Ouchterlony, *un sur quatre parvient à l'âge de cinq ans.* Au moyen d'une école militaire bien située, on commencerait par sauver la vie d'un grand nombre d'élèves; on veillerait ensuite à leur assurer le bienfait d'une instruction fructueuse, dans un séjour qui conserverait la vigueur de leur tempérament européen.

Offre généreuse de sir Henry Lawrence. — Cet illustre ami de l'humanité proposa d'établir une école, *à ses frais*, en faveur des enfants de troupe dans les Nilgherris. Il le fit avec la même libéralité qu'il avait mise à doter sa belle institution de Simla, dans les Himâlayas. Le dirons-nous? il éprouva des difficultés inqualifiables, soulevées par une détestable intolérance. Le parti puritain des ultra-protestants prétendait entraver l'instruction religieuse que devait y recevoir la postérité des Irlandais; il refusait de permettre la surveillance des prêtres catholiques sur les enfants des soldats qui professent cette religion, soldats si nombreux parmi les régiments qui servent dans l'Inde. Le donateur, indigné, déclara qu'il retirait son offre, dès le moment que l'autorité supérieure ne parvenait pas à triompher d'un si déplorable sujet de fanatisme et de discorde. Depuis la mort de l'illustre sir Henry Lawrence, le gouvernement de Madras a renversé tous les obstacles : il a créé

l'asile si honteusement entravé, et l'a doté du nom de ce
grand ami de l'humanité.

*Heureux effet d'un premier cantonnement militaire impor-
tant.* — Un régiment anglais ayant été cantonné près d'Outacamund, la ville et ses environs se sont peuplés avec une
rapidité merveilleuse. Ce beau progrès est démontré par
le recensement du district dont cette ville est le centre,
fait à deux époques très-rapprochées; l'un est antérieur
et l'autre postérieur à l'arrivée de la troupe.

Nombre de résidents du district :	en 1848	en 1856.
Européens et race mixte..........	496	1,200
Indiens émigrés des plaines.......	8,887	55,000
	9,383	56,200

Je prie le lecteur de remarquer surtout la rapidité de
l'immigration des indigènes, attirés par la richesse européenne : *en huit ans ils ont sextuplé*, lorsque les Européens
n'ont pas même *triplé*. C'étaient les capitaux qui s'accu-
mulaient vite; or ce sont eux, en définitive, qui commandaient l'agglomération des travailleurs.

Outre l'établissement principal que nous venons de
citer, il en existe trois autres organisés à peu de distance;
ils sont caractérisés par leur climat, par leur exposition,
et préférables pour des maladies diverses.

Industrie : la filature du coton proposée pour les Nilgherris.
— Le capitaine Ouchterlony ne se fait pas le moindre
scrupule de favoriser des industries que Manchester tend
partout à détruire dans l'Inde et dans l'univers étranger :
il faut l'entendre exposer ses projets.

« Quand les Européens seront plus nombreux dans les
Nilgherris, il faudra, dit-il, qu'on y crée des ateliers pour
filer et tisser le coton, *même en s'aidant de la mécanique.
Ce travail, auquel la température du pays et le tact délicat*

des indigènes sont éminemment favorables, donnerait
un revenu précieux pour les familles, en des localités où
la matière première ne ferait pas défaut et trouverait une
main-d'œuvre toujours abondante. »

Il voudrait qu'on établît de semblables filatures non-
seulement dans les montagnes, mais dans le pays bas, à
Coimbatore, à Salem, à Trichinopoli, etc.

L'observateur anglais puise la certitude du succès dans
l'exemple que bientôt nous aurons soin de rappeler en
décrivant la colonie française de Pondichéry : colonie digne
à beaucoup d'égards d'être citée comme un modèle.

Il prévoit une objection : « La demande des natifs ne
pourrait-elle pas augmenter moins vite que les produits
des manufactures? cela n'est guère probable. Dans ce cas,
d'ailleurs, la Chine absorberait cent fois le surplus des fils
présentés. » Nous craignons qu'ici les filateurs du Lancastre
ne répondent : C'est nous, et non pas les Indiens, qui devons suffire aux besoins de la Chine et du monde entier.

. Quoique, pendant beaucoup d'années, les Français de
Pondichéry aient fait travailler trois ou quatre filatures
mécaniques dans leur colonie, les Anglais n'en ont pas
établi une seule dans leurs districts circonvoisins. Cependant, je crois, dit M. Ouchterlony, qu'il y avait des Anglais
de la Présidence de Madras intéressés dans quelques-unes
de ces fabriques françaises.

« Il serait superflu de s'étendre sur l'effet produit par
l'établissement de pareils ateliers, employant chacun
mille ouvriers, utilisant tout le monde excepté les enfants en très-bas âge, distribuant par semaine, à titre
de salaires, de fortes sommes d'argent parmi les classes
les plus pauvres, et sans cesse tirant parti des quantités
illimitées d'un filament dont la production est origi-
naire de l'Inde. On conçoit quel effet heureux serait pro-

duit pour les populations et pour le commerce de toute province où se propageraient de telles entreprises.

« Un enfant indien travaillera pour un si bas prix que vous pouvez à peine en concevoir une idée : son salaire sera compris entre 5 et 6 centimes par jour et pourrait être doublé sans empêcher l'économie du travail. »

M. Ouchterlony n'a pas craint d'assurer à la Commission d'enquête qu'on pouvait avec avantage établir des filatures de coton, imitées des Européens, *même à Madras* et partout où les Indiens cultivent le coton.

Bras disponibles. — Dans l'Inde se trouve une grande quantité de main-d'œuvre disponible, parce qu'aussitôt après les semailles les cultivateurs n'ont plus de travail agricole jusqu'à la moisson. En général, les travaux publics sont loin de suffire à l'emploi des bras inoccupés : aussi voit-on les désœuvrés circuler par bandes pour demander du travail. Ils accourent au printemps, offrent leurs bras et demeurent jusqu'à la moisson, partout où se trouvent des Européens dirigeant quelque domaine. Souvent, la moisson faite, ils reviennent chercher de l'emploi chez le même planteur qui les avait accueillis dans la transition du printemps à l'été; sont-ils admis, ils y restent jusqu'à la fin de l'année.

De l'agriculture dans les Nilgherris. — Pendant le séjour qu'il a fait dans l'Inde, M. Ouchterlony s'est beaucoup occupé d'agriculture et des moyens de travail qu'on peut tirer des indigènes.

Il présente sur les progrès obtenus dans les Nilgherris les renseignements les plus précieux. Là, tout colon qui reçoit du Gouvernement un territoire se procure d'abord un lot de travailleurs indiens disponibles, de *coulis*. Les individus attirés ainsi dans les montagnes s'y fixent invariablement. Ils demandent un petit terrain pour y cultiver la *pomme de terre*, comme s'ils étaient Irlandais, mais sans avoir peur d'être chassés par les gens d'affaires d'un seigneur absent et sans pitié. Déjà ces paysans indigènes, appelés par les Européens, les imitent; ils prennent soin de leurs engrais et rendent au sol les éléments reproducteurs que les récoltes ont absorbés. En beaucoup d'endroits, vu la rareté de la population, le fumier de bétail est très-rare; mais le sol offre abondamment des principes salins qui sont la base des meilleurs stimulants artificiels que l'on puisse préparer. Ils seraient employés avec un grand succès si l'on enseignait aux natifs l'art d'en tirer parti.

Le cultivateur indigène, le ryot, n'a pas encore appris l'emploi du plus puissant engrais qu'offre le règne animal, celui des os réduits en poudre; il ne s'en sert pas, même au voisinage des grandes villes, où l'on peut les obtenir en quantité considérable. On doit remarquer qu'en adoptant cet usage les Hindous redouteraient qu'il se glissât les os de quelque animal immonde à leurs yeux.

Culture de l'orge et fabrication de la bière. — Pendant son séjour dans les monts Nilgherris, le capitaine Ouchterlony avait entrepris de rendre un grand service à l'armée britannique : il voulait cultiver l'orge et la faire servir à fabriquer pour les troupes une boisson souverainement favorable à leur santé. On conçoit tout le prix d'une pareille innovation dans un pays où l'usage de l'eau-de-vie de riz, *l'arrack*, est d'un extrême danger pour les soldats.

Il réussit parfaitement. On constata que sa bière, d'une excellente qualité, coûtait par litre, en futaille, dans les monts 22 centimes, et 33 centimes conduite à Bangalore, principal cantonnement du royaume de Mysore : *prix d'un tiers moins élevé que la bière importée d'Angleterre.*

Il est triste d'ajouter que l'Administration n'a fait aucun effort pour cultiver l'orge et fabriquer en grand la bière dans les vallons des groupes de montagnes, soit du midi, soit du nord de l'Hindoustan.

Culture du coton. — Dans les Nilgherris ont eu lieu quelques tentatives pour cultiver le coton; mais ces tentatives n'ont conduit à rien d'important.

Culture de l'arbuste à thé. — Un colon intelligent a transporté dans les Nilgherris la plantation du thé; il a fait usage des plants envoyés de la Chine par M. Fortune, et l'expérience a parfaitement réussi. Elle devait réussir dans la région immédiatement supérieure à celle qui convient au caféyer, entre 1,500 et 2,000 mètres d'altitude.

Culture et succès des cafés Nilgherris. — Cette culture est celle qui peut procurer les plus grands bénéfices, quand on l'introduit avec intelligence dans les régions montagneuses et fertiles de l'Inde centrale. En 1858, la production du café, au milieu des monts qui nous occupent, n'était pas moindre de 600,000 kilogrammes, quantité qui pouvait valoir en Angleterre 1,200,000 francs [1]. Immédiatement après le café d'Arabie, sur le marché de Londres, celui que nous mentionnons occupe le premier rang pour la bonté; on l'y connaît sous la désignation de *café Nilgherri*. On doit à M. Ouchterlony d'avoir suggéré l'introduction de cette riche culture.

[1] Dans les *États de commerce* publiés par la Présidence de Bombay, j'ai trouvé les valeurs qui suivent pour les cafés qui des Nilgherris descendent dans les ports du Malabar, puis sont directement envoyés à Bombay :

EXPORTATIONS DE CAFÉ DU MALABAR.

	Kilogrammes.	Francs.
Royaume britannique	2,622,499	3,863,075
Bombay	686,036	934,330
France	372,905	543,075
Golfe Arabique	110,559	293,370
Calcutta	87,012	120,090
Ports divers	12,173	15,120
Totaux	3,891,184	5,769,060

En 1845, il visitait une magnifique forêt, qu'on pouvait presque appeler vierge, sur les confins du Malabar et des Nilgherris; il y remarqua le caféyer à l'état sauvage. D'après la nature du sol et vu son élévation, qu'il mesurait avec le baromètre, il jugea la situation excellente pour entreprendre la culture de cet arbuste; il s'empressa d'en rendre compte à la Présidence de Madras.

Jusqu'alors les ombrages de cette forêt n'avaient eu d'autres visiteurs que quelques familles de grossiers habitants des jongles. En tout temps les tigres l'infestaient : aussi la nuit, dans le voisinage, il fallait allumer des feux pour éloigner les bêtes féroces et les éléphants sauvages. Mais ce danger ne pouvait arrêter des Européens.

La position signalée de la sorte, des planteurs anglais appelés de Ceylan y portèrent leur industrie; les résultats de leurs travaux méritent d'être signalés. Dès 1856, on vit prospérer une colonie en des lieux qui naguère étaient déserts. Aujourd'hui de vastes défrichements sont opérés et des chemins sont ouverts dans toutes les directions. On a créé des villages populeux, ayant leurs bazars abondamment fournis *et leurs écoles aussi bien dirigées que bien fréquentées;* ils sont habités par des familles qui jouissent d'une bonne santé, qui multiplient à vue d'œil et qui sont heureuses. Autour de ces groupes d'habitations, les animaux destructeurs, naguère si redoutables, sont exterminés ou réduits à disparaître. En résumé, dans l'oasis fortunée que nous décrivons on compte déjà près de trois mille ryots ou coulis que les colons européens ont fixés et dont ils ont assuré le bien-être.

Une heureuse conséquence est résultée de cette nouvelle application du capital britannique au développement des ressources de l'Inde, c'est d'éveiller l'esprit des indigènes sur les territoires limitrophes, par le spectacle de la nouvelle branche d'agriculture à laquelle ils peuvent participer. Aujourd'hui, près de toutes les chaumières appartenant aux cultivateurs du voisinage on voit un bosquet de caféyers dont le produit forme une addition notable à leurs modestes revenus. Toute la contrée circonvoisine présentait un immense jongle où naguère, au bord de la route, on lisait dans le *bungalo public* l'avertissement de ne pas dormir en ces lieux, *le séjour étant mortel à cause de la fièvre pernicieuse;* aujourd'hui que le jongle est défriché, l'expérience a prouvé que la fièvre typhoïde et *la mal'aria* qui la faisait naître n'existent plus.

Le sol est très-ondulé, ce qui convient à la culture du café. En effet, dans cette région que désolent les vents impétueux des moussons, le caféyer ne pourrait pas être cultivé sur un terrain dont le niveau parfait n'offrirait aucun abri naturel. A partir de ces villages alpestres, en avançant au loin vers la côte du Malabar, on trouve de vastes parties de jongles connues pour être fort malsaines; elles occupent des terrains en pente dont la fertilité ne peut être douteuse, lorsqu'on voit les broussailles vivaces, les arbustes, les arbres mêmes qui s'élèvent spontanément pour les ombrager. En ces endroits, la végétation spontanée est merveilleuse; des entreprises agricoles y pourraient occuper des centaines de colons européens, employer lucrativement de grands capitaux disponibles, et procurer le bien-être à des milliers d'indigènes qui sont à demi morts de faim.

Les plantations et le planteur modèles : M. Fowler. — Après ces faits généraux, nous pensons que le lecteur aura grand plaisir à connaître le résultat des entreprises du premier et du plus habile planteur de café dans les Nilgherris. De tels succès ne sont pas moins dus à son à son noble caractère, à sa bonté, qu'à son expérience mise à profit par une rare intelligence.

Entre les années 1844 et 1851, à dix lieues d'Outacamund, M. Alpin Grant Fowler a développé ses cultures de café. Il s'est établi dans un endroit qui lui présentait le plus beau climat du monde et le plus favorable à la santé des Européens.

Il avait pris terre dans le port de Cochin, puis gagné Coimbatore, pour passer de là dans le pays des montagnes. Quant aux plaines en culture qu'il a traversées, il ne pense pas qu'elles puissent offrir aux Européens un utile emploi de leurs capitaux : «la terre, dit-il, est trop épuisée par une culture qui depuis des siècles réunit l'ignorance à l'imprévoyance [1].»

M. Fowler avait commencé par cultiver le café dans l'île de Ceylan, mais il fallait payer trop cher la main-d'œuvre et les vivres. Les coulis, *qu'on faisait venir du Malabar*, étaient payés jusqu'à 20 francs par mois, *et travaillaient mal*. Dans les Nilgherris et dans le pays de Coimbatore on ne donne pas plus de 12 francs par mois pour la main-d'œuvre des mêmes hommes, et moitié pour celle des femmes. Quant aux vivres, on les tire à bas prix des plaines, excepté les pommes de terre et quelques

---

[1] *Vues de M. Fowler pour régénérer le sol de l'Inde en général.* M. Fowler croit possible de régénérer le sol de l'Inde; mais les Européens seuls peuvent entreprendre cette tâche. Pour y réussir, il proclame la nécessité d'employer de grands capitaux, afin d'amender la terre, de l'engraisser et de la rendre infiniment moins improductive. Quand les indigènes verront le succès de ces moyens, alors, et seulement alors, l'imitation pourra les tenter en les éclairant.

Ce qu'il faut dans l'Inde, ce sont des hommes qui non-seulement possèdent *la pratique*, mais en même temps *la théorie de l'agriculture*. Elles doivent toutes deux se donner la main pour entreprendre de renouveler la face de l'Hindoustan, qui, dans sa majeure partie, est épuisé depuis des siècles par l'imprévoyance et l'impéritie des cultivateurs indigènes.

grains que les coulis, nous l'avons déjà dit, cultivent sur les montagnes.

En suivant l'habile indication donnée par M. Ouchterlony, M. Fowler avait acquis dans les Nilgherris une forêt vierge; elle appartenait au radjah de Nellenbour. Celui-ci, n'ayant aucune idée du parti qu'on en pouvait tirer, la vendit à vil prix, avec tous ses droits de principauté.

Les Européens qui se hasardent à cultiver des terres tropicales ne se considèrent pas comme indemnisés suffisamment à moins d'obtenir de leurs capitaux 25 p. o/o par année. Même, en partant de ce *minimum* exorbitant, M. Fowler s'est déclaré pleinement satisfait par les produits d'une terre qu'il déclare la meilleure qu'on puisse trouver dans l'Inde, et sur laquelle il a fait, dit-il, un placement de cent pour cent.

On considère à Ceylan qu'une plantation de café qui rend à l'hectare 1,270 kilogrammes par année est une terre de qualité très-supérieure; ce rendement est celui que M. Fowler a su tirer de sa plantation.

Pour défricher sa forêt, planter ses caféiers et mettre la terre en parfait rapport, même avec les bas prix du pays, il a déboursé jusqu'à 1,000 francs par hectare : dépense qu'il a faite avec une rare intelligence et dont les résultats ont dépassé son espoir.

Aussitôt qu'on vit le succès obtenu par cet habile agronome, les imitateurs accoururent pour planter comme lui le caféier dans le pays d'alentour; mais la plupart ignoraient les délicatesses de ce genre de culture et commencèrent par y perdre. Beaucoup d'entre eux se ruinèrent, parce qu'ils avaient mal choisi leur terrain, quoique M. Fowler les eût avertis avec bienveillance qu'avec un pareil point de départ ils ne pourraient pas prospérer.

Malgré ces échecs, si le Gouvernement renonce à frapder d'impôt les terrains boisés avantageusement défrichables dans les Nilgherris, on peut être assuré que les capitaux anglais s'y précipiteront avec un empressement extraordinaire. Les forêts sont inexploitées; il suffit qu'une fois pour toutes on donne quelques roupies à l'indigène qui réclame un droit de possession sur des bois déserts ou sur les terres sans culture.

En général, le sol des régions les plus élevées n'est pas assez fertile; il n'offre pas ce qu'on appelle de bons terrains vierges. Les territoires vraiment féconds sont en réalité ceux qu'on trouve ou dans le fond des forêts épaisses ou sur les bords des larges cours d'eau; ceux-là seuls promettent réellement une grande fertilité.

Dans les Nilgherris, c'est à 1,800 ou 2,000 mètres d'altitude que le sol est le meilleur; là, les vallées et beaucoup de parties montueuses sont excellentes pour y développer des cultures européennes.

Aujourd'hui quelques petits espaces, *dans les régions inférieures*, sont cultivés par les aborigènes. Le terroir a bonne apparence; mais il est tombé dans un état d'épuisement déplorable par les effets prolongés d'une imprévoyante et d'une ignorante culture : il faudrait le régénérer.

Modèle de conduite à suivre avec les cultivateurs indigènes. — Les ryots employés par M. Fowler se sont améliorés physiquement et moralement; leur bien-être s'est augmenté par l'heureux effet de son influence et de son intégrité. Jamais il ne leur a fait d'*avances pécuniaires*, qui sont, à ses yeux, *un des fléaux* de l'Inde; de son côté, jamais il n'a voulu *rien devoir* aux cultivateurs, et jamais il n'a souffert qu'ils lui *dussent* quelque chose. Écartant ainsi tout sujet de mésintelligence et de discorde, comme il était juste avec eux, ils sont devenus confiants avec lui.

Une fois les esprits si bien disposés, tout a marché de soi-même et dans l'harmonie la plus parfaite.

Selon cet homme équitable et vraiment sage, pourvu qu'on ait le moindre tact, on peut vivre dans les meilleurs termes avec les natifs, *qui sont*, dit-il, *un peuple simple, bon et paisible*. Lui-même n'a jamais eu ni la volonté ni l'obligation de comparaître à leur sujet devant la justice, parce que jamais il n'a porté de plainte contre personne, et que personne n'a jamais porté plainte contre lui.

Sur son domaine, *il a fait les frais d'une école gratuite et bien tenue pour les enfants des ryots, ses cultivateurs.* Jusqu'à ce jour, son exemple ne paraît guère avoir été suivi par d'autres planteurs européens, moins bienfaisants et moins éclairés sur leurs véritables intérêts. Ajoutons que les plus égoïstes, dirigés par un esprit étroit et borné, font une mince fortune, tandis que sa prospérité est devenue l'objet de l'admiration universelle.

Acclimatation récente de l'arbre qui donne le quinquina,
opérée dans les Nilgherris.

Nous sommes heureux de terminer l'indication des principaux genres de culture tentés dans la chaîne de montagnes qui vient d'attirer toute notre attention par le plus récent, le plus précieux de tous, qu'on doit au Gouvernement anglais, et qui lui fait un honneur impérissable.

En 1864, un membre éminent du Conseil suprême des Indes a publié dans la *Revue d'Édimbourg* un rapide exposé des principaux progrès dus à l'Administration dans cette importante partie de l'empire britannique. Parmi ces progrès, les amis de l'humanité doivent compter avec orgueil pour l'Angleterre l'acclimatation de l'arbre qui produit le quinquina, acclimatation essayée, disons mieux, accomplie aujourd'hui dans les monts Nilgherris. L'exposé dont nous parlons résume et complète les faits consignés dans un mémorable rapport de M. le docteur Markham. Lorsque ce rapport parvint à la Chambre des communes[1], il fut immédiatement imprimé par ordre de ce grand corps législatif.

Disette de quinquina justement redoutée pour un prochain avenir. — Depuis longtemps, les amis de l'humanité s'effrayent de la coupable incurie avec laquelle les habitants de l'Amérique méridionale détruisent les arbres à quinquina, que nous appelons les *cinchonas*, sans prendre le moindre souci des moyens de reproduction.

Si, dans l'ancien monde, quelque nation ne s'efforçait pas de porter remède à cette imprévoyance, avant l'expiration d'un petit nombre d'années le genre humain pourrait tout à coup être privé du spécifique le plus merveilleux, le plus bienfaisant qu'on ait jamais découvert pour arracher l'homme au fléau des fièvres intermittentes.

Premiers efforts des Français pour faire présent à l'Europe de l'arbre à quinquina. — Les Français ont été les premiers à diriger de ce côté leur prévoyance généreuse, leurs études et leurs efforts, comme ils avaient été les premiers à décrire l'arbre, avant eux presque inconnu, lors des voyages accomplis dans le siècle dernier, par deux de nos savants les plus illustres, pour mesurer la courbure de la terre à l'équateur[2].

[1] Outre ce rapport, dans les papiers parlementaires de 1863 on trouve un volume in-folio qui comprend toute la correspondance et tous les comptes rendus sur la recherche, en Amérique, de l'arbre qui donne le quinquina, puis sur le transport des semences et des jeunes plants dans l'Inde, puis sur la naturalisation dans les monts Nilgherris et dans les Himâlayas.

[2] Voyage de La Condamine et de Bouguer. A la suite de ce voyage, une espèce d'arbre à quinquina fut surnommée *cinchona* CONDAMINEA.

Il y a vingt ans, le docteur Weddel accomplit, au nom de la France, deux voyages spéciaux pour étudier de plus près l'arbre à quinquina (le *cinchona*) et visiter avec soin les districts où sa croissance est naturelle, tant au Pérou qu'en Bolivie. Ses recherches sont consignées dans un ouvrage considérable, qui contient le récit de ses explorations. Weddel rapporta des plants d'une des espèces les plus importantes, *cultivés au Jardin des plantes de Paris.*

Premiers essais des Hollandais pour transporter en Asie la culture des arbres à quinquina. — La première pensée de faire cultiver dans les possessions européennes en Asie les arbres à quinquina remonte à l'année 1823. A cette époque, le Dr C. L. Blume soumit à ce sujet un mémoire plein d'intérêt à Guillaume Ier, roi des Pays-Bas; mais ce projet fut réalisé beaucoup plus tard dans la colonie de Java. Sur une demande renouvelée du même savant, un voyageur, aux frais du Gouvernement, se rendit dans le sud de l'Amérique et rapporta, dans l'année 1848, les premières graines, avec lesquelles on fit des essais dans les parties élevées de Java. Après douze années d'efforts, en 1860, les Hollandais ne comptaient encore que 7,300 plants de l'arbre à quinquina, dont ils ignoraient les conditions de culture.

Pour réussir, il faut que le climat convienne et qu'il y tombe au minimum un mètre d'eau par année; la température en hiver ne doit pas descendre jusqu'à zéro et ne doit pas être en moyenne moindre de 10° à 12°5. Il faut que le sol soit enrichi d'humus végétal très-perméable, afin que l'eau ne s'accumule pas entre deux terres et ne tende pas à faire pourrir les racines.

Efforts subséquents des Anglais pour importer et naturaliser l'arbre à quinquina dans l'Inde. — Le mérite de la première proposition pour cultiver dans l'Hindoustan l'arbre d'Amérique appelé *cinchona* appartient au docteur J. Forbes Royle, à ce digne savant mentionné maintes fois dans notre ouvrage, et toujours avec un nouveau sentiment d'estime, d'affection et de regrets. Il parlait avec toute l'autorité d'un habile naturaliste, et d'après sa connaissance intime des climats et des lieux qui pouvaient être les plus propres à cette culture. Dans son *Illustration de la botanique des Himâlayas*, il recommandait cette entreprise; il signalait aussi les montagnes de Silhet et des Nilgherris comme les plus favorables pour tenter une pareille expérience. Le gouvernement de la Compagnie ne fit pas la moindre attention à ses plus vives instances.

Cependant une proposition officielle étant arrivée de l'Inde à Londres au nom du gouverneur général, elle fut renvoyée au docteur Royle, alors rapporteur du Jury de 1851 pour l'Exposition universelle. Voici l'opinion qu'il formula dès l'année suivante : « L'approvisionnement du quinquina pour les seules troupes de l'Inde britannique coûte au Gouvernement 175,000 francs par année; ne fût-ce qu'au point de vue économique, il serait avantageux que les Anglais trouvassent le moyen d'obtenir par la culture un produit indispensable pour obtenir la guérison des fièvres si fréquentes et si pernicieuses dans les plaines de l'Hindoustan. » Si vivement stimulée, la Compagnie, qui gouvernait encore les Indes orientales, crut suffisant qu'on recommandât vaguement aux consuls anglais en Amérique d'employer leurs bons offices, afin d'envoyer dans l'Inde quelques plants et quelques semences de l'arbre réclamés avec de si vives instances. Cette recommandation, froidement reçue au delà des Andes, fut à peu près sans résultat [1].

Voyez le rapport fait à l'honorable Compagnie des Indes, 3 mars 1858.

En 1856, le docteur Royle, que rien ne pouvait rebu-
ter, rédige un nouveau rapport, plus étendu, plus pres-
sant que le premier. Ce n'est plus à Londres qu'il adresse
ses prières; il les fait parvenir directement au gouverneur
général de l'Inde; il le supplie de prendre en personne
des mesures efficaces pour réaliser un bienfait de la plus
haute importance. Sa voix ne pouvait manquer de finir
un jour par être entendue; mais ce généreux ami de la
science et de l'humanité mourut avant d'apprendre le
succès de ses plus instantes prières. Pendant les trois premières années qui suivirent sa mort, la noble cause qu'il
avait si chaleureusement et si savamment plaidée, cette
cause sommeilla faute d'un nouvel avocat pour la réveiller
par sa faconde et l'autorité de son nom.

Enfin, dans l'année 1859, la Compagnie des Indes ayant
cessé d'administrer l'Orient, le nouveau ministre, héritier
de son pouvoir, en fit le plus noble usage pour le sujet
qui nous occupe : c'était lord Stanley, fils de l'illustre lord
Derby. Par l'un de ses premiers actes, afin d'atteindre ce
but désiré, il désigna spécialement un voyageur en qui se
réunissaient le dévouement pour la science et l'activité
courageuse qui brave tous les périls, avec l'art si peu commun de surmonter les obstacles soit des choses, soit des
hommes.

Mission dignement remplie par le docteur Markham. — Tel
est le nom du voyageur vraiment capable de remplir les
vues de lord Stanley. Ce savant botaniste, sans perdre
un seul jour, ayant traversé l'Atlantique et l'isthme de
Panama, arrive en janvier 1860 à Lima. Un mois à
peine est écoulé qu'il entreprend une longue et périlleuse
exploration de forêts immenses, au milieu desquelles il
n'a pas à souffrir seulement la faim et la maladie; il lui
faut surtout lutter contre les difficultés suscitées par des

hommes intéressés à faire échouer une entreprise insupportable à leurs yeux. Ils s'indignaient d'imaginer qu'on pourrait un jour faire partager à d'autres parties du monde une richesse que le Créateur n'avait donnée qu'à l'Amérique.

Lorsque le docteur Markham et ses compagnons touchaient presque au terme de leur mission, ils reçoivent tout à coup d'un alcade péruvien la défense absolue d'emporter une seule des semences, un seul des plants qu'ils venaient de recueillir avec des efforts si pénibles et si courageux, et dont ils voulaient gratifier l'Inde britannique. Ce magistrat, à l'esprit faible et borné, cédait aux clameurs de regnicoles imbéciles, qui prétendaient qu'un pareil emprunt allait ruiner en Amérique la génération présente ou du moins ses héritiers immédiats.

Heureusement l'ordre illibéral avait été transmis trop tard : les plants, les boutures, les semences, avaient été recueillis avec autant de soin que d'activité et conduits en secret dans un port de l'océan Pacifique. Ils se trouvaient déjà déposés dans les *cases vitrées dites de Ward*, cases dont la disposition ingénieuse est parfaitement calculée pour transporter sains et saufs, dans un long voyage, des végétaux qu'il faut à tout prix conserver vivants.

Un autre voyageur appartenant à la même mission que le Dr Markham, M. Spruce, n'avait pas obtenu moins de succès dans l'État de l'Équateur; il avait fait une riche collection des plants du *cinchona succirubra*, la plus estimée de toutes les espèces. Par ses soins avait été transporté jusqu'au port d'embarquement plus d'un millier de boutures, sans compter les plants et les rejetons ; à cette collection il avait joint plus de cent mille grains de semences. On s'empresse à l'envi; tout part, et tout arrive dans l'Inde parfaitement conservé.

Ces trésors vont servir à créer des forêts gouvernementales non-seulement sur la terre ferme, mais dans l'île de Ceylan.

Prohibition tardive prononcée par le Corps législatif de l'État de l'Équateur. — Un fait remarquable fait voir de quel prix était l'infatigable et prévoyante activité des savants voyageurs. Leurs magnifiques collections avaient traversé les mers; elles étaient débarquées sur la côte du Malabar, et parvenaient au sommet des monts où l'on devait les cultiver, au moment même où le Corps législatif de l'État de l'Équateur promulguait sa mesure générale interdisant à tout individu non-seulement étranger, mais indigène, de faire collection et d'exporter les éléments reproducteurs de l'arbre qui procure l'écorce dite *quinquina*.

Ainsi voilà d'ignares législateurs, dont les forêts sont si mal surveillées que, parmi toutes les espèces de grands végétaux, la plus précieuse à l'humanité disparaissait à vue d'œil sous le vandalisme d'exploitants cupides; et, dans la crainte que l'univers ne vienne plus leur acheter la précieuse enveloppe de l'arbre qu'ils détruisent à plaisir, ils refusent à notre prévoyance quelques graines et quelques plants qu'eux-mêmes, un jour, seront trop heureux de réclamer comme un présent de notre générosité, quand ils auront laissé tout périr sur leur propre territoire.....

L'arbre à quinquina mis en pépinière, puis en forêt, dans les Nilgherris.

A l'époque dont nous parlons, on admirait dans les Nilgherris un beau jardin botanique, au voisinage d'Outacamund, jardin fort habilement dirigé par M. William G. Mac-Yvor. Ayant déjà fait une étude sérieuse sur la reproduction du cinchona, il établit une plantation spéciale de cet arbre dans un ravin boisé, fort élevé, sur le revers des monts qui dominent les jardins du Gouvernement. C'est en 1861 qu'il créa cette plantation spéciale, et dès le printemps de 1863 il put annoncer au Gouvernement l'existence prospère de 167,704 plants, qui présentaient onze variétés du plus précieux de tous les arbres.

Propagation successive en diverses parties de l'Inde. — Avec un point de départ si magnifique les Anglais ont pu commencer de vastes plantations, qui deviendront des forêts, propriétés de l'État. En profitant d'un succès aussi digne d'exciter l'émulation, déjà de riches colons ont résolu de créer, à l'exemple du Gouvernement, des plantations particulières, les unes dans les monts Nilgherris, les autres dans les chaînes secondaires du midi de l'Hindoustan et dans les montagnes du Silhet, qu'avait indiquées en premier lieu le docteur Royle. Dès la fin de 1863 plusieurs demandes étaient adressées par des colons aux pépinières de l'État, voisines d'Outacamund, pour obtenir un premier essai de cinquante mille jeunes pieds d'arbres à quinquina.

Les Anglais, qui déjà cultivent le caféier dans les hauts vallons de l'Hindoustan, se proposent d'ajouter à ce genre de plantations celui de l'arbre à quinquina ; les ouvriers qu'ils emploient seront parfaitement propres à prendre des soins nouveaux, comparables à ceux qu'exigent leurs pépinières, pour commencer et surveiller les plantations spéciales du plus important des grands végétaux fébrifuges.

Établissement voisin de Londres pour propager le cinchona.

Dans le jardin royal de Kew, le Gouvernement britannique a fait préparer une serre spéciale, dans laquelle il a réuni tous les moyens de propager l'arbre à quinquina; c'est de là que seront fournis les plants que pourront demander les colons anglais d'Afrique ou d'Amérique.

Déjà d'heureux essais ont été faits dans les colonies de la Jamaïque et de la Trinité; on en fera de semblables à la Dominique et, peut-être, à Maurice.

Appel aux colonies françaises. — Une telle initiative devrait être un exemple pour nous, à la Réunion, à la Martinique, à la Guadeloupe, peut-être même à la Guyane française. Dans cette dernière colonie, il suffirait de nous éloigner des bords de la mer, en cherchant des montagnes qui soient d'une élévation suffisante, d'un terrain convenable et d'une favorable exposition.

Faits relatifs à l'Algérie. — Lorsque M. Thouvenel était ministre des Affaires étrangères, il avait fait passer par M. l'ambassadeur britannique à Paris une demande adressée au gouverneur général de l'Inde, à l'effet d'obtenir quelques plants de quinquina; nous voulions nous assurer si nous pouvions les naturaliser en Algérie, où le succès paraît plus que douteux. En effet, le climat de cette contrée est trop sec et trop ardent; de plus, il y gèle assez fortement en hiver, et c'est là le plus grave danger pour l'acclimatation.

Notre Muséum d'histoire naturelle a reçu, par l'entremise du ministre des Affaires étrangères que nous venons de citer, douze plants de quinquina (*c. macrantha* et *succirubra*). On les a sans retard expédiés (10 juillet 1862) à M. Bélanger, directeur du Jardin colonial de Saint-Pierre, île de la Martinique; ces plants provenaient du jardin de Kew. Dans l'année suivante, le même M. Bélanger a reçu quarante-cinq pieds de quinquina (*c. calisaya* et *lanceolata*) qui lui avaient été expédiés de Java par M. Junghuhn, directeur des plantations de quinquina dans cette colonie.

Les feuilles du cinchona succirubra employées comme fébrifuge.

Avec les feuilles du *cinchona succirubra* on a fait une expérience importante. Ces feuilles ont été recueillies lors de leur chute naturelle dans la pépinière de Darjieling (Himâlayas), puis employées par voie d'infusion comme fébrifuges dans l'hôpital de la ville voisine.

Le 27 mars 1862, le docteur Collings, médecin de cet hôpital, déclare avoir administré l'infusion que nous venons de signaler, à la dose d'*une once*[1], à quatre malades atteints de fièvres intermittentes; ils ont été parfaitement guéris sans employer aucune autre espèce de médicaments.

SECONDE DIVISION DU COLLECTORAT DE COIMBATORE.

A partir du pied des monts Nilgherris s'étend, vers le midi, le pays bas qui composait en réalité depuis des siècles la province de Coimbatore, puisque ces monts, occupés uniquement par quelques hordes sauvages dans un pays inabordable, ou du moins inabordé, ne comptaient pour rien dans la population, la richesse et la puissance de cette partie de l'Inde.

Coimbatore, la capitale du collectorat, n'est éloignée que de quatre lieues du pied des Nilgherris, distance qui suffit pour que ce groupe offre l'aspect prononcé de *montagnes bleues*, auquel nous avons déjà dit qu'il doit son nom.

Situation géographique : latitude, 10° 52'; longitude, 74° 41' à l'est de Paris.

Il y a maintenant deux siècles, la principauté de Coim-

---

[1] 28 grammes.

batore, alors appelée *Tanjam*, fut envahie par le maharadjah du vaste royaume de Mysore. Lorsque le musulman Haïder-Ali eut usurpé ce royaume, il étendit
naturellement sa domination sur le Tanjam, qui perdit
jusqu'à son nom national; ce pays ne forma plus qu'une
province secondaire, désignée par le nom d'un chef-lieu
qui cessait d'être une capitale.

Coimbatore, assure-t-on, comptait encore 20,000 habitants sous le règne d'Haïder-Ali et n'en compte plus
aujourd'hui que 12,000; mais ce nombre devra bientôt
s'accroître, en suivant le progrès général de la population, par le développement des communications et par
l'essor nouveau que doit prendre le commerce.

En 1811, l'administrateur en chef des finances, le
collecteur, fit une première estimation du nombre des
habitants de la province et trouva 596,506 âmes.

Près d'un demi-siècle plus tard, en 1858, un autre
dénombrement éleva ce nombre jusqu'à 1,153,862 habitants.

Si l'on prenait ces deux chiffres pour termes extrêmes,
on trouverait que la population s'est accrue de 14 pour
mille, année moyenne, c'est-à-dire plus rapidement que
ne l'a fait l'Angleterre entre les mêmes époques.

Sans vouloir attribuer à ces chiffres plus de confiance
que n'en méritent des évaluations nécessairement approxi-
matives, ils n'en démontrent pas moins une augmentation
considérable, obtenue depuis un demi-siècle.

Il est un autre fait important à signaler, c'est le revenu,
qui croît un peu dans le collectorat de Coimbatore : chose
sur laquelle les Anglais n'ont jamais la moindre incertitude. Le voici pour deux époques appartenant au demi-
siècle dont nous étudions le mouvement économique.

Progrès de la contribution territoriale dans le collectorat de Coimbatore.

Années.	Revenu brut.	Revenu net.
1817	6.167,800	6,167,800
1858	6,973,220	6,487,225

Si nous comparions ces revenus avec la population, nous trouverions pour le payement moyen par tête :

En 1817, à peu près 10 francs;
En 1858 .... 5 fr. 50 cent.

Faisons observer que, depuis 1817, la quotité de l'impôt foncier, pour la même étendue de terre, a diminué plutôt qu'augmenté; qu'en même temps la valeur des produits agricoles s'est par degrés élevée dans le midi de l'Inde; qu'en outre la quantité des récoltes, grâce aux défrichements, grâce aux meilleures cultures, a nécessairement suivi le progrès de la population; car il fallait, sous peine de mourir de faim, que les familles accrussent leurs moyens de vivre. De là, nous concluons nécessairement l'augmentation de la richesse collective. Nous croyons pouvoir y joindre l'augmentation, lente il est vrai, du bien-être individuel chez une population qui vit en paix depuis un tiers de siècle, et que les progrès européens entourent de tous côtés.

Même avec la population si fort accrue en 1858, une augmentation future et considérable est à nos yeux démontrée dans un pays où l'on ne compte encore que 546 habitants pour mille hectares, c'est-à-dire, pour une même étendue de territoire, incomparablement moins qu'en France, en Italie et dans l'ensemble des trois royaumes britanniques. L'agriculture, il faut l'avouer, laisse encore beaucoup à désirer, et le pays, victime par-

fois des sécheresses, éprouve trop fréquemment des di-
settes effrayantes, lorsque les moussons rapportent avec
moins d'abondance le tribut accoutumé de leurs eaux.
C'est à quoi l'on remédiera par de grandes entreprises
hydrauliques.

Des richesses minérales. — Outre le minerai de fer
excellent et très-exploité, quoique en petit, il faut citer
des substances salines dont une agriculture savante saurait
tirer un grand parti. Dans de vastes étendues de terre, on
trouve des nitrates et des muriates de potasse d'où l'on
extrait quelquefois du sel comestible et du salpêtre.
Il faudrait les employer en qualité d'excitants, qui seraient fort efficaces pour des cultures convenablement
préparées.

Le nord, à cet égard, est mieux partagé que le midi.
On cite les rizières situées dans la partie septentrionale
du collectorat comme étant aussi bien cultivées qu'en
aucune autre région de l'Inde. Dans cette partie, les terres
sont arrosées au moyen de réservoirs ou tanks, qui sont
nombreux, mais cependant d'une moindre étendue que
ceux du royaume de Mysore.

Culture et mise en œuvre du coton. — Depuis la plus
haute antiquité, les ryots du Coimbatore ont cultivé le
coton. Ils en produisent trois espèces : la première et
la plus commune est annuelle ; la seconde est triennale ; la
troisième procure des filaments qui ressemblent à ceux
des cotons de Nankin. Ces derniers servent pour certaines
parures et pour préparer les cordons sacrés que les
brahmanes portent comme insignes de leur caste.

Dès 1851, la Compagnie des Indes exposait à Londres
les cotons de l'espèce américaine qu'elle faisait cultiver
dans ses fermes expérimentales du collectorat de Coimbatore. Ce qui n'était qu'un pur objet de prévision et,

pour ainsi parler, qu'un luxe alors, est devenu, dix ans
plus tard, un objet de première nécessité; la question des
prix rémunérateurs était douteuse, tandis qu'aujourd'hui
les bénéfices sont certains et l'avenir est immense.

Produits des forêts. — Une autre richesse végétale importante est celle des forêts, qui sont d'une grande étendue, et qui se distinguent par la variété de leurs produits.
A l'Exposition universelle de 1851, le docteur Wright
avait exposé dans le Palais de cristal, à Londres, quarante-deux espèces de bois fournies par les forêts des
Nilgherris, des Anemalays et des Palneys, trois groupes
de montagnes qui appartiennent au Coimbatore. Ces
bois, jadis, étaient traités avec incurie, trop souvent
dévastés et presque toujours exploités sans intelligence ;
aujourd'hui des inspecteurs créés par l'Administration en
surveillent la garde et les coupes régularisées. On plante
aujourd'hui des forêts de teak, bois qui devient de plus
en plus rare.

Quelques observations sur les systèmes territoriaux qui règnent
dans la Présidence de Madras.

Dans la Présidence de Madras, on trouve la propriété
sous toutes les formes possibles. De simples particuliers
ont de vastes domaines, quelques-uns antiques et légitimes, d'autres usurpés par les fermiers des gouvernements hindous ou musulmans. Règle générale, dans la
partie de l'Inde où nous sommes arrivés ne règne pas le
système des zémindars. En certains districts, l'organisation
municipale des villages est maintenue; chaque village est
taxé collectivement et paye à l'État ses contributions,
réparties par le village même entre les chefs de famille.
Enfin, mais rarement jusqu'ici, les moindres cultivateurs,

les *ryots*, taxés personnellement, sont propriétaires absolus de leur part de territoire : tel est, à vrai dire, le *système Ryotwari*.

Dans la concordance de ce dernier système territorial avec l'égalité des partages entre les enfants d'une même famille, nous trouvons une identité remarquable avec la situation de nos paysans possesseurs de biens fonciers. Les économistes anglais n'approuvent pas cette double combinaison, parce qu'elle s'oppose à l'agglomération et surtout à la transmission des grandes propriétés, les seules qui, suivant eux, soient éminemment favorables aux progrès de l'agriculture, ainsi qu'au vaste développement de la richesse.

Avec le système Ryotwari, dit l'honorable M. Ross-Mangles[1], on voit beaucoup de campagnards agriculteurs qui sont en possession de domaines considérables. Partout où l'on suit la règle du Ryotwari, le ryot est un homme qui ne dépend que du Gouvernement pour la redevance de sa terre. Il peut avoir une grande tenure, il peut en avoir une petite; c'est à lui de l'accroître, s'il en a le talent et la faculté. En progressant, il n'a pas à craindre d'être évincé, pourvu qu'il paye exactement l'impôt; les lois ni les mœurs ne mettent aucun obstacle à sa fortune.

Dans la Présidence de Madras, quelques ryots sont parvenus à se procurer, par leurs acquisitions graduelles, de grandes étendues de terre. En dehors de la classe des cultivateurs, un opulent capitaliste indigène peut se rendre acquéreur d'un nombre de tenances possédées par les ryots suffisant pour former un domaine considérable; mais de pareils cas sont très-rares.

Lorsque la Compagnie des Indes n'avait pas encore

---

[1] Enquête parlementaire sur l'établissement des Européens dans l'Inde.

obtenu l'avant-dernier renouvellement de sa Charte cons-
titutive, c'est-à-dire avant 1833, aucun citoyen des trois
royaumes ne pouvait être propriétaire foncier dans l'Inde;
cette mesure, il faut le dire, avait été pendant plus d'un
siècle pleine de prudence et de moralité. Par degrés,
les moyens de protection étant devenus plus grands pour
les faibles indigènes, en même temps que s'établissait
la liberté de pratiquer tous les commerces, les citoyens
anglais ont obtenu la faculté d'acquérir des maisons et
des terres. En conséquence, aujourd'hui, tout métropolitain, s'il est assez opulent, peut acquérir, sans le moindre
obstacle apporté par l'autorité publique, plusieurs mille
hectares de terre; il n'est aucune limite imposée par le
législateur.

Afin d'affranchir ce propriétaire européen de la frayeur
qu'il éprouve en songeant que sa propriété serait confisquée, puis vendue par le fisc, s'il était en retard, ne
fût-ce que d'une journée, pour payer sa redevance financière, on lui permet de déposer au trésor, en papier du
Gouvernement, une valeur dont l'intérêt légal représente
la contribution de ses domaines. On le rend, par là, complétement certain qu'aussi longtemps qu'il laissera cette
somme en dépôt dans la caisse publique, ses biens ne
pourront pas être séquestrés ni vendus dans une enchère;
l'intérêt annuel du dépôt suffira pour que l'État, à chaque
instant, se puisse payer par ses propres mains.

Lorsque nous parcourrons le collectorat de Salem, nous
présenterons un bel exemple de l'effet excellent que doivent produire le savoir agricole et la haute intelligence
d'un Européen vertueux devenu grand propriétaire.

Reprenons l'examen des dons faits par la nature au
collectorat de Coimbatore.

*Avantages remarquables de la cité de Coimbatore et du territoire
environnant, même à de grandes distances.*

A dix lieues de cette ville, du côté de l'occident, la
grande chaîne des Ghauts s'abaisse et présente une dépression profonde qui n'a pas moins de treize lieues de
largeur entre les deux caps les plus élevés de la ligne des
faîtes. Le point le plus bas de cette ligne déprimée est
le Ghaut de Pal, le Pal-Ghaut, ou, comme on dit, le *Pal-
ghautchery.*

Lorsque règnent les vents de la mousson du sud-ouest,
ils trouvent dans l'ouverture que nous venons de définir
un passage qui leur permet de s'étendre sur le pays de
Coimbatore sans avoir été dépouillés d'une partie notable
des eaux qu'ils apportent; ces eaux arrosent ainsi plus
puissamment la contrée que celles qui sont complétement
entravées par les hauteurs de la chaîne générale.

Coimbatore, si bien aérée, si bien arrosée par les
vents alizés et bâtie sur un sol éloigné de tout maré-
cage, était renommée pour son agrément et sa salubrité.
Aussi, de temps à autre, Tippou-Sahib y venait résider
avec sa cour; il habitait une forteresse élevée de quatre
cent cinquante mètres au-dessus de la mer et bâtie sur
la remarquable éminence qui commande toute la ville.
C'est pour ce motif que le sultan Haïder-Ali en avait fait
sa citadelle préférée.

A trois kilomètres de Coimbatore, on voit encore une
pagode révérée pour sa haute antiquité, qu'on fait remonter à trois mille ans, quoiqu'on ait dû plus d'une
fois la construire à nouveau. Elle est consacrée à Maha-
dewa, le dieu suprême. Le temple est vaste, et de tous
côtés il est chargé de sculptures; mais les formes en

sont grossières et d'une indécence qui révolte. Ce monument était au nombre des trois exceptions que le fanatique musulman Tippou-Sahib avait prononcées parmi tous les temples consacrés au brahmanisme, qu'il voulait faire détruire.

Avantages commerciaux : chemins de fer. — La grande ouverture naturelle de la chaîne des Ghauts que nous avons eu soin de signaler a déterminé la direction du chemin de fer de l'orient à l'occident, depuis Madras jusqu'au littoral du Malabar. Ce chemin, après avoir traversé les deux territoires d'Arcot et de Salem, passe à Coimbatore, franchit le Palghaut et de là descend au port de Bépour.

Une autre grande direction commerciale est rendue possible du nord au midi, en venant par terre de Bombay, de Pounah, de Mysore, en traversant les monts Nilgherris, puis en passant par Outacamund pour descendre à Coimbatore. Ici deux routes méridionales se présentent : celle du sud-ouest aboutit à Tinnevelli; celle du sud-est passe à Madura pour se terminer à Tuticorin, port du golfe de Manâr, qui fait face à Ceylan.

Aujourd'hui des routes empierrées suivent ces deux directions; il faudrait les remplacer par des chemins de fer construits d'après les principes économiques adoptés aux États-Unis.

On exécute actuellement un chemin de fer capital, qui va de Coimbatore à Trichinopoli, à Tanjore, et qui finit vers l'embouchure méridionale du fleuve Cauvery.

Les arts utiles prendront nécessairement un grand essor à Coimbatore quand on aura complété les voies de communication perfectionnées dont nous venons d'indiquer le tracé. Actuellement on ne peut citer qu'un seul genre d'industrie qui se pratique avec succès dans cette ville : c'est la teinture en écarlate sur les tissus de coton.

Enseignement populaire. — On ne doit espérer aucun grand changement dans la civilisation des habitants et dans le progrès de leurs professions, si l'on ne tire pas de la barbarie leur instruction populaire.

Secours donnés aux maîtres de villages. — Le Gouvernement de l'Inde a conçu le projet d'accorder une indemnité rémunératoire aux instituteurs de villages, proportionnellement au nombre d'écoliers auxquels ils auront appris à bien lire, à bien écrire sous la dictée, et à pratiquer les quatre premières règles de l'arithmétique. Ce système, à plusieurs égards, est préférable au traitement fixe de l'instituteur, quel que soit le nombre de ses élèves; mais, ici, les anciens maîtres d'école sont trop ignorants et leur méthode est extrêmement défectueuse.

Déjà, dans trente-sept écoles sur soixante-sept, les Européens procurent aux élèves des livres élémentaires moins imparfaits que ceux des indigènes.

On ne peut trop le répéter, dans toute la Présidence de Madras, les écoles de village sont excessivement imparfaites, et l'on y manque d'instituteurs qui ne soient pas au-dessous de l'extrême médiocrité.

Inspecteur modèle pour l'enseignement primaire. — Il faut citer, comme un exemple précieux, le bien qu'a pu produire un seul instituteur indigène qui sortait de la classe ordinaire, et dont on s'est servi pour induire les maîtres de villages à réformer leur pitoyable enseignement. Du 1er novembre 1857 au 1er avril 1860, il a suffi, pour inspecter vingt-six villages, ouvrir six écoles nouvelles, changer complétement le mode d'enseigner dans six anciennes et particiellement dans trois autres. Pendant sa tournée, il a fait acquérir par les élèves un nombre considérable de livres élémentaires et d'ardoises pour écrire. Ce moyen d'action, à la fois doux et graduel, accompagné d'encouragements donnés aux instituteurs par l'Administration, semble heureusement conçu pour répandre l'instruction parmi les classes populaires. Mais il est évident que le tact, l'énergie et le degré d'influence personnelle, difficiles à réunir, sont les qualités nécessaires pour un semblable maître d'école inspecteur, et qu'un personnage de cet ordre sera longtemps fort rare dans l'Inde.

Villes secondaires du collectorat.

Bhawanie. — Au confluent du fleuve Cauvery avec la rivière Bhawanie s'élève la ville qui porte ce dernier nom.

Situation géographique : latitude, 11° 26′; longitude, 75° 24′ à l'est de Paris.

Dans cette ville, très-renommée pour la sainteté que les brahmanes attribuent à tout confluent de rivières et de fleuves, les Hindous possèdent des temples dédiés l'un à Siva, l'autre à Vischnou. Le chemin de fer dirigé de Madras à Coimbatore passe par cette ville, à laquelle il va procurer un autre genre d'importance.

Darapouram. — Dans la partie méridionale du collectorat, il faut citer la ville de Darapouram, bâtie auprès de la rivière Amaravouti.

Situation géographique : latitude, 10° 45′; longitude, 75° 15′ à l'est de Paris.

La campagne, aux environs de Darapouram, est arrosée par des canaux dérivés de l'Amaravouti.

Il ne faudrait pas que les explications qui viennent d'être données fissent croire qu'une très-grande partie du collectorat est pourvue d'irrigations; il y a cinquante ans, *on n'évaluait cette partie qu'à très-peu plus d'un trois centième du territoire total.* On voit par là combien il faudra réaliser de travaux pour obtenir des améliorations

d'un ensemble qu'on puisse considérer comme complet;
en même temps, on comprend l'extrême souffrance du
pays, que nous avons signalée, lorsque les eaux apportées
par les vents alizés n'ont pas leur abondance accoutumée.

2. *Collectorat de Salem.*

La province de Salem, quoique inférieure en étendue
à celle de Coimbatore, est cependant un peu plus peuplée; car elle compte aujourd'hui 615 habitants par mille
hectares. Elle a moins de forêts, elle a moins de montagnes, et cela suffit pour expliquer la densité supérieure
d'une population qui, pour le faible avancement en civilisation, l'état arriéré des arts et l'instruction trop imparfaite
de l'enfance, est encore au même degré que la région
limitrophe qui vient d'être l'objet de notre étude.

Les deux provinces ne sont séparées que par le fleuve
Cauvery depuis la sortie du royaume de Mysore.

Partie septentrionale, appelée le Baramahàl.

Lorsqu'en 1795 la Compagnie des Indes britanniques
accorda la paix au sultan Tippou-Sahib, elle exigea de lui
la cession d'un territoire dont Haïder-Ali, son père, s'était
emparé du côté méridional des monts qui formaient la
barrière naturelle du Mysore. Ce pays touchait au collectorat de Salem, dont il fait aujourd'hui partie.

Dès le principe, afin de pacifier une population tombée
dans l'anarchie et de lui donner une organisation régulière,
la Compagnie, n'ayant pas de *civiliens covenantés* disponibles, choisit le colonel Read et le capitaine Thomas
Munro pour commander et pour administrer la nouvelle
conquête. Mais à Madras, comme à Calcutta, le corps

entier des civiliens ne cessa de porter envie à ces deux serviteurs éminents tirés de l'armée; à leurs yeux, c'étaient des
intrus et, pour ainsi dire, des usurpateurs. Le mérite même
de ceux-ci fut un obstacle aux progrès de leur carrière.

*Études et services éminents du capitaine Thomas Munro
dans le Baramahâl.*

Le capitaine Thomas Munro, devenu suprême inten-
dant des finances et juge en dernier ressort de tous les
intérêts de ses administrés, fit une étude approfondie des
mœurs et du sort d'un peuple complétement hindou, et
d'autant plus intéressant qu'il conservait encore son antique état social; il appliqua cette étude à la protection de
ses administrés. Sept ans de sa vie furent consacrés aux
bienfaisants et pénibles devoirs que nous signalons ici.

Son principe fondamental fut de respecter les droits
des Hindous et d'en appliquer la défense au développement
de leur bien-être. Ce fut alors qu'il apprit à bien connaître
le système Ryotwari, dont nous venons de donner l'idée,
système dont il devint un des plus zélés défenseurs dans
l'Inde d'abord, et plus tard à Londres.

Il trouva qu'un désordre inexprimable troublait l'assiette
et le recouvrement des revenus publics. L'usage avait été,
sous les sultans, d'abandonner les impôts à des fermiers
généraux, dont chacun pour son district versait au Trésor,
avec assez de régularité, la redevance stipulée; mais ils
pressuraient sans pitié les cultivateurs, et par là dou-
blaient presque les sommes extorquées au nom de l'État.
Munro supprima l'action écrasante de semblables intermé-
diaires: il rétablit les perceptions directes par village. Ce
moyen fit naître un progrès assez lent au premier abord,
mais assuré, dans les revenus de l'État, et bienfaisant par

la partie des récoltes laissées sans fraude à tous les contribuables; il fit refleurir l'autorité, jadis si révérée et toujours
chère, des *patels* ou maires de villages, et la juridiction des
punchayats, ces jurys hindous imaginés dès la plus haute
antiquité, dans l'Inde comme en Germanie, pour prononcer par des indigènes sur les intérêts de leurs pairs.

Dès cette époque existait la funeste habitude de fixer à
nouveau chaque année la quotité de l'impôt, suivant des
bases qui variaient au gré du collecteur. Munro se fit une
loi, en établissant l'assiette de l'impôt foncier, de ne consulter que la valeur intrinsèque de la terre et de laisser au
cultivateur le plein bénéfice de tous les accroissements
de revenu que l'industrie pourrait développer. Il repoussait loin du Baramahâl la pensée que les fermiers publics
affectés à la perception du revenu sous les sultans étaient,
en réalité, les propriétaires du sol; c'était la grande et
funeste erreur que le gouverneur général Cornwallis rendait alors l'incommutable loi du magnifique et malheureux pays du Bengale.

Par les observations les plus judicieuses, Munro faisait
voir la dangereuse insuffisance du traitement officiel que
la Compagnie accordait de son temps aux collecteurs,
dont la plupart se payaient sans scrupule par eux-mêmes
afin de réparer cette insuffisance, absolument comme on le
pratique en Russie. Plus tard, la Compagnie des Indes a
fini par accorder, à peu de choses près, le chiffre que
Munro déclarait indispensable. Rien n'est instructif comme
le tableau que cet administrateur intègre et sévère présente
des misères et des souffrances qu'enfantait à cette époque
l'état imparfait de la perception des revenus publics.

« Un collecteur des revenus, dit-il, ne peut espérer que
le pays deviendra prospère si lui-même est réduit à donner
l'exemple et, pour ainsi dire, le signal du pillage. La bande

avide et nombreuse des subalternes indigènes employés
sous ses ordres à lever l'impôt n'a nul besoin d'être
encouragée par un tel exemple à continuer le trafic qu'elle
a sans cesse pratiqué dans l'Inde pour extorquer aux infortunés cultivateurs une grande partie des produits de
leur travail. Tel était, ajoutait-il, le système suivi sous les
Nawabs, puis sous Tippou, sous la Compagnie même, et,
j'en suis persuadé, sous tous les gouvernements passés
et présents du malheureux pays de l'Inde; je le répète,
les collecteurs et leurs adjoints, n'étant pas assez payés,
s'aident eux-mêmes; par ce moyen, le peuple est souvent
plus épuisé durant la paix que durant la guerre. »

Lorsque le Baramahâl était une annexe du Mysore, les
dividendes arbitraires que s'attribuaient les fermiers publics sous le règne de Tippou s'élevaient de 30 à 40 p. o/o
sur le revenu. La proportion était pire dans le Carnatique,
où les revenus du Nawab étaient recueillis par des agents
de Madras : ces derniers s'arrogeaient un intérêt de 3 à
4 p. o/o par mois, c'est-à-dire de 36 à 48 p. o/o par an.
Tel était, au siècle dernier, le déplorable état de l'administration financière dans le midi de l'Hindoustan.

Quand les revenus publics sont fixés d'après le grain
semé chaque année, les terres mises en valeur sont aussitôt
mesurées. Les mesureurs font leur rapport en se réglant
d'après les bonnes mains (*bribes*) qu'ils reçoivent; alors
mille fraudes sont commises par les sous-ordres, soit sur les
fermages de l'État, soit sur les ryots. Quand la perception
se fait en nature, la fraude est surtout exercée lorsqu'il
faut passer au mesurage proportionnel de chaque espèce
de produits.

Les procédés agricoles étaient aussi barbares que les
pratiques administratives. Munro fait connaître quelle
était cette imperfection; il suffisait qu'un homme achetât

deux maigres bœufs avec *une charrue qui coûtait à peine
soixante centimes!* Elle suffisait pour effleurer la terre à deux
ou trois doigts de profondeur; ensuite, il jetait sa semence
au hasard. Le soleil et la pluie des moussons faisaient le
reste; le labeur était nul, mais le résultat était misérable.

Si l'on avait abandonné ce mode oppressif de taxation,
le peuple aurait appris à mieux cultiver; au lieu de ne
produire que du riz et des grains en médiocre quantité,
il eût bientôt couvert le sol de plantations de bétel et
de palmiers-cocotiers, de cannes à sucre, d'indigotiers,
de cotonniers; tout aurait prospéré, et la population serait
devenue riche.

*Des mœurs hindoues dans leurs rapports avec la consommation
des produits britanniques.*

« Si les natifs n'étaient pas aussi pauvres, disait **Munro**,
ils achèteraient en grande quantité nos produits manufacturés (car les Hindous qu'il étudiait étaient remarquablement épris de quelques-uns de ces produits : tels étaient
les draps écarlates). Beaucoup de brahmanes portent,
comme un court manteau, une pièce carrée de ce drap
rouge. Cependant je n'ai jamais vu que les cultivateurs
en portassent. Aussitôt qu'ils auront le moyen d'être bien
mis et qu'ils croiront pouvoir sans péril afficher un modeste luxe, aucun doute qu'en grand nombre ils substi-
tueront ce drap de couleur voyante et populaire au lainage
grossier dont ils se contentent; c'est ce dernier qu'ils
portent en toute saison pour se défendre et de la pluie et
du soleil. Telle est la couverture ou thibaude sur laquelle
ils s'asseyent le jour et se couchent la nuit, pour ne pas
dormir en contact avec l'humidité de la terre.

« On se trompe en supposant que les Indiens sont trop

simples dans leurs manières pour devenir jamais capables
de se passionner en faveur des parures étrangères. Quant
à la passion des vêtements, quant à tous les genres de dis-
sipation, le boire excepté, ils sont nos tristes égaux. S'ils
sont empêchés d'accepter nos marchandises, ce n'est point
par défaut de goût ou par indifférence; c'est tantôt par la
pauvreté, tantôt par la peur d'être réputés riches et taxés
en conséquence dès l'année qui suivrait chaque pas qu'ils
feraient vers le luxe ou l'aspect de l'aisance. Nous appor-
terions un remède à ce mal si nous abandonnions le
barbare système de taxation annuelle et si nous établis-
sions les redevances pour un temps considérable. »

A l'époque ici mentionnée, la pauvreté des cultivateurs et des exploitants de domaines était déplorable.
« Je suis presque sûr, affirme Munro, que l'on ne trouverait pas au milieu d'eux un homme dont l'avoir repré-
sentât 12,500 francs : aussi, leur bétail excepté, les neuf
dixièmes d'entre eux n'ont pas 50 francs de revenu réel.
Ce dénûment excessif est la cause de la modicité des
revenus. Il ne faut pas en accuser le sol; car au moins
les trois quarts des terres en culture pourraient produire
du coton, du sucre et de l'indigo. »

Quoique les ryots disposent de si peu d'argent, le climat
les empêche d'éprouver les plus grandes privations de la
misère, excepté la faim dans les années de sécheresse. L'inclémence du temps est ce qui presque jamais ne les fait
souffrir; le chauffage ne leur coûte rien, le vêtement très-
peu de chose. Deux ou trois journées de travail représentent le prix de leur cabane, bâtie de terre gâchée, puis
séchée, et le tout couvert de paille ou de feuilles d'arbres.

Tous les Hindous sont mariés. Leurs familles, bien loin
de leur être à charge, sont pour eux d'un grand secours,
parce que le travail de chacun produit plus que ne coû-

tent sa nourriture et son entretien. Voilà pourquoi rien n'est plus ordinaire que de remettre une portion de l'impôt au père de famille qui perd son fils *et surtout sa femme*. Les écrivains qui traitent de l'Inde croient tout comprendre et tout expliquer en nous parlant des effets du soleil, et nous disant que ses rayons trop ardents rendent paresseux les natifs. Loin de là, les cultivateurs de l'Inde sont, d'après Munro, pour le moins aussi laborieux que ceux de l'Europe, *et leurs femmes le sont davantage*. Selon lui, les populations ne doivent leur pauvreté qu'à l'impéritie des gouvernements, au lieu de la devoir à l'inclémence du soleil et surtout à la paresse des familles.

Les agriculteurs se subdivisent en beaucoup de castes très-différentes pour l'efficacité, pour l'intelligence et l'industrie du travail. Aussi, quand on établit les redevances, *il faut y porter autant d'attention qu'aux qualités de la terre*. Les brahmanes font tous les travaux de l'agriculture, excepté de tenir le mancheron de la charrue; mais, attendu que leurs femmes ne travaillent pas aux champs, ils ne pourraient guère payer, à titre de rente, plus de la moitié de ce que payent des cultivateurs qui n'appartiennent pas à leur race sacrée; néanmoins, dans le Carnatique, ils payent les trois quarts. On trouve d'autres castes où les femmes font sans exception les mêmes travaux que les hommes, tandis qu'on en trouve où les femmes, à l'imitation des brahmanesses, ne font rien aux champs; mais, par bonheur, les castes où les deux sexes sont également laborieux constituent la très-grande majorité des agriculteurs hindous.

Dans cette vaste catégorie où les femmes égalent les hommes en amour du travail, non-seulement elles dirigent le ménage, mais elles administrent toutes les affaires, et presque jamais le mari ne se permet de désobéir aux

volontés de la maîtresse du logis. C'est elle qui se charge
d'acheter, de vendre, de prêter et d'emprunter.

*Observations sur le rôle prédominant des femmes hindoues
dans le Baramahâl.*

Les imaginations des Occidentaux sont remplies de
peintures empruntées aux musulmans. Des femmes, humbles esclaves, êtres dégradés, emprisonnés au fond des
harems : tel est, se figure-t-on, le sort de l'universalité des
femmes en Asie. Mais dans l'Hindoustan, comme dans
tout l'Orient, on trouve plus de mille ménages monogames
contre un qui supporte les dépenses obligatoires d'un mari
cloîtrant et nourrissant plusieurs compagnes attitrées.
Ainsi la polygamie n'est partout qu'une rare exception.

Déjà nous avons vu, dans le Travancore, les femmes
du peuple s'emparer des économies rapportées à la maison
par les ouvriers nomades revenus de Ceylan, faire servir
une partie de cet argent aux aspirations de leur parure,
et forcer leurs maris à prendre parti pour leur orgueil
contre l'aristocratie privilégiée des dames nairs.

Étudions maintenant une autre peinture tracée par le
sagace administrateur du Baramahâl : il est à la fois juge
et partie dans les scènes qu'il peint avec autant de fidélité
que de bonne humeur philosophique.

« Quoique ce soit le chef de famille qui comparaisse en
personne dans le bureau (*la Cutcherie*) pour le règlement
de sa redevance, il reçoit toujours les instructions de sa
ménagère avant de quitter la maison ; s'il s'en écarte sur
un seul point, même accessoire, il est certain à son retour
d'éprouver le ressentiment de la maîtresse mécontente. Elle
lui donne l'ordre de rester le jour suivant à la maison, tandis qu'elle-même se met en marche. Elle fait éclater en

public sa vigoureuse indignation, et dénonce aux dieux vengeurs toute la tribu des receveurs et de leurs agents subalternes. Quand elle arrive à *la Cutcherie*, elle se pose debout en face du collecteur, et fait durer près d'une heure la harangue très-animée qu'elle a probablement commencée quelques heures auparavant, lorsqu'elle est partie de sa maison. Sa philippique porte en substance que les gens de l'impôt sont une horde de misérables (*a set of rascals*), coalisés pour opprimer un être sans défense, aussi simple que son mari : le pauvre cher homme! D'habitude elle termine son discours par une série d'interrogations. « Croyez-vous que je puisse labourer la terre sans bœufs? « Que je puisse fabriquer de l'or? Ou que je puisse m'en « procurer en vendant ce simple vêtement? » A ce propos, elle étale le plus dégoûtant de ses haillons, dont elle s'est à moitié couverte, vêtement qu'elle a choisi pour cette rare occasion, et que nul parmi nous n'oserait toucher avec le bout de sa canne. Si, malgré le ton de ses réclamations, elle obtient l'allégement qu'elle réclame, elle part de bonne humeur. Dans le cas contraire, aussitôt après la décision, elle commence une autre philippique, non pas d'une faible voix de femme opprimée, mais avec l'organe tonnant d'un maître d'équipage obligé de se faire entendre, au milieu de la tempête, à bord d'un vaisseau. »

On trouvera peut-être bien peu de lecteurs qui, s'ils étaient dans la position éminente du collecteur et juge Thomas Munro, ne chasseraient pas, dès la première impertinence, de semblables viragos. Mais l'excellent administrateur du Baramahâl voulait convaincre le peuple nouvellement conquis qu'on pouvait demander justice sous toutes les formes, et même avec l'emportement d'un sexe dont la faiblesse assure l'impunité. Il aspirait à faire voir qu'il savait tout écouter, et qu'il prononçait en définitive avec autant d'impartialité que si l'on n'avait pas provoqué chez lui la convenance et le plaisir de châtier, convenance et plaisir qu'il refusait de satisfaire. Voilà par quels moyens l'homme éminent qui jouera plus tard un rôle infiniment plus considérable avait débuté par se faire chérir de tout un peuple, trop heureux à la fin de lui rendre pleine justice. Ajoutons que, dans les autres provinces possédées, par la Compagnie des Indes britanniques les collecteurs (*civiliens covenantés*) trouvaient insupportables des exemples qu'ils n'avaient pas la vertu d'imiter, et nous expliquerons l'envie que faisaient naître de si touchants et si rares succès.

Ville de Salem.—Elle s'élève au centre du collectorat et est bâtie près de la rivière Tyromani, affluent du Cauvery.

Situation géographique : latitude, 11° 37′; longitude, 75° 52′ à l'est de Paris.

Il y a près d'un quart de siècle, Salem comptait déjà 19,000 habitants. Elle peut être classée parmi les villes les plus agréables à la vue qu'offre l'Hindoustan. Ses maisons sont bien bâties et ses larges rues sont ombragées par des rangées régulières de palmiers à coco. Comme la ville est souvent traversée par les personnes qui parcourent la route de Madras au Malabar, elle présente de nombreux pavillons où peuvent loger les voyageurs : on les appelle *chawadis*. La route que nous signalons est aujourd'hui remplacée avec un avantage infini par le grand chemin de fer qui va de Madras à Bépour, sur la côte du Malabar. Une autre voie du même ordre partira directement de Salem, descendra d'abord à Trichinopoli et de là jusqu'au golfe du Bengale, de manière à conduire les pèlerins à peu de distance du temple renommé de Rameschewaram.

Rigueurs du climat. — Quoique plus peuplée de moitié que Coimbatore, Salem n'a pas à beaucoup près le même degré de salubrité; elle est sujette à des changements extrêmes et soudains de température, qui vont jusqu'à 15 et 16 degrés dans un jour. Les habitants éprouvent des fièvres endémiques, lesquelles prédominent, chose remarquable, dans les mois de janvier et de février, temps où règnent surtout des vents d'est qui sont froids et très-secs. Il faut en indiquer la cause.

Quoique à 320 mètres au-dessus de la mer, Salem est située au point le plus bas d'une large vallée qui, suivant la direction sud-est que nous venons de mentionner, s'enfonce dans le groupe des monts Schivaraï, dont le plus haut s'élève à 1,500 mètres au-dessus du golfe du Bengale. C'est par là que le vent du nord-est s'engouffre pour descendre à Salem.

L'ensemble de ces monts n'égale pas en hauteur le groupe des Nilgherris; mais il n'en offre pas moins des asiles très-précieux pour les Européens qui voudraient y rétablir leur santé pendant la saison des grandes chaleurs en quittant les villes et les plaines brûlantes de ce bas pays.

La rivière Tyromani, que nous avons déjà citée, baigne les murs de la forteresse de Salem, laquelle est actuellement en ruines; elle en côtoie les remparts des deux côtés du nord et de l'ouest. Lorsqu'on veut entrer dans la ville, on passe sur un pont de trois arches d'une solide structure. Trois barrages jetés sur la même rivière servent pour rehausser le niveau des eaux en face de la ville, et plus bas pour arroser les terrains d'alentour.

Agriculture; moyens d'irrigation. — Le territoire de Salem est pourvu d'un très-grand nombre de réservoirs, qui servent pareillement aux irrigations après avoir été remplis dans le temps des moussons; on en cite quelques-uns qui mesurent jusqu'à deux lieues et demie de circonférence.

Outre ces nombreux réservoirs, on ne compte pas moins de 2,400 puits qui servent également pour l'agriculture; au moins 30 d'entre eux présentent des escaliers voûtés par lesquels on descend jusqu'à la surface de l'eau.

Grâce aux moyens que nous venons d'énumérer, la campagne au milieu de laquelle s'élève Salem est cultivée avec un plein succès. Lorsque les terres sont dotées de moyens suffisants pour l'aménagement des eaux, les ryots calculent qu'elles obtiennent par cela seul une valeur qui s'accroît dans le rapport de 3 à 6 et même à 7.

Les grains sont à bas prix dans la contrée, parce que, même dans les parties privées d'arrosement artificiel, le climat permet d'obtenir deux récoltes; dans les autres, on en obtient trois.

On trouve dans ce pays plusieurs plantations d'indigo, et le tabac est communément cultivé.

Coton : industries tombées et cultures perfectionnées. — Les habitants s'adonnaient beaucoup à la filature ainsi qu'au tissage du coton, mais, par la rivalité britannique, ces deux industries ont énormément perdu; en revanche, la culture du cotonnier a fait des progrès récents, progrès sur lesquels il convient d'arrêter nos regards.

Au coton indigène, dont le double défaut est d'avoir des filaments trop courts et trop peu nerveux, on s'est efforcé de substituer le Sea-Island, c'est-à-dire le plus fin et le plus beau des États-Unis. On cultive aussi le coton chinois jaunâtre qui sert à fabriquer le nankin et l'excellente espèce dite de Bourbon (île de la Réunion). Cette dernière espèce est celle qui s'est le plus aisément propagée, parce que le sol calcaire du pays, particulièrement favorable, a beaucoup d'analogie avec celui de cette île.

Richesses minérales. — Le collectorat renferme des richesses minérales importantes; on trouve, entre autres

minerais, du chromate de fer et du chromate de magnésie, avec lesquels on prépare un ciment parfait. Les mêmes
sels pourraient servir à beaucoup d'autres usages; déjà
l'industrie s'est emparée du dernier pour en extraire la
magnésie et la faire servir à composer le sulfate dont elle
est la base.

Ce qui doit surtout attirer notre attention, c'est le minerai de fer magnétique répandu sur le sol avec une profusion si grande, qu'on ne croit pas pouvoir jamais l'épui-
ser. On l'emploie pour fabriquer l'excellent et célèbre
acier appelé *voutz*, par un procédé pratiqué depuis les
temps les plus reculés : nous l'avons soigneusement décrit
t. V, p. 427.

Travaux remarquables d'un planteur anglais, M. Fischer.

Parmi les hommes les plus instruits et les plus entreprenants qui réalisent dans l'Inde leurs projets agricoles,
un surtout s'est trouvé qui possédait à la fois le génie de
l'agriculture et de l'administration. Il disposait d'un capital
considérable, qu'il entreprit d'employer dans le pays de
Salem. Il eut bientôt reconnu que tous les districts n'étaient
pas, à beaucoup près, également bien cultivés. Sans
s'arrêter aux innombrables petits domaines mis en valeur
par autant de familles de ryots, M. Fischer a remarqué
d'anciennes propriétés d'une vaste étendue que possédaient quelques zémindars échappés aux révolutions, mais
non pas à la décadence. Entre les mains de maîtres incapables, insouciants, ignorants, ces propriétés étaient
tombées dans la plus déplorable détérioration. Il n'a pas
craint d'offrir d'un de ces grands territoires un prix qui
surpassait tout ce que pouvait en espérer un propriétaire
indigent au milieu de si vastes biens. L'accord une fois
conclu, l'agronome anglais s'est mis à l'œuvre avec cette

constance d'action, ce calme au dehors qui cache au dedans une vigueur d'impulsion, véritable caractère de la race anglo-saxonne. Il a trouvé le moyen de mieux rétribuer les paysans de sa zémindarie, en leur faisant produire dans une proportion supérieure à l'accroissement de leur propre bien-être. On dirait que, d'un coup de sa baguette, il a doté ses terrains d'une fécondité nouvelle. A l'égard des produits, il les a régénérés en apportant au choix des semences et des plants une intelligence et des soins constants qui depuis longtemps sont inconnus dans le pays; il a surtout mis sa sollicitude à recueillir, à multiplier les engrais, source de richesse avant lui négligée.

Ses exemples ont donné la plus efficace des leçons, la leçon du succès, aux ryots de ses propres terres et des terres d'alentour; chacun, à quelque degré plus ou moins marqué, s'est efforcé d'imiter le zémindar européen. Nous pouvons prouver que nous ne rapportons pas ici de vains éloges. Quelques années avant 1858, un des agents les plus expérimentés de la maison célèbre des Arbuthnot voyageait pour les affaires de leur comptoir de Madras; en conversant avec le capitaine Ouchterlony, l'habile explorateur des monts Nilgherris, cet agent lui témoigna son admiration sur les succès qu'il avait vus de ses yeux et que le zémindar britannique avait obtenus dans le pays de Salem.

M. Fischer devenu l'édile européen de Salem. — Le principal magistrat de cette contrée, le collecteur des finances, témoin de la richesse acquise et surtout appréciant les améliorations introduites par cet homme supérieur pour les hameaux, pour les ryots et pour leurs chemins d'exploitation, pour les réservoirs et l'aménagement des eaux, le pria d'appliquer le même esprit de perfectionnement dans Salem et dans sa banlieue. M. Fis-

cher est devenu l'édile volontaire et gratuit de cette ville :
les transformations les plus heureuses ont signalé son administration désintéressée ; il a su rendre la cité plus propre,
plus saine et plus régulière, et ses environs plus fertiles.

Il serait à souhaiter que la fortune princière créée par
le talent et les travaux de M. Fischer attirât en plus grand
nombre des imitateurs dignes d'obtenir quelques-uns des
beaux succès que nous venons de signaler.

Mais combien, sous ce rapport, il reste encore à désirer !... Croira-t-on qu'il y a cinq ans à peine la vaste
Présidence de Madras ne comptait que *trente-sept* de ces
riches et puissants agronomes capables d'exercer une influence de ce genre, au milieu d'un pays aussi grand que
la moitié de la France ?

Faisons de nouveau remarquer que, dans tous les lieux
où les zémindars européens ont transporté leurs capitaux
et leur expérience, les cultivateurs hindous sont entrés
dans un état de prospérité beaucoup plus grande que celle
des ryots placés sous l'autorité d'un maître indigène.

3. *Collectorat de Tinnevelli.*

Le remarquable pays de Tinnevelli, que la chaîne des
Ghauts sépare de la principauté de Travancore, se termine
comme cette chaîne, au midi, par le cap Comorin. Il
commence cette longue côte accidentée que borne au
sud-est le vaste golfe ou baie du Bengale, côte que nous
allons parcourir jusqu'aux limites de la Présidence de
Calcutta.

Progrès remarquable de la population. — S'il faut en
croire les nombres fournis par les administrations finan-
cières de ce collectorat, on y comptait :

> En 1823, seulement 554,947 habitants.
> En 1852,........ 1,269,216

Pour trouver quelque part un accroissement aussi rapide, il faut aller aux États-Unis, dans la partie du nord : ici la population double en vingt-quatre ans et trois mois. C'est un progrès magnifique, s'il n'est pas exagéré.

Agriculture. — Un tel progrès est d'autant plus digne d'être cité, que le territoire, considéré dans son ensemble, n'a pas la réputation d'une extrême fertilité. Mais ici le travail de l'homme triomphe des obstacles présentés par la nature, et la terre y nourrit près de 900 habitants par mille hectares; précisément autant qu'en France à l'époque où nous sommes arrivés.

Le célèbre ingénieur sir Arthur Cotton classe le Tinnevelli parmi les cinq districts de la province de Madras que l'aménagement des eaux pluviales a le plus récemment et le plus puissamment améliorés.

Le Tinnevelli contenait des jongles très-étendus, dont le défrichement a déjà fourni et peut fournir encore les moyens d'alimenter une population croissante.

Deux cultures prédominent : celle du riz, qui doit tant aux irrigations; et celle dont nous allons parler, qui peut aussi leur devoir beaucoup.

Culture du coton. — De tous les produits que le pays de Tinnevelli fournit au commerce, le coton est aujourd'hui le plus important, et nous verrons bientôt qu'il figure pour la valeur la plus considérable.

Culture des denrées tropicales. — Le collectorat, qui s'étend du 8ᵉ au 10ᵉ degré de latitude, est aussi chaud que l'île de Ceylan, dont il n'est séparé que par le détroit de Manâr. Il est propre à la culture des mêmes produits tropicaux : aussi la Compagnie des Indes britanniques s'était-elle empressée de transporter dans le Tinnevelli la plantation de la cannelle, de la muscade et du café. Ses efforts se sont arrêtés seulement lorsqu'après la paix générale de 1814 l'Angleterre a déclaré qu'elle s'appropriait pour toujours l'île féconde et vaste de Ceylan, qui comptait avec Java parmi les plus belles possessions de la Hollande.

La frontière occidentale du Tinnevelli est couverte par les épaisses forêts qui couronnent à l'occident les montagnes des Ghauts et qui servent de limite orientale à la principauté de Travancore.

Les différents défilés de la chaîne des Ghauts. — La Tambarapourni prend sa source au-dessus du défilé par où l'on descend vers Trivandrum, capitale du Travancore; elle traverse et féconde un pays riche et bien cultivé. Cette rivière passe à deux kilomètres au nord de *Paliamkota, la ville fortifiée,* comme l'indique son nom. C'est le séjour de la station militaire qui veille à la sûreté ou plutôt à la soumission du pays.

La communication entre le Travancore et Tinnevelli se trouve encore établie par d'autres défilés : le plus méridional, celui d'Aramborique, est à cinq lieues seulement du cap Comorin; le plus septentrional et le plus important, celui d'Auriangawal, peut conduire au port de Quilon.

Près du dernier défilé prend sa source la rivière de Pylane, et plus au midi commence la rivière déjà citée de Tambarapourni; toutes deux reçoivent beaucoup d'affluents fournis par la chaîne des Ghauts.

Cataracte; bains naturels d'eau et de vapeur. — Un de ces affluents, qui coule d'abord dans un vallon fort élevé, déverse ses eaux par-dessus un barrage naturel composé de rochers et forme l'imposante *cataracte de Kutallam.*

L'abaissement graduel des montagnes depuis les hautes sommités jusqu'au fond du défilé d'Auriangawal livre aux vents des deux moussons une ouverture par laquelle sont versées en abondance les eaux pluviales dont le tribut ali-

mente la cataracte que nous venons de signaler. Au-dessus
de cette chute, la chaleur est de 6 degrés moins in-
tense que celle des plaines inférieures. Sa température
est particulièrement agréable pendant les mois de juin, de
juillet et d'août; mais dans les quatre derniers mois, ceux
où les pluies prédominent, le climat devient trop humide.
Pendant la belle saison, la chaleur moyenne des eaux
varie de 22 à 24 degrés centigrades : c'est celle qui convient le mieux à des baigneurs européens. Dans un endroit
réservé pour eux, au-dessous de la cataracte, le nuage épais
formé par les eaux qui se vaporisent, lorsqu'elles tombent
d'une si grande hauteur, prépare un bain naturel de vapeur dont l'art ne saurait approcher.

Il y a trois chutes, et la plus élevée se trouve à 600 mètres
au-dessus de la mer. A cette élévation, les Brahmanes,
pour attirer un grand nombre de pèlerins, ont eu soin
d'ériger en l'honneur de Siva un temple que, dans la belle
saison, les pieux voyageurs se font un devoir de visiter.

Ville de Tinnevelli. — Auprès de la mer, à quarante
lieues du cap Comorin, s'élève Tinnevelli, qui donne son
nom à la province; c'est la résidence officielle du collecteur des finances. Cette ville, qui doit au commerce sa
prospérité, ne compte pas moins de 25,000 habitants.
Dans son enceinte, deux pagodes sont admirées pour leur
élégante architecture; la ville même est bien bâtie et d'un
aspect agréable.

Situation géographique : latitude, 8° 44'; longitude, 75°
25' à l'est de Paris.

Pont remarquable construit aux frais d'un natif. — Citons, avec la satisfaction la plus vive, un beau pont en
pierre construit sur la rivière qui passe entre Tinnevelli
et Paliamkota; il est l'œuvre d'un indigène. Ce pont a
coûté 130,000 francs, qui vaudraient en Europe plus

d'un demi-million de francs. Il faut espérer qu'on verra, dans un prochain avenir, l'émulation exciter les grands propriétaires de la contrée et les porter à suivre un exemple si généreux.

Parcours du littoral maritime. — Nous ne trouvons sur la côte que l'embouchure d'une rivière considérable, qui se jette dans le golfe de Manâr, après avoir traversé des marais étendus : c'est la Tambarapourni, qui passe auprès de Tinnevelli.

Port de Tuticorin. — Ce port, qui se présente à quelque distance de la rivière que nous venons de nommer, est, dans tout le collectorat de Tinnevelli, le seul auquel on puisse attacher une véritable importance.

Situation géographique : latitude, 8° 48'; longitude, 75° 49' à l'est de Paris.

La rade de Tuticorin, du côté du sud-ouest, est abritée par la terre à partir de Tinnevelli; elle l'est du côté de l'est par un groupe de petites îles formant un rempart d'environ 3 lieues de longueur et dirigé du sud au nord.

Puissant commerce maritime du collectorat.

C'est presque uniquement par le port de Tuticorin que s'opèrent les importations et les exportations de la province. Nous pouvons les présenter, pour l'année 1862-63, tels qu'ils sont donnés dans les états officiels de l'Inde pour la Présidence de Madras :

$$
\begin{array}{llr}
\textit{Importations}: \text{Marchandises}, & 2,901,922^{\text{f}}\ 50^{\text{c}} \\
\qquad\qquad\text{Trésors}\ldots\ldots & 9,399,950\ \ 00 \\
\hline
\qquad\qquad\text{Total}\ldots\ldots & 12,301,872\ \ 50
\end{array}
$$

Dans ces importations figurent pour 1,765,885 francs

de fils et tissus de coton transmis par la voie de Ceylan et provenant *presque en totalité* de l'Angleterre.

Exportations : Produits, 31,528,715^f
Trésors.. 23,750

TOTAL........ 31,552,465
Réexportations.......... 29,805

Commerce important et spécial des cotons.

On sera frappé certainement de l'extrême supériorité des exportations du Tinnevelli sur les produits importés et gardés pour la consommation des habitants; l'or et surtout l'argent anglais soldent en partie la différence. Les chiffres suivants vont répandre la lumière sur cette excessive inégalité.

Dans les exportations ci-dessus rapportées figurent :

Cotons en laine, pour......... 30,047,393^f
Cotons ouvrés par les indigènes.. 47,872

TOTAL...... 30,095,265

Ainsi, la province de Tinnevelli figure à la fois parmi celles qui fournissent le plus de cotons en laine aux étrangers, aux Anglais, et qui leur vendent le moins de cotons mis en œuvre dans l'Inde. Ici l'industrie textile est à peu près anéantie, et l'agriculture, au contraire, a prodigieusement prospéré. Il faudrait désormais que toutes les deux prospérassent de concert.

Coton-routes.

Dans l'intérêt du grand commerce d'exportation, le Gouvernement, depuis 1861, a construit un de ces chemins nouveaux qu'il a nommés *chemins à coton, Cotton-roads*, parce qu'ils conduisent des contrées de cette production au port d'embarquement, lequel est ici Tuticorin.

Observations essentielles sur la valeur des cotons du Tinnevelli, comparée avec ceux d'autres provenances.

Nous avons sous les yeux une mercuriale qui fait connaître, pour la fin de décembre 1865, les prix comparés des cotons en laine sur le marché du Havre, le plus important du continent européen. Nous reproduisons en note les prix qu'elle constate et qui nous semblent dignes d'attention [1].

D'après le tableau que nous indiquons, le coton des États-Unis vaut 40 pour cent de plus que celui de Tinnevelli et 35 pour cent seulement de plus que le coton de Dharwar, nettoyé avec la scie circulaire, *saw-gin*. Je ferai remarquer, en passant, qu'avant la grande lutte américaine le coton des États-Unis valait 62 pour cent de plus que le coton des Indes britanniques. La défaveur de ce dernier a donc aujourd'hui considérablement diminué. Ce rapprochement, qu'on n'a pas encore fait valoir, est de la plus haute importance pour apprécier l'avenir du coton cultivé dans l'Inde.

---

[1] *Prix du demi-quintal métrique, ou 50 kilogrammes, de coton en laine.*

Origines.	Prix.	Moyennes.
La Nouvelle-Orléans	285f	
Mobile	280	280f
Georgie et Floride	275	
Brésil	275	
Égypte	255	265
Inde. — Dharwar	210	
Tinnevelli, Broach, etc.	200	200
Madras	190	

Pêche des perles.

Il est un fait qui me paraît inexplicable : les perles pêchées sur la côte du Tinnevelli ne figurent pas dans les états de commerce de cette province.

Dans le voisinage du port de Tuticorin, on s'adonne à la pêche des perles et du coquillage appelé *shank;* celui-ci ne se trouve en aucun autre parage, excepté dans les détroits de Palk, *Palk-straits*, entre l'Inde et Ceylan.

J'ai remarqué seulement, parmi les exportations pour Ceylan, 266,400 shanks, évalués à 82,050 francs, et pour Bombay, 317,929, évalués à 39,743 francs.

La conque marine appelée *shank*, dont on vient d'indiquer l'exportation, est un coquillage univalve qui brille d'un blanc de perle. Les Hindous en font usage, comme instrument de musique religieuse, dans leurs pagodes et dans leurs ermitages. Suivant les poëmes qui rappellent les coutumes des époques légendaires, cette même conque servait de trompette à l'approche du combat, et chaque héros la portait en bandoulière, comme les chevaliers européens portaient leur cor de chasse. On en fait des envois considérables en diverses parties de l'Inde et surtout dans le Bengale.

Les perles du banc de Tuticorin sont regardées comme inférieures à celles des bancs plus rapprochés de Ceylan; au lieu de briller d'un blanc pur, elles sont caractérisées par une teinte blanc verdâtre.

Le Gouvernement a retiré de la pêche des perles un revenu qui s'est beaucoup élevé depuis les deux premières années du siècle; il s'élevait :

En 1803,	En 1810,	En 1814,
à 37,500 francs.	à 64,950 francs.	à 160,000 francs.

Ce revenu s'est encore accru depuis quelques années.

Tout en accordant aux irrigations le plus grand effet sur le progrès des revenus du collectorat de Tinnevelli, chacun conviendra que nous constatons ici pour le trésor une source de produits qui n'a rien de commun avec les travaux relatifs à l'aménagement des eaux appliquées à l'agriculture. Revenons aux pêcheries.

L'huître qui produit la perle peut vivre de sept à huit ans; les coquilles, arrivées à leur plein accroissement, ont environ huit centimètres de circonférence. Ce mollusque adhère aux bancs de corail, sur lesquels il végète jusqu'au moment où les fibres qui lui servent d'attache sont affaiblies par la vieillesse; le coquillage, si la pêche ne l'enlève pas, tombe alors et se perd dans les eaux les plus profondes.

L'huître à perles est plus grasse et plus visqueuse que l'huître comestible ordinaire; elle est réputée malsaine pour l'alimentation de l'homme.

La formation particulière de cette huître est considérée comme une maladie. Cependant, comme on l'a remarqué d'après le nombre prédominant des huîtres qui sur les bancs produisent des perles, on devrait supposer, ou qu'il y a quelque élément vénéneux dans le sol sur lequel elles se nourrissent, ou que certains bancs huîtriers sont une espèce d'hôpital où se réfugient les mollusques invalides. Quoi qu'il en soit, les huîtres à perles sont d'une nature si délicate, qu'on ne peut pas les élever ailleurs. Toutes les tentatives qu'on a faites pour les naturaliser sur d'autres plages, même dans un voisinage très-rapproché, sont restées sans succès.

Les perles du banc de Manâr. — La grande pêche des perles sur le banc de Manâr s'étend à peu près dans une longueur de 12 lieues, mesurée de l'est à l'ouest. La pêche la meilleure a lieu par une profondeur d'eau de 15 mètres.

4. *Collectorat de Madura et Dindigal.*

Parmi tous les collectorats de la division du Sud, le plus populeux et le plus étendu est celui de Madura. Immédiatement au nord-est du Tinnevelli se présente une immense plaine qui descend vers la mer suivant une pente insensible; au nord-ouest le sol s'élève et se rattache aux versants méridionaux d'un long groupe de collines.

Les habitants parlent la langue *tamil*, qui prédomine dans les contrées que nous parcourons. On admet que cette province contient environ 30,000 indigènes, qui, depuis trois siècles, professent la foi catholique. Ils ont été convertis par la ferveur merveilleuse de saint François-Xavier. Depuis l'époque où vivait ce grand homme, des souverains tout-puissants, hindous, musulmans et protestants, les ont tour à tour subjugués; mais aucun de ces dominateurs, même les plus épris de propagande, n'a pu leur faire abandonner la croyance que leur avait prêchée l'incomparable apôtre. Cependant, après de longues années, la misère et le délaissement en ont par degrés réduit le nombre. Si les Portugais avaient apporté leurs soins à former des pasteurs instruits et pleins de zèle, leurs conseils et leurs leçons auraient remplacé cette décadence par un progrès incessant. D'autres nations chrétiennes ont entrepris cette œuvre de rénovation.

Importance remarquable du catholicisme dans le diocèse qui porte le nom de Madura.

Après la paix générale de 1814, les Français ont confié les soins du culte de Pondichéry à la Compagnie de Jésus.

Vers 1836, cette Compagnie a propagé ses missions dans
le midi de l'Inde et surtout à Madura. A la suite de ce
succès, afin qu'aucun ombrage, aucune jalousie de natio-
nalité, ne pussent inquiéter les Anglais, le Saint-Père a
constitué sous l'autorité d'un évêque la mission centrale
de Madura, qu'on a rendue parfaitement indépendante
de la France et de Pondichéry.

Il faut citer la prospérité si remarquable à laquelle est
parvenue la grande et belle mission de Madura, dont nous
venons d'indiquer la création.

La Compagnie de Jésus, dès 1859, y comptait *qua-
rante-trois* de ses Pères en fonction, sans compter les néophytes; tels avaient été la fatigue et les périls de leurs
travaux que, pour arriver à ce nombre, en vingt et un
ans, *quarante-cinq* Pères étaient morts victimes de leur
zèle infatigable, de leurs privations infinies et des rigueurs
du climat. Dans le grand diocèse dont ils étaient la force
et la lumière, Monseigneur Canoz pouvait dénombrer
en 1862 cent soixante-trois églises et quatre cent soixante-
neuf chapelles, plusieurs hôpitaux, treize écoles de garçons
et sept de filles.

Quand nous parlerons de Negapatam, nous citerons
le collége ecclésiastique et civil, si remarquable par sa
grandeur et ses succès, fondé par la Compagnie célèbre,
surtout par la supériorité qu'elle apporte dans tous ses
travaux d'enseignement religieux, littéraire et scientifique.

Dans l'*Histoire des Missions chrétiennes*, publiée par
M. Marshall, on trouve un tableau qui fait connaître
l'état des missions catholiques dans l'Inde pour l'année 1857 : sous l'épiscopat de Monseigneur Canoz, à
Madura, on comptait déjà 150,000 fidèles, et dans le
nombre des baptêmes d'adultes d'une année, qui donne
celui des conversions, ce diocèse présentait à lui seul :

1° Nestoriens et protestants...   178 Laptèmes.
2° Hindous et mahométans... 1,045

$$\text{TOTAL.......} \quad 1,223$$

Avenir qu'il importe de ménager aux néophytes. — Il ne suffit pas de multiplier les conversions; il importerait infiniment d'aviser aux moyens d'existence des convertis. On devrait songer à leur procurer des professions utiles, qui leur procurassent le bien-être et la considération. A cet égard, beaucoup de bien est à produire, et le clergé catholique, avec ses lumières et son zèle, avec son influence, qui croît chaque jour, ce clergé peut obtenir les résultats les plus heureux.

Proportion des cultes non chrétiens. — Dans le collectorat de Madura, parmi les individus qui professent aujourd'hui d'autres cultes que le christianisme, on a trouvé, sur *cent indigènes*, les proportions suivantes : brahmanes, 3 ; natifs de croyance hindoue et faisant partie de la caste des soudras, 76 ; parias, 16 ; enfin, mahométans, 5. Faisons remarquer ce nombre *cinq* sur un total de *cent* personnes, nombre insignifiant, dont la leçon est flagrante au sujet du plus intolérant de tous les cultes.

Le pays de Madura formait autrefois un royaume, d'où partirent, à seize ans d'intervalle, deux ambassades envoyées à l'empereur Auguste. A cette époque-là, c'était l'extrême Orient qui venait révéler son existence et ses arts à l'Occident : dix-neuf siècles ont tout changé.

Madura, la capitale, est aujourd'hui le chef-lieu de la province financière qui porte son nom.

Situation géographique : latitude, 9° 55′; longitude, 75° 50′ à l'est de Paris.

Cette ville a beaucoup souffert des révolutions de l'Hindoustan. Ses faibles remparts, construits en pisé, ne pou-

vaient pas supporter de longs assauts, surtout lorsqu'il
fallait résister aux attaques européennes.

Grâce à la politique du marquis Wellesley, dès les
premières années du siècle présent, Madura et son territoire ont été pour toujours soumis à la puissance britannique; par là, ses fortifications sont devenues inutiles.

Influence brahmanique à Madura. — La population de
cette ville, qui s'élevait à 40,000 âmes quinze années
avant la conquête, est diminuée des deux tiers. Ce n'est
par l'effet d'aucuns sévices qu'un de ses principaux avantages est aujourd'hui singulièrement affaibli. Comme elle
est située sur la route suivie par les pèlerins qui, chaque
année, se rendent à l'île sainte de Rameschewaram, que
nous ferons bientôt connaître, et comme la ville possédait
des temples dignes d'attirer les Hindous les plus dévoués
à leurs divinités, elle avait acquis, depuis des siècles,
une très-haute importance. Mais, par degrés, cette importance a diminué sous le joug des Anglais, parce que
les conquérants européens, sans opposer aucune barrière
apparente, ont fini par ne plus offrir le moindre encouragement à des pèlerinages qui successivement diminuent.

Antique université de Madura. — Arrêtons notre pensée
sur un souvenir plus digne de fixer notre attention. Dans
la ville de Madura vivait autrefois le sage Agastya, personnage célèbre : il y fonda pour la littérature indigène
une espèce d'université qui bientôt fut très-fréquentée;
depuis longtemps les Européens eux-mêmes avaient été
frappés de ce spectacle, et les plus érudits d'entre eux
avaient appelé Madura *l'Athènes de l'Inde méridionale.* Elle
n'a pas conservé cette renommée.

Un tribunal scientifique, composé de 48 docteurs,
formait le Conseil du collége ou de l'université dont l'institution faisait honneur à cette ville; la plus singulière

légende est conservée sur le moyen d'élection de ces
docteurs. En cas de vacance, lorsqu'il se présentait un
candidat, on suivait d'abord les règles ordinaires en l'examinant sur ses connaissances acquises, littéraires et religieuses; mais il lui restait à subir une épreuve plus difficile et très-étrange. Il devait s'asseoir sur un banc d'or
massif, au bord d'un réservoir rempli d'eau lustrale,
qu'on appelait l'*étang doré*. Si les dieux, qu'on supposait
présider aux examens, jugeaient le candidat digne d'être
admis parmi les saints docteurs, le banc paraissait s'élargir de lui-même, et s'élargissait assez pour que l'heureux
adepte y pût siéger avec facilité. Au contraire, si le candidat déplaisait au sublime collége, le banc mystérieux
se rétrécissait de plus en plus; le sujet réprouvé tombait
par terre et quelquefois même il était précipité dans l'onde
sacrée. Voilà par quel artifice, en respectant savamment
les formes académiques, la docte corporation trouvait le
secret de rester maîtresse de ses choix, quelle que fût
la capacité des concurrents.

Anciens travaux favorables à l'agriculture.

On distingue encore, aux environs de Madura, les ves-
tiges d'une antique et remarquable prospérité. Des lacs
artificiels d'une étendue considérable avaient été creusés
pour l'aménagement des eaux destinées à l'irrigation.

Même à présent, une foule de petites chaussées nécessaires à cette opération se reconnaissent au milieu de
broussailles, dans les jongles qui maintenant couvrent un
sol autrefois complétement cultivé.

Anciens monuments de la civilisation hindoue.

Dans le pays que nous décrivons, des temples aban-

donnés et de longues traces d'édifices civils témoignent
aussi d'une population autrefois nombreuse et prospère,
qui vivait sous des princes éclairés et puissants.

Au xɪv° siècle, les mahométans pénétrèrent dans le
pays de Madura, qu'ils traversèrent comme un torrent
dévastateur; mais ils n'y firent pas d'établissement durable.

Du xv° siècle au xvɪɪɪ°, une dynastie hindoue dont le
souverain portait le titre de Nayac ou Naïk avait pris une
grande part aux travaux d'utilité que nous venons d'indiquer. Le huitième roi de cette race, Tirumalla, tourna
vers le culte national son amour des grandes constructions; à lui seul il érigea dans son royaume 96 temples
et presque tous les principaux monuments érigés en l'honneur de Vischnou et de Siva. La splendeur de ces monuments avait ajouté beaucoup à la beauté de Madura, qui
contenait ceux que l'on admirait davantage.

Parmi les édifices de cette cité qui sont dus au plus
magnifique de ses princes, il faut citer une célèbre Choultry ou *Mandapam;* elle présente une salle auprès de laquelle
l'antique et grande nef de Westminster-Hall aurait paru
de médiocre étendue : elle n'a pas moins de 137 mètres
de longueur sur 38 de largeur. Elle est tout entière
bâtie en granit gris; son toit horizontal, c'est-à-dire son
plafond qui forme terrasse, construit en dalles gigantesques, est porté par cent vingt-huit colonnes massives.
Les dalles si remarquables qui composent le plafond sont
littéralement couvertes de sculptures exécutées avec
autant de goût que de délicatesse. Les colonnes ou pilastres
n'ont, il est vrai, que 7^m,50 de hauteur; mais la plupart
sont monolithes et d'une énorme grosseur. Pour exécuter
ce monument, il a fallu vingt-deux années et dix millions
de roupies ou vingt-cinq millions de francs, qui représen-

teraient, sur le taux d'aujourd'hui, près de cent millions
de notre monnaie, soit en France, soit en Angleterre.

L'immense salle que nous venons de décrire avait été
construite pour servir de portique ou de *pronaos* au temple
de Parvati, la Junon des Hindous. Le temple même, avec
ses édifices et ses cours, occupait une superficie qui n'était
pas moindre de huit hectares [1].

On admire aussi dans Madura les ruines de l'ancien
palais, œuvre du huitième Naïk, dont tout ici respire la
grandeur; c'est un mélange d'architecture hindoue et sar-
rasine, qui rappelle le passage des sectateurs de Mahomet.
La cour de justice britannique siége aujourd'hui dans ce
palais.

Les temples modernes.

Parmi les édifices modernes dignes d'être distingués,
la cathédrale catholique l'emporte pour le bon goût de son
architecture; elle s'élève avec modestie au bord d'un vaste
lac artificiel. On aperçoit une île au centre et sur cette île
on reconnaît un temple brahmanique à son architecture
hiératique, ainsi qu'aux spacieux escaliers par lesquels
on peut descendre de sa principale entrée jusqu'à l'onde
qui sert aux ablutions des adorateurs de Brahma.

On rapporte que Nobilis, le neveu du savant cardinal
Bellarmin, vint à Madura sous le règne de Tirumalla, le
Périclès de cette cité. Il se présentait comme un prince,
un grand brahmane d'Occident, qui voulait enter le
christianisme sur l'antique croyance des Védas; il s'imaginait gagner par l'orgueil la plus fière des castes de
l'Inde. Son projet principal n'a pas réussi; cependant son
apostolat a laissé quelques traces fructueuses.

---

[1] 80,000 mètres carrés ou 9,600 yards carrés.

Les Américains ont établi à Madura leur plus importante mission : ils y possèdent 12 missionnaires et 78 catéchistes ou lecteurs; de là, 68 maîtres d'école sont distribués dans tout le pays. En 1850, ils comptaient 2,000 adeptes; mais la conduite de ces nombreux néophytes, assurent les Anglais, paraît loin d'être exemplaire. Il faut n'accepter qu'avec réserve cette accusation peu charitable.

Édifices privés. — La plupart des maisons de Madura sont à deux étages, chose rare dans l'Hindoustan; leur façade est embellie par un stuc calcaire qui reçoit le poli et l'éclat du marbre. C'est peut-être la seule cité dans l'Inde qui présente un aspect vraiment agréable et qui soit aujourd'hui complétement délivrée de la boue, des immondices et de tous les inconvénients d'une ville indienne; le mérite en revient aux Européens.

Monument érigé par les Hindous, en l'honneur d'un édile britannique, à Madura. — L'administrateur anglais Blackburn fut le premier à s'occuper d'assainir, de régulariser et d'élargir les rues et les places de Madura, lesquelles précédemment avaient tous les défauts et la saleté proverbiale des villes bâties dans cette partie du monde; il obtint un succès complet. Les habitants, inspirés par un juste sentiment de reconnaissance, ont érigé, pour faire honneur à l'auteur de ce bienfait, une haute colonne sur laquelle une lumière puissante est jour et nuit allumée. C'est à M. Eastwick que j'emprunte ce fait, honorable à la fois pour le bienfaiteur et pour les obligés. Je suis, moi, l'obligé du savant indicateur pour beaucoup d'autres faits pleins d'intérêt.

Industrie.

Teinture rouge de Madura. — C'est à Madura qu'on pratique avec un succès très-remarquable l'application sur les fils et les tissus d'une teinture rouge dont l'éclat, dit-on, tient à la nature des eaux de la Viga, rivière qui passe auprès de la ville; la supériorité de cette couleur est si grande, que les tissus qu'elle embellit sont demandés dans toutes les parties de l'Inde.

District de Dindigal.

Le district de Dindigal complète, au nord, le collectorat de Madura; comme il est situé dans la partie la moins basse, son climat est à la fois plus sain et plus tempéré. En hiver, le thermomètre ne descend guère au-dessous du dix-huitième degré centigrade; mais la température s'élève beaucoup dans les mois de mars et d'avril, mois pendant lesquels les pluies sont rares encore. Les plus fortes chaleurs sont celles du mois de mai.

Dans les trois mois qui suivent ce dernier, un grand nombre de monticules dispersés au milieu d'une immense plaine arrêtent les nuées qu'apporte la mousson d'été, et rendent les pluies beaucoup plus abondantes; cet effet diminue l'excès de la chaleur.

En 1755, le district de Dindigal fut conquis par Haïder-Ali, souverain de Mysore, qui ne put pas le conserver; vingt-huit ans plus tard, il fut envahi de nouveau par Tippou-Sahib. Ce prince ayant imprudemment recommencé la guerre contre les Anglais, ils s'emparèrent derechef et pour toujours de cette contrée, qu'ils annexèrent au collectorat dont le chef-lieu porte le nom de *Madura*.

Dindigal est à seize lieues de cette ville principale et contient environ 9,000 habitants.

Situation géographique : latitude, 10° 22'; longitude, 75° 42' à l'est de Paris.

Au-dessus de la ville s'élève la forteresse, bâtie sur un

vaste roc isolé. Un temple est construit au sommet de ce mont, qui dans toutes les directions et de très-loin attire fortement l'attention du voyageur.

Les monts Palnaï. — A huit lieues de Dindigal se développe la chaîne des monts Palnaï, dont le climat favorable ne le cède guère à celui des Nilgherris, et qui offre peut-être encore de plus beaux aspects. Cette chaîne présente plusieurs montagnes dont l'altitude surpasse deux mille mètres. Des établissements sanitaires pourraient être formés avec quelque avantage dans la partie élevée des monts Palnaï, et les Européens ne manqueraient pas d'y développer de nouvelles et riches cultures.

Du côté du nord s'étendent les monts Sirou-Mallé, qui ne s'élèvent guère qu'à moitié de ceux que nous venons de citer.

Le guide des voyageurs le plus exact et le plus récent a grand soin de faire observer que ces monts, comme la plupart de ceux qui se rattachent à la chaîne des Ghauts, offrent en abondance aux chasseurs européens non-seulement des cerfs et des bisons, mais des éléphants sauvages, des sangliers et des léopards; rien ne prouve mieux combien de progrès sont encore nécessaires pour introduire dans ces montagnes une population et des travaux devant lesquels disparaîtront à jamais les animaux dévorants, ennemis de l'espèce humaine.

Marco Polo, dans son Voyage à la Chine, signalait aussi la même abondance de grands animaux destructeurs, aujourd'hui presque partout disparus du Céleste Empire.

Il faut espérer que le peuplement graduel des sites élevés de l'Hindoustan fera disparaître la plupart de ces bêtes de proie, si dangereuses pour l'homme et pour ses cultures. La passion des Anglais pour la chasse de ces animaux y contribue dès à présent.

4 *bis. Padikota.*

L'ancienne forteresse indiquée par le nom de *Padikota* était la résidence du prince qui commandait au pays appelé *Tondimam*. Une même enceinte renfermait le palais, un vaste réservoir ou tank, une pagode, remarquable exemple d'architecture brahmanique; l'œuvre de la main des hommes n'offre plus ici que de tristes ruines.

Une nouvelle ville de Padikota s'est formée dans le voisinage, au milieu de vastes jongles. Cette création, qui date de l'époque où les Anglais sont devenus les maîtres du pays, se fait remarquer par le percement régulier et la largeur de ses rues; les murs extérieurs de ses maisons et de ses édifices publics sont revêtus d'un stuc calcaire qui, par le poli, prend beaucoup d'éclat.

Situation géographique : latitude, 10° 18′; longitude, 76° 38′ à l'est de Paris.

Ramnâd, la cité du dieu Rama. — Cette ville, qui contient 7,000 âmes, est protégée par une forteresse où sont logés 6,000 autres habitants. La population, fidèle à la divinité dont elle rappelle le nom, est en très-grande majorité composée de sectateurs de Brahma.

Situation géographique : latitude, 9° 23′; longitude, 76° 36′ à l'est de Paris.

Une rivière, ainsi qu'une route latérale, conduit de Madura, chef-lieu du collectorat, vers Ramnâd.

Il n'y a pas plus de quarante ans, cette dernière ville prospérait encore, grâce aux deux fabrications des soieries et des cotonnades; elle n'a point perdu la première de ces industries, mais la seconde a presque disparu par la formidable concurrence des Anglais.

Ramnâd est le chef-lieu d'un fief hindou très-étendu.

qui descend jusqu'à la mer, vis-à-vis de l'île célèbre et sacrée de Rameschewaram. Cette véritable principauté ne compte pas moins de 350,000 hectares, dont une moitié seulement est cultivée; le reste se compose de sables arides et de jongles marécageux.

Dans les parties sans culture, on trouve une plante appelée *chay*, dont les racines servent à produire une belle couleur rouge; c'est le long de la côte qu'elle se montre en abondance.

Fonctions sacrées de l'ancien radjah de Ramnâd. — Le vaste territoire de Ramnâd avait été donné comme fief religieux à l'une des familles hindoues les plus considérables, avec le titre mystique de *patron des hommes saints : les pèlerins.* Certains antiquaires affirment que son vrai nom (*sadhou-pati*) voulait dire le seigneur de la chaussée, route exhaussée qui conduit de la terre ferme à l'île de Rameschewaram. L'entretien de cette chaussée fait partie de ses devoirs les plus importants, après la protection qu'il est tenu de donner aux pèlerins qui, chaque année, accomplissent leur pieux voyage vers cette île.

Le territoire de Ramnâd offre en tous sens, à perte de vue, une vaste plaine. Elle est dépouillée de bois; cependant, sur le bord de la mer, le pays est entouré d'une ceinture assez large d'arbres à coco et d'autres palmiers.

Chenal maritime. — Entre ce littoral boisé et l'île de Rameschewaram existe un chenal d'environ deux kilomètres de largeur.

A l'est et à l'ouest de ce chenal, en parcourant la côte de la terre ferme, on rencontre un petit nombre de mahométans; on y trouve surtout des catholiques romains, dont la conversion remonte au temps où François-Xavier parcourait en conquérant des âmes toute la côte, à partir de Tinnevelli.

A cinq kilomètres de Ramnâd, on remarque le port de mer appelé *Killakarrai;* sa position, près du détroit, lui donne quelque importance. Là s'élevait une église, ouvrage des Portugais; là les Hollandais s'étaient contentés d'ériger une factorerie.

Au nord du détroit sont situés les petits ports d'*Atancarai* et de *Devipatam.* Le premier se trouve à l'embouchure de la rivière Vaigah; c'est là qu'on offre au commerce le meilleur tabac récolté dans la province.

Site remarquablement disposé pour prendre des bains de mer. — A Devipatam, neuf rochers, dont la tête sort de la mer, entourent une lagune d'eau paisible éminemment favorable aux baigneurs. Cette enceinte, par elle-même si bien faite pour attirer les visiteurs, a d'ailleurs le mérite d'être un lieu consacré; depuis la plus haute antiquité, les brahmanes prescrivent aux pèlerins d'y faire leurs ablutions, avant de pénétrer dans l'île sainte.

Devikota, au nord de la rivière *Veraschelagar,* est un bourg populeux, important par son commerce et par la richesse de ses marchands, qui vivent somptueusement et font largement la charité. Il ne faut pas confondre ce port avec le Devikota situé sur les bords du Coleroun et dont nous parlerons plus tard.

L'île sanctifiée de Rameschewaram.

Tout contribue à rendre agréable, en même temps qu'il est sacré, le séjour de cette île. Comme elle reçoit sans aucun obstacle les pluies et les vents des deux moussons, l'une de l'est et l'autre de l'ouest, sa température est par là sensiblement abaissée. Le thermomètre y varie entre $24°$ et $29°\frac{1}{2}$ centigrades; ce qui, pour une région si voisine de l'équateur, doit être considéré comme une chaleur fort modérée. L'île compte un peu plus de 4,000 habitants.

C'est dans cette île que s'élève la pagode célèbre où se conservent deux simulacres de *Lingams* : l'un que Rama, prétend-on, s'était procuré de Bénarès, tandis qu'il avait fait l'autre de ses propres mains. Suivant la tradition, Ravana, souverain de Lanka, c'est-à-dire de Ceylan, avait enlevé la vertueuse et belle Sita, l'épouse de Rama, le roi divin. Le héros, son époux, Rama, n'était autre que Vischnou caché sous son septième Avatar, sa septième incarnation. Rama, pour reconquérir sa chère Sita, passa la mer sur un pont de rochers œuvre de Hanouman, le roi des singes ou, comme on le croit, le roi des nègres. Les rochers qui formaient ce pont merveilleux se voient encore et forment une ligne continue depuis la terre ferme jusqu'à l'île de Ceylan : les chrétiens l'ont surnommé le Pont d'Adam, *Adam's Bridge;* entre les deux îles de Rameschewaram, du côté de l'Inde, et de Manâr, du côté de Ceylan, ces piles de rochers forment un obstacle de $10 \frac{1}{2}$ lieues. Reprenons la légende de Rama. Après qu'il eut tué l'odieux Ravana et recouvré sa fiancée, lorsqu'il revint de Lanka ou Ceylan, on remarqua que son corps avait deux ombres au soleil, circonstance surnaturelle qu'on prétendait être la preuve d'un crime contre les hommes ou d'un péché contre les dieux, de la nature la plus noire. Mais dès qu'il eut atteint le promontoire qui maintenant forme l'île de Rameschewaram, la deuxième ombre disparut; alors, Rama fut informé par un brahmane qu'il foulait sous ses pieds une terre sacrée, et que tous ses péchés, dès ce moment, étaient pardonnés.

A partir de cette époque, c'est à Rama, à Vischnou, que l'île a toujours été consacrée. Attirés par l'espoir d'un bonheur terrestre et d'une béatitude future, assurés à ceux qui visiteront le sanctuaire de ce dieu suprême en accomplissant les cérémonies prescrites, un grand nombre de pèlerins accourent de toutes les parties de l'Inde.

Navigation croissante entre l'île et le continent.

L'île a cinq lieues et demie de longueur et deux lieues seulement de largeur. Autrefois elle n'était pas séparée de la terre ferme; elle le fut par une tempête, accompagnée peut-être d'un tremblement de terre. Cet événement date déjà de quatre siècles, et, depuis cette époque, d'autres tempêtes ont de plus en plus élargi le passage qui porte le nom de *Pamban*. Lorsque les Hollandais devinrent maîtres de Ceylan, ils l'élargirent encore

Les plus grandes, les plus récentes améliorations datent de 1830. Auparavant le passage était singulièrement tortueux et la profondeur, à mer haute, dans les moindres marées, était seulement d'un demi-mètre. Il existe à présent un chenal appelé la *passe de Pamban*, d'une largeur d'environ 1,600 mètres; mais le chenal proprement dit, dans lequel on a fini par obtenir 3 mètres $\frac{2}{10}$ de profondeur, est beaucoup plus étroit : il suffit pour que la plupart des caboteurs qui suivent cette voie la parcourent sans diminuer leur cargaison. On a fait servir le dragage afin d'obtenir ce bon résultat, auquel on a travaillé depuis plus d'un tiers de siècle. Tant d'efforts ont porté leurs fruits.

Progrès récents du cabotage. — Au lieu d'un transit qui ne montait encore en 1822 qu'à 17,000 tonneaux, onze années plus tard il atteignait 160,000 tonneaux portés par 800 navires. En choisissant un moment favorable, deux vapeurs de guerre ont franchi le chenal. Grâce au perfectionnement que nous venons de signaler, le fret entre les ports de Negapatam et de Colombo, la capitale moderne de Ceylan, s'est abaissé de 32 francs à 15 par

tonneau. C'est un progrès considérable et qui correspond
à l'accroissement remarquable de la circulation.

Ville de Pamban. — La petite ville de Pamban, bâtie
sur la pointe de l'île la plus voisine de la terre ferme, a
donné son nom au détroit.

Détroit de Palk. — Au nord du chenal et de la ville
de Pamban s'étend le vaste golfe appelé *détroit de Palk*,
dont le débouché dans le golfe du Bengale est limité
du côté du sud-ouest par l'île de Ceylan et du côté contraire par la pointe de Callimère, un des caps les plus
remarquables de la côte de l'Inde.

Perles du détroit de Palk. — Ce détroit, ainsi que nous
l'avons indiqué, comme le golfe de Manâr, est célèbre
par la pêche de ses perles; le Pont d'Adam n'est qu'une
barrière accidentelle, qui présente au fond de la mer, entre
toute la côte indienne, du cap Comorin au cap Callimère, et l'île opposée de Ceylan, les mêmes caractères
géologiques et maritimes, d'où résultent des produits sous-
marins de même nature.

Ville de Rameschewaram. — Sur un promontoire op-
posé, à six lieues de distance, on aperçoit la ville bien
bâtie de Rameschewaram, qui compte environ 5,000 habitants; la plupart sont des serviteurs du temple.

La grande pagode de Rameschewaram. — La pagode,
objet de tous les pèlerinages, s'élève à l'extrémité orientale de la ville; infiniment plus révérée, elle est moins
imposante, à beaucoup près, que ne le sont les temples
hindous de Madura et de Chelumbra. Elle est limitée par
une enceinte rectangulaire mesurant 200 mètres du nord
au sud et 300 mètres de l'est à l'ouest.

Il y a trois entrées; chacune d'elles est décorée par
un portail, *gopoura*, qui n'a pas moins de 30 mètres d'élévation, et l'ouverture qu'il encadre a douze mètres de

hauteur. Chaque porte est composée de monolithes dressés perpendiculairement, afin d'en supporter d'autres qui recouvrent horizontalement leur partie supérieure. Pour le style massif du travail, l'architecture ressemble aux constructions égyptiennes ou cyclopéennes.

En entrant, le visiteur est frappé de la vaste étendue du temple, des innombrables colonnes qui supportent le plafond, de la solidité massive des matériaux; tout ici rappelle les longs et puissants efforts, les difficultés vaincues et la patience des sujets des Pharaons, mais non pas le génie et moins encore les perfections de la belle architecture des Grecs et des Italiens.

Le plafond est formé de larges dalles de granit portées par des piliers de même matière; élevés sur une plate-forme d'un mètre et demi de hauteur, ces piliers très-volumineux sont la plupart d'un seul bloc. Il a fallu faire venir de seize lieues les masses de granit dans lesquelles on les a taillés : c'était un travail énorme.

Pour ériger ce monument, d'immenses sommes ont été prodiguées; on a donné, sans les compter, des pierres gemmes et des joyaux pour décorer l'intérieur du temple.

Constructions extérieures. — Tout le long de la côte de Ramnâd, de 1,600 mètres en 1,600 mètres, on a construit des *chawadis,* lieux sacrés où les brahmanes distribuent des aumônes aux fakirs. La route qui conduit de Pamban à Rameschewaram, sur trois lieues de longueur, est soigneusement pavée; sur ses bords s'élèvent huit chawadis, avec des puits pour désaltérer les voyageurs et de petites pagodes pour satisfaire à leur dévotion.

Le revenu général des fondations qui viennent d'être décrites surpasse 100,000 francs, soit en redevances territoriales, soit en offrandes des fidèles.

Les seuls brahmanes de service, qui résident dans la

ville, peuvent entrer dans la partie la plus intérieure du temple et vivent du revenu religieux.

Antique magnificence du radjah de Tanjore, à Rameschewaram. — Autrefois, quand le radjah de Tanjore rendait sa visite annuelle au temple, sa dépense, vraiment royale, s'élevait à plus de 450,000 francs. Depuis que la Compagnie a remplacé le pouvoir du radjah, cette magnificence a cessé pour jamais.

Une onde pure qu'on jette à flots sur l'idole est soigneusement recueillie, puis transportée dans toute l'Inde et vendue à très-haut prix; c'est un revenu du temple.

5. *Collectorat de Tanjore.*

Si nous continuons à remonter la côte que longe à l'est le golfe du Bengale, en sortant du collectorat de Madura, nous entrons immédiatement dans celui de Tanjore.

La côte, dirigée d'abord du sud au nord, jusqu'au bourg d'Adrumpatam, se détourne brusquement et s'avance vers l'orient jusqu'au cap appelé *pointe Callimère,* en face du cap le plus septentrional de Ceylan. La distance de ces deux promontoires est de trente lieues; l'espace limité par ce cap, l'île de Rameschewaram et la côte opposée de Ceylan est appelé le *détroit de Palk.*

Une navigation considérable s'effectue du sud au nord et du nord au sud, pour côtoyer le Carnatique sans être obligé de courir au large et de doubler la grande île de Ceylan. Nous avons expliqué les travaux des Anglais pour rendre plus praticable le chenal de Pamban, afin de passer du golfe de Manâr dans la partie septentrionale, ou détroit de Palk, et pénétrer dans le golfe du Bengale.

Depuis la pointe de Callimère, et même huit lieues en deçà de ce cap, jusqu'aux limites orientales du pays de Tanjore, celles du territoire sont déterminées par les bouches du Cauvery.

Ce beau fleuve, dont nous avons vu les eaux prendre naissance à l'est des Ghauts, dans le royaume de Mysore, lorsqu'il arrive à trente lieues de la mer, commence à se partager en deux bras : celui du sud, qui conserve le nom de *Cauvery*, et celui du nord, qui prend le nom de *Coleroun*.

Vers le sommet du delta, sur la rive méridionale, s'élève la cité de Trichinopoli, capitale d'un collectorat dont nous parlerons bientôt.

Au midi, sur la droite et très-près du bras le plus occidental, est située la ville de Tanjore, chef-lieu du royaume qui n'est plus aujourd'hui qu'un collectorat de ce nom.

Le delta compris entre le Cauvery et le Coleroun.

La superficie du delta n'est pas moindre de 500,000 hectares. Ce qu'ont fait les Hindous d'abord, et plus tard les Anglais, pour aménager les eaux qui contournent ce vaste triangle et favoriser l'agriculture sur un si précieux territoire, mérite au plus haut degré de fixer notre attention.

Pour le delta du Cauvery, comme pour le delta du Nil, des canaux multipliés avec profusion distribuent les eaux de manière à couvrir un espace très-considérable. Le pays fertilisé de la sorte est couvert de villages, de rizières, d'arbres fruitiers et de jardins; on croirait voir les portions du Bengale qui sont les mieux cultivées et les plus fécondes. Dans peu de parties de l'Hindoustan, une égale étendue de territoire nourrit une aussi nombreuse population : en effet, dès 1822, on y comptait par mille hectares 923 habitants, et trente ans plus tard il y en avait 1,711. On ignore le nombre actuel, qui certainement doit être devenu plus grand encore.

Deux routes principales, construites en chaussée et munies de nombreux ponts en pierre, servent à traverser le delta; elles sont construites avec une solidité qui résiste à l'impétuosité des eaux lors des crues du fleuve.

Au point où la nature a placé le sommet du delta commence l'île appelée *Seringham;* elle a vingt-deux kilomètres de longueur sur cinq de largeur, au maximum.

Depuis bien des années, on avait remarqué que le lit du Coleroun, la branche qui baigne le nord de l'île, tendait de plus en plus à s'abaisser, tandis que le lit de l'autre branche, proprement dite le Cauvery, tendait sans cesse à s'exhausser par l'effet des alluvions. De là résultait un inconvénient grave : c'est que le bras droit du fleuve ne recevait plus une quantité d'eau suffisante pour arroser avec abondance la partie méridionale du delta.

Après beaucoup de travaux partiels, qui n'offraient que des moyens insuffisants de remédier à cet inconvénient, on adopta le plan général proposé par un ingénieur, alors capitaine et simple écuyer, *squire;* en récompense de ses travaux importants et multipliés, il fut nommé successivement colonel et général, avec le titre féodal de sir Arthur Cotton.

Nous aurons soin d'énumérer les beaux services rendus par cet ingénieur à la Présidence de Madras.

En 1836, le barrage régulateur qu'il a construit en amont de l'île Seringham a complétement réussi [1].

Pour être juste envers les princes hindous, remarquons

---

[1] BARRAGE SUPÉRIEUR.

Le barrage construit sur le Coleroun est composé de trois parties, interrompues par deux langues de terre, larges, l'une de 21, l'autre de 15 mètres.

qu'ils avaient déjà considérablement étendu les travaux
hydrauliques, afin de mettre à profit le bienfait des eaux

Longueurs mesurées en allant du sud vers le nord :

1ᵉʳ barrage..	254ᵐ
1ʳᵉ île..	63
2ᵉ barrage..	315
2ᵉ île..	45
3ᵉ barrage..	110

$$\text{TOTAL} \begin{cases} \text{des îles} \dots\dots\dots\dots\dots & 108^m \\ \text{des barrages} \dots\dots\dots\dots & 679 \end{cases}$$

Qu'on imagine une muraille en briques ayant 1ᵐ,08 d'épaisseur et 2ᵐ,01
de hauteur, couronnée par de grandes dalles de pierre parfaitement jointes ;
en avant, le sol est garni d'un pavé formé de pierres de taille sur une largeur de 12 mètres, pour empêcher les affouillements que pourrait produire
la chute des eaux qui se déversent en coulant par-dessus le barrage.

Suivant l'usage adopté dans l'Inde, la maçonnerie des barrages est fondée sur un double rang de puits circulaires, dont le revêtement descend
à 2ᵐ,07 au-dessous du lit de la rivière. Un troisième rang de puits supporte,
à l'aval, la plate-forme pavée, sur laquelle les eaux doivent se déverser en
passant sur le barrage. Des blocs jetés à pierres perdues, en aval de la plate-
forme, empêcheront un autre affouillement de se former au-dessous de cette
plate-forme.

Enfin, à l'amont du barrage, des blocs jetés pareillement à pierres perdues préviennent aussi toute espèce de détérioration et protégent, de ce
côté, les fondations.

Afin d'empêcher qu'au-dessus du barrage il ne se forme des amas de sable
ou d'autres genres d'alluvions, vingt-quatre écluses de fond sont établies et
permettent l'action puissante d'un courant inférieur.

Ce premier système de retenue des eaux a coûté 500,000 francs ; il a
pour objet l'aménagement des eaux sur une portion du delta qui n'est pas
moindre de 240,000 hectares, et dont le revenu, toujours croissant, dépasse aujourd'hui 7,500,000 francs.

L'effet produit par l'anicut qu'on vient de décrire eut tant de puissance,
qu'au bout de quelques années c'était le lit du Cauvery qu'on éprouvait le
besoin de ne plus abaisser ; on craignait que la quantité des eaux jetées dans
ce fleuve par le barrage, en déchargeant le bras du Coleroun, devint trop
considérable pour éviter les inondations.

Afin d'obvier à ce nouvel inconvénient, on construisit en travers du
Cauvery, à la tête du delta, une large plate-forme en pierres de taille, à la
profondeur qu'on jugeait désirable pour fixer le lit du fleuve. Ce second
moyen n'a pas eu moins de succès que le premier.

Anicut inférieur. — A quinze lieues au-dessous du grand anicut, et sur du Cauvery. Un bon juge sur ces matières, le capitaine du génie Félix Haig, déclare que ces travaux étaient très-beaux; mais le temps avait produit sur eux des ravages considérables. Malgré les deux barrages (anicuts) existant déjà, le capitaine Cotton, chargé de les examiner, constata que des altérations extrêmes s'étaient opérées dans le lit du fleuve; il démontra qu'on devait y remédier par le grand ouvrage dont nous avons donné la description, et qu'il sut exécuter avec une rare habileté. Chargé d'opérer tous les perfectionnements désirables dans le delta du Cauvery, il multiplia les canaux, les ponts, les chaussées et les déversoirs, pour accroître de plus en plus la superficie des terres arrosées et faciliter les communications commerciales, non-seulement par les chemins, mais aussi par les canaux.

Grâce à cet ensemble d'améliorations, l'agriculture du delta prit un développement extraordinaire; la prospérité du peuple correspondit à ce progrès.

Dans le collectorat de Tanjore, le système Ryotwari, celui de la possession personnelle et non collective, est en vigueur depuis un temps immémorial; il a facilité beaucoup la cession et l'emploi des terres encore incultes. Aussi les cultivateurs du Tanjore sont-ils aujourd'hui les plus riches et les plus heureux de toute l'Inde méridionale.

L'éminent ingénieur auquel étaient dus les nouveaux progrès apporta des soins infinis pour mettre en relief et calculer les avantages qui s'ensuivaient dans l'accroissement des revenus publics. Alors surgirent les vives récriminations de tous les administrateurs; ils réclamaient en

---

la rivière Coleroun, on en a construit un semblable. Il produit des bienfaits pareils, d'un côté, dans la province de Tanjore, de l'autre, dans le midi du pays d'Arcot.

leur faveur une juste portion des services qui contribuent à l'accroissement des richesses publiques et privées.

D'après les calculs faits dans le principe par le capitaine Arthur Cotton, déjà devenu colonel, la dépense totale des nouveaux barrages, faite en 1836, aurait, en peu d'années, produit un revenu public égal à 200 pour 100 du déboursé primitif. Cette évaluation fut très-contestée par l'administration centrale des revenus de Madras. En poussant la sévérité jusqu'à l'extrême, elle réduisit l'accroissement de 200 à 118 pour 100 de bénéfice. Le colonel aurait pu regarder une semblable défaite comme un véritable triomphe. Sa juste part était assez belle pour qu'il eût pu se dispenser de vouloir tout réclamer pour lui.

La ville de Tanjore et ses derniers rois.

Tanjore, le chef-lieu d'un pays admirablement amélioré, doit être comptée parmi les villes les plus considérables du midi de l'Hindoustan; elle n'a pas moins de 90,000 habitants.

Situation géographique : latitude, 10° 47′; longitude, 76° 52′ 17″ à l'est de Paris.

Bâtie sur la rive droite du Cauvery, en dehors du delta, la cité s'élève, protégée par deux forteresses contiguës. Dans la principale résidaient les rois de Tanjore, issus du même père que Sivadjie, le libérateur des Mahrattes; sous leur sceptre, le peuple indigène avait prospéré, grâce aux travaux primitifs dont nous avons essayé de faire apprécier la nature et l'importance. Les deux derniers souverains de cette illustre race méritent quelques mots de juste estime et de souvenir affectueux.

En perdant le pouvoir absolu, le premier avait conservé la propriété de ses palais et un revenu personnel d'environ 900,000 francs, plus un cinquième du produit net des impôts, toutes dépenses prélevées. Ce prince avait un fils qui devait régner un jour aussi fictivement que son père infortuné : c'était Sambodjie, qu'il fit élever dans Madras par le missionnaire Schwartz, un Danois, le plus estimé de tous les missionnaires protestants. Par un sentiment recherché d'honneur et de délicatesse, celui-ci n'avait point essayé de soustraire son jeune élève au culte national des sujets dont il serait, sinon le roi, du moins le prince féodal, afin de ne pas l'exposer à perdre leur affection. En conséquence, Sambodjie ne quitta point le culte des brahmanes, et toujours ils éprouvèrent les effets de sa munificence.

Chaque année, le radjah de Tanjore faisait à son ancien précepteur Schwartz un présent de 300 pagodes pour l'aider dans sa mission, dont les succès ont été tantôt fort exagérés et tantôt fort atténués.

Par un juste sentiment de reconnaissance pour l'éducation qu'il avait reçue, Sambodjie traita toujours les chrétiens avec un louable sentiment de tolérance ; il n'hésita jamais à les appeler aux emplois dont il pouvait disposer, lorsque leur mérite les en rendait dignes. Il agissait ainsi dans le temps même où le Gouvernement de Madras, afin de complaire aux préjugés des brahmanes, excluait, par un acte inqualifiable, ces mêmes chrétiens indigènes des fonctions que l'autorité britannique réservait exclusivement pour les Hindous et les musulmans [1].

[1] *Protestation de lord Héber contre la défaveur des chrétiens indigènes aux yeux de la Compagnie des Indes.* — L'infériorité qu'on attribue à tous les chrétiens natifs est alléguée pour justifier la malveillance avec laquelle ils ont été traités par le Gouvernement anglais à Madras. S'ils n'ont pas été persécutés, ils ont été déclarés positivement *incapables* de remplir aucune fonction, ou civile ou militaire, sous les ordres de la Compagnie. Au contraire, lorsque régnaient les princes indigènes, ils les employaient sans

En 1826, le maharadjah de Tanjore, élève de Schwartz, était dans la force de l'âge, lorsqu'il fut visité dans ses forteresses par lord Héber, accomplissant sa seconde et dernière visite épiscopale. Faisons connaître, d'après un tel juge, un prince qui, placé sur un trône réel, aurait fait le bonheur d'un grand État civilisé.

Dans l'administration de sa fortune, considérable pour un prince, mais médiocre pour un quasi-roi, il compensait par un rare esprit d'ordre ce qui manquait à la splendeur de son rang, si fort abaissé; il faisait sans cesse éclater sa générosité par ses présents; il remplissait avec fidélité tous ses engagements et mettait son honneur à libérer toutes les dettes qui pesaient sur son trône. C'est ainsi qu'il montrait aux peuples de l'Hindoustan avec quel succès il aurait régi les finances d'un royaume véritable; mais, hélas! il n'était plus qu'un souverain nominal, et la Compagnie dominatrice comptait pour moins que rien les nobles vertus qui devaient inspirer des regrets toujours dangereux chez un peuple conquis.

Sans qu'on puisse le mettre en parallèle avec l'incom-

hésitation. Ce n'est pas tout : *beaucoup de ryots chrétiens ont été frappés de verges avec l'autorisation des magistrats anglais pour avoir refusé, par un motif religieux, de tirer les chars des idoles aux jours des fêtes païennes.* C'est le collecteur actuel de Tanjore qui, le premier, a retiré l'appui de son bras séculier et cessé de prêter main-forte aux brahmanes en pareilles occasions.

Dans la dernière lettre à l'ami qui devint l'éditeur de son voyage, lord Héber manifeste l'intention de porter ses vives réclamations contre des actes si honteux. « Le croira-t-on? lorsqu'un radjah faisait sentir son influence sur le Tanjore, les chrétiens étaient éligibles à toutes les fonctions; tandis qu'aujourd'hui il existe un ordre du Gouvernement britannique excluant de toute espèce d'emplois les chrétiens natifs. Certainement, en matière de religion, nous sommes, de tous les peuples de la terre, le plus indifférent et le plus lâche (*cowardly*); *sur ce grief, et sur quelques autres que j'ai vus de mes yeux, j'ai le dessein d'en faire le sujet d'une représentation formelle aux trois gouvernements de l'Inde, ainsi qu'au ministère du Contrôle, à Londres.* » Une fin soudaine n'a point permis que lord Héber honorât sa vie par cet acte équitable et généreux.

parable reine Ahalya, le radjah Sambodjie me paraît être, depuis la fin du xviiie siècle, le plus accompli parmi les Hindous qui possédèrent un trône. Il est au petit nombre de ceux qu'a vus, observés et jugés le perspicace lord Héber, lorsqu'il a visité les diverses parties de l'Hindoustan. Il écrivait de Tanjore, le 1er avril 1826 : «Je viens de passer quatre jours à la cour d'un prince de l'Inde qui cite avec facilité Linné, Buffon et Lavoisier, qui connaît Shakspeare et s'est formé sur ce rare génie un jugement supérieur en rectitude à celui qu'un autre grand poëte, lord Byron, exprime avec tant de bonheur; ce prince vient de composer des vers anglais meilleurs que ceux de l'épitaphe de Shenstone par J. J. Rousseau. » Héber ajoute, avec une légère teinte d'ironie pour ses compatriotes : «Ce prince est, d'ailleurs, très-respecté des officiers anglais cantonnés dans son voisinage, *comme le plus parfait appréciateur des qualités d'un cheval*, et comme ayant le sang-froid, l'intrépidité, le coup d'œil supérieur et le tir infaillible du plus passionné chasseur de tigres. » En réalité, c'est un homme extraordinaire. Ses études littéraires et scientifiques ne lui font nullement négliger les exercices militaires, et ne l'empêchent pas de conserver les habitudes guerrières qui peuvent rappeler l'héritier des anciens conquérants mahrattes : seuls moyens qui lui restassent de caresser les souvenirs de ses sujets et de rester populaire. Si ce monarque avait été le contemporain du sultan Haïder-Ali, il se serait rendu formidable, soit comme ami, soit comme ennemi de ce conquérant.

« Bien qu'il ait moins d'autorité réelle qu'un grand seigneur d'Angleterre, il porte la tête haute et la satisfaction éclate sur son mâle visage. Le portrait du général Bonaparte est suspendu dans sa bibliothèque; mais ce portrait semble si bien neutralisé par celui du marquis de Hastings, en costume complet de gouverneur général, que l'effigie du héros français ne peut alarmer ici personne. »

Le voyageur achève ainsi sa peinture de Sambodjie : « C'est un homme encore dans la force de l'âge, vigoureusement constitué; il a le nez et les yeux du faucon; il porte d'épaisses moustaches, déjà grises; ses vêtements sont splendides, mais sans ornements efféminés. Par son attitude et par son langage, il me rappelle un plus favorable spécimen du général français. au temps de l'Empire, qu'aucun autre sujet de comparaison qui pourrait se présenter à mon imagination. »

Toujours hospitalier et bienveillant, lord Héber offrait au magnanime radjah son palais de Calcutta et ses soins personnels pour compléter l'éducation du fils de ce roi dépouillé du pouvoir, quoique si digne de régner; mais la reine, éperdue, exprima la crainte que son fils, faible et délicat, ne mourût loin d'elle, et cette généreuse proposition ne fut pas acceptée. Lorsqu'en faveur du jeune prince il faisait cette offre d'une éducation qui, certes, aurait infiniment surpassé, par le goût et les lumières, celle que Schwartz avait pu donner au père, lord Héber était loin de penser que dans quelques jours, ainsi que nous le dirons bientôt, il allait terminer, à quelques lieues de Tanjore, sa bienfaisante et brillante carrière.

Le maharadjah Sambodjie mourut en 1832 ; son fils, qui portait le grand nom de Sivadjie, leur commun ancêtre, expira sans postérité dans l'année 1855. En lui s'éteignit la dignité des princes de Tanjore; car ils n'avaient plus qu'une royauté nominale. Ses forteresses, ses palais, ses joyaux même, tout fut confisqué par la Compagnie des Indes, quoiqu'il laissât après lui deux sœurs, qui furent ainsi privées de tout héritage.

La grande pagode de Tanjore est considérée comme le

plus parfait modèle des temples pyramidaux de l'Hindoustan. La tour qui s'élève au-dessus du sanctuaire a 30 mètres de hauteur ; elle est surmontée par un bloc de granit qu'on dit peser 80 tonneaux, et qu'on n'a pu mettre en place que par des moyens mécaniques d'une très-grande puissance. Sous le portail, on remarque un taureau magnifique taillé dans un bloc de granit noir : c'est le symbole de celui qui traînait le char de Siva ; il est admirable pour la forme et pour le fini de l'exécution. Aux yeux des brahmanes, l'intérieur du monument semble trop sacré pour qu'aucun profane européen puisse être admis à le visiter.

Nous allons parler maintenant d'une colonie française, enclave du territoire de Tanjore, et qui pour nous, malgré sa faible étendue, est pleine d'intérêt.

COLONIE FRANÇAISE DE KARIKAL.

Dans le delta du Cauvery, un territoire maritime fut concédé vers le commencement du siècle dernier, par le roi de Tanjore, aux Français, puissants déjà dans le midi de l'Inde. Sur ce territoire ils bâtirent la ville de *Karikal*, à proximité d'un bras du fleuve, bras appelé l'*Arselar*.

Situation géographique : latitude, 10° 55′ ; longitude, 77° 33′ à l'est de Paris.

La gracieuse Karikal, peuplée de 8 à 9,000 âmes, est construite avec régularité ; les murs de ses habitations sont revêtus d'un stuc calcaire éclatant de blancheur et de poli. Lorsque les eaux fluviales sont abondantes, elles permettent que des navires d'un moyen tonnage flottent en sûreté dans le bras voisin de la mer qui sert de port à cette ville. Les habitants s'adonnent à la construction des petits bâtiments ; le pays d'alentour est industrieux et son commerce extérieur a de l'importance.

Cette colonie participe à l'activité intérieure des collectorats britanniques de Tanjore et de Trichinopoli.

Neuf petites rivières, qui toutes sont dérivées du Cauvery, déchargent leurs eaux dans la mer en traversant
notre territoire, qu'elles fécondent.

La colonie a seulement dix lieues carrées de superficie,
16,185 hectares. La terre est d'une rare fertilité dans
toute la partie que les eaux peuvent arroser au moyen
des nombreux canaux creusés par nos colons. On voit par
là qu'ils ne restent pas en arrière des perfectionnements
commencés par les Hindous et développés par les Anglais
sous la direction de sir Arthur Cotton. En 1862, ce
territoire comptait seulement 221 colons français, mais
nourrissait en tout 61,090 habitants, plus de quatre personnes par hectare. Il faut aller dans les régions de la
Chine les mieux cultivées et les plus fertiles, si l'on veut
trouver un peuple aussi nombreux pour la même superficie. Karikal, qui fait partie du vicariat apostolique de
Pondichéry, compte 4,000 Hindous catholiques.

Ville et territoire de *Tranquebar*.

Les Français ont construit une belle route empierrée,
qu'ombragent des arbres magnifiques, pour communiquer
de Karikal avec *Tranquebar*, dont il faut dire quelques
mots.

Si nous ne considérions que l'étendue et la population
du territoire et de la ville de Tranquebar, qui touchent à
notre établissement, à peine aurions-nous à les mentionner; mais ils se rattachent à des souvenirs intéressants
pour l'histoire du commerce des Européens.

Situation géographique : latitude, 11° 1'; longitude, 77°
35' à l'est de Paris.

Quoique Tranquebar se trouve à deux degrés de

latitude plus près de l'équateur que la cité de Madras, le voisinage des bois rafraîchit l'atmosphère et rend le climat plus tempéré. Les Anglais ont profité de cet avantage afin d'établir en cet endroit un dépôt de militaires à l'état de convalescents; c'est là qu'ils les envoient pour les rendre à la santé.

En 1612, les Danois, jaloux de marcher sur les traces des Portugais et des Anglais, forment une compagnie marchande; ils font enfin partir un navire qui, en l'année 1616, aborde aux côtes du Coromandel, dans la partie possédée par le radjah de Tanjore. Ce prince les accueille avec faveur et leur concède un petit territoire maritime au nord de la branche la plus septentrionale du Cauvery. Ils établissent un comptoir protégé par un modeste fort, et bientôt se groupe une population d'indigènes autour des quelques maisons bâties par les Danois, dignes d'être cités pour la régularité de leur vie et pour leur bienveillance envers les natifs. Le commerce fleurit, et pourtant la compagnie colonisatrice éprouve avec le temps plus de pertes que de profits. Au bout de huit ans, elle a la sagesse de concéder au roi Christian son comptoir et sa forteresse. L'établissement continue sa modeste existence et jouit d'une paix de deux siècles, en profitant des luttes acharnées des Anglais et des Français, qui ne cessent pas de respecter le pavillon du Danemark. En 1807, après l'attentat de Copenhague, la Grande-Bretagne déclara la guerre à cet État; pour la première fois elle s'empara de Tranquebar, et le garda jusqu'en 1814.

Le Gouvernement danois trouva qu'en définitive il ne retirait aucun profit de la possession si modeste d'un petit pays de 2,700 hectares, le quart au plus d'une justice de paix en France; il vendit à la Compagnie des Indes britanniques son droit de souveraineté.

Tranquebar, située sur une côte ouverte, n'a pas un
vrai port; les navires jettent l'ancre à quelque distance de
la côte, pour charger et décharger avec des embarcations,
en bravant la forte houle qui se fait sentir à l'approche
du rivage parallèlement à toute la côte du Coromandel.
Cependant les bateaux et les plus petits caboteurs trouvent
un refuge dans le bras adjacent du Cauvery.

Les habitants de Tranquebar sont renommés pour l'art
avec lequel ils travaillent le fer et l'acier, pour leur tail-
landerie et leur coutellerie; puis, dans un genre plus ar
tistique, pour la délicatesse de leur joaillerie et des chaînes
d'or qu'ils excellent à fabriquer. Les mahométans de cette
ville s'adonnent seuls à la confection des harnais : industrie que les Hindous se refusent à pratiquer.

6. *Collectorat de Trichinopoli.*

Vers le nord et le nord-est, ce collectorat est entouré
par l'Arcot méridional; vers le nord-ouest, par Salem et
Coimbatore; vers l'ouest et le sud-ouest, par Dindigal et
Madura; vers le sud et le sud-est, par Tanjore.

La province est bordée, dans une grande partie de sa
longueur, par la rive gauche du bras septentrional du
Cauvery, bras appelé *le Coleroun;* les travaux que nous
avons décrits, pour la conduite des eaux de ce fleuve,
ont été très-favorables à cette contrée. Les considérations
dans lesquelles nous sommes entré sur l'état avancé des
cultures dans le collectorat de Tanjore sont également
applicables à celui de Trichinopoli, favorisé par les
mêmes causes de la nature et des travaux de l'homme.
Nous parlerons seulement de la capitale.

L'importante cité de *Trichinopoli* s'élève sur la rive droite
du fleuve Cauvery; elle contient environ 30,000 âmes.

Situation géographique : latitude, 10° 50'; longitude, 76° 26' à l'est de Paris.

La ville antique était renfermée dans la forteresse, qui subsiste encore et qu'on avait construite sur un vaste tertre formant le sommet d'un rocher granitique.

La forteresse renferme l'arsenal d'artillerie et les autres établissements militaires. Le cantonnement des troupes est à deux kilomètres au dehors de la ville, du côté du sud-ouest. Un cours d'eau sépare le quartier des bataillons britanniques et celui des bataillons indigènes. L'ensemble des deux cantonnements n'a pas moins de dix kilomètres en circonférence. Les habitations des officiers civils et militaires, d'une construction élégante, sont entourées de jardins et d'ombrages; on remarque aussi les vastes bazars, qui sont les marchés où la garnison trouve tous les objets qu'elle a besoin d'acheter.

Dans la forteresse, l'église anglicane de Saint-Jean est spacieuse et d'une architecture qui n'est pas sans agrément. Auprès de l'autel, un modeste monument s'élève en l'honneur de l'évêque Héber.

Mort déplorable de lord Héber. — Le 31 mars, cet homme éminent part de Tanjore pour se rendre à Trichinopoli. Le 1er et le 2 avril, il s'occupe de ses devoirs épiscopaux.

Le 3, au lever du soleil, il arrive à l'église de la mission, dans le fort de cette ville, pour procéder à la confirmation. Il constate avec regret la dégradation du temple et l'état de détresse d'une mission qui n'est nullement florissante; il en visite l'école.

Ces devoirs accomplis, il retourne chez M. Baird, juge de circuit, chez lequel il a reçu l'hospitalité; il prend un bain, dont bientôt la chaleur le suffoque, et dans lequel il est trouvé sans vie. Sa perte devint l'objet d'un deuil universel. Ainsi, dans la fleur de l'âge, a péri cet homme illustre, en accomplissant des fonctions religieuses qu'il ne négligeait pas, quoiqu'il se livrât à des études littéraires qui feront vivre son nom, et dont le charme était en harmonie avec l'aménité de son caractère, avec la bonté de son cœur. Le lendemain, ses funérailles furent accomplies en grande pompe dans la forteresse, où nous venons de voir que ses restes mortels ont été déposés.

Peu de temps avant de mourir, il faisait remarquer l'exagération du *nombre des* Hindous qu'on supposait convertis par les missions protestantes. Il ajoutait : « Le nombre des catholiques romains est considérablement plus nombreux (*considerably more numerous*); mais ils appartiennent à des castes moins élevées. » Il se croit permis d'affirmer que ces chrétiens sont très-inférieurs en lumières ainsi qu'en moralité. Cela peut être vrai des anciens convertis portugais, mais non pas des nouveaux qui, depuis trente années, sont instruits par un clergé français plein de zèle et de plus en plus éclairé.

III. — Les districts cédés.

Deux fois, en 1792 et 1799, le Nizam ou souverain d'Hyderabad, par l'effet de son alliance avec l'Angleterre contre le sultan de Mysore, avait agrandi ses États d'un vaste ensemble qui se déploie entre les Mahrattes au nord-ouest et le Carnatique au sud.

En joignant l'adresse à l'intimidation, le marquis Wellesley, gouverneur général, a l'habileté de conclure un traité par lequel il s'engage à tenir sur pied, pour défendre son allié, une force considérable *que défrayera le pouvoir britannique*. Comme équivalent de cette dépense, qui sera perpétuelle, il fait céder à la Compagnie tous

les territoires que le Nizam avait acquis par les pacifica-
tions déjà citées de 1792 à 1799.

C'est ce qu'on appela *les Districts cédés;* le nom plut
tellement aux nouveaux possesseurs, qu'on leur en conserva le titre collectif : il est aujourd'hui celui d'une grande
division militaire dans la Présidence de Madras.

Le Nizam a cédé toutes ses possessions au sud de la Tongaboudra et de la Kistna, jusqu'à leur confluent.

Au moment de la cession, l'état intérieur de ces districts était déplorable. Il fallait un administrateur à la
fois habile et vigoureux pour y rétablir l'ordre en y dé-
veloppant la prospérité. A ce moment, avec une admirable rapidité, Thomas Munro venait d'accomplir un semblable genre de services dans le district du Canara; on
s'estima trop heureux de lui confier la réorganisation et
l'administration des Districts cédés.

Ils n'avaient pas été moins mal gouvernés ni moins
assaillis par les spoliateurs que la province du Canara
dans le Malabar. Seulement, les abus commis avaient été
moins excessifs, parce que, le peuple ayant fait plus de
résistance à l'oppression, le dommage s'était opéré d'une
manière moins directe. Chaque chef indigène, même du
moindre territoire, en établissant sa domination sur les
simples cultivateurs, les avait excités à fortifier leurs villages, et, sous sa direction, à soutenir des querelles san-
glantes contre des voisins qui participaient à la turbulence
générale : de là résultaient des dévastations incessantes et
la pauvreté universelle. En réalité, quoique le Gouvernement ne touchât que des contributions de plus en plus
diminuées, les contribuables n'en payaient pas moins des
redevances excessives; les revenus privés et les propriétés
n'avaient rien de plus assuré que l'existence des personnes.

« En mettant un terme à de tels excès, et en faisant renaître l'empire de la loi, nous pourrons, disait Munro, à la fin percevoir dans le midi de l'Inde un revenu considérable, payé par des sujets heureux de retrouver une prospérité que depuis longtemps ils ne connaissaient plus. Mais il faut avant tout arracher le pouvoir aux mains d'un grand nombre de turbulents et redoutables polygars; il faut enlever toute espèce d'autorité à la foule des petits tyrans, d'origine vraiment récente, lesquels ont tiré parti des troubles civils pour s'exempter de satisfaire à leurs propres redevances et se déclarer aussitôt indépendants. Si nous courbons sous le joug salutaire de la loi ces tyranneaux, espèce privilégiée de voleurs de grand chemin, *dacoïts*, nous deviendrons incomparablement plus capables de résister à nos ennemis extérieurs : en effet, dans nos dernières luttes militaires, nous étions réduits à disséminer par petits détachements beaucoup de troupes, afin d'assurer la tranquillité de l'intérieur, au lieu de les envoyer grossir notre armée qui devait entrer en campagne. »

Les observations de Munro sont à la fois d'un administrateur et d'un homme de guerre. En visitant le nord de sa nouvelle province, il la trouve plus dépouillée d'arbres que certaines parties de l'Écosse; quelquefois il parcourt huit lieues sans apercevoir un arbre. « Mais, dit-il, ce n'est pas comme en Écosse la faute du territoire; partout ici pourraient pousser les plus belles forêts. On doit attribuer la dévastation au niveau très-remarquable du pays, ce qui l'a toujours rendu le théâtre favori des opérations qu'entreprenaient les masses énormes de cavalerie. Les envahisseurs coupaient les jeunes rameaux et dépouillaient le feuillage des arbres pour nourrir les chameaux et les éléphants, qui toujours accompagnent en grand nombre de pareilles armées; tandis que les plus fortes branches et les troncs servaient à faire bouillir le grain pour les chevaux. Ajoutons qu'une longue continuité de gouvernements ignares et spoliateurs n'avait pas permis d'entreprendre de nouvelles et grandes plantations. »

Présentons avec rapidité les données géographiques et statistiques indispensables à connaître dans les trois Districts cédés que nous allons parcourir du nord au midi.

TERRITOIRE ET POPULATION.

DISTRICTS.	SUPERFICIE.	POPULATION.	HABITANTS par MILLE HECTARES.
	hectares.	habitants.	
1. Kurnoul......................	849,002	273,190	322
2. Bellary	3,134,150	1,229,599	392
3. Kuddapah.................	3,444,182	1,451,921	421
Totaux..............	7,427,343	2,954,710	397

1. *District de Kurnoul.*

Le plus septentrional des Districts cédés, le moins avancé dans les voies de la civilisation, est celui de Kurnoul ; c'était un simple fief militaire ou jaghire. Il est le seul qui ne soit pas encore placé sous l'empire de la loi commune et fasse partie des provinces gouvernées arbitrairement sous le titre de *non-regulation Provinces.*

Territoire et population.

Superficie................ 849,002 hectares.
Population................ 273,190 habitants.
Habitants par 1,000 hectares .. 322

Voilà certainement un des districts les moins peuplés
de l'Inde; il est aussi l'un des plus pauvres, car il ne payait
encore à la Compagnie, il y a sept à huit ans, que 25 centimes par hectare, y compris les terrains non cultivés.

Kurnoul, chef-lieu du district, compte approximative-
ment 20,000 habitants; la ville s'élève sur la rive méridionale de l'importante rivière Tongaboudra, à quelques
lieues au-dessus du confluent de cette rivière avec le
grand fleuve Kistna.

Situation géographique : latitude, 15° 50'; longitude,
75° 45' à l'est de Paris.

La rivière Tongaboudra sépare le district de Kurnoul
des États du Nizam, souverain d'Hyderabad.

2. *District de Bellary.*

Au sud-ouest du district de Kurnoul se présente immédiatement celui de Bellary, plus peuplé, plus étendu, plus
important à tous égards.

Territoire et population.

Superficie . . . .   3,134,159 hectares.
Population . . . .   1,229,599 habitants.
Habitants par 1,000 hectares . . .   392

C'est, à peu de chose près, la densité de la population
dans le royaume d'Espagne, moindre que celle de presque
tous les États de l'Europe occidentale.

Bellary. — Cette ville n'est pas seulement le chef-lieu
d'un district, elle est de plus la capitale de tous les Districts cédés.

Situation géographique : latitude, 15° 5'; longitude,
74° 39' à l'est de Paris.

La position militaire de Bellary est digne d'attention. Au milieu d'une vaste plaine, située à 487 mètres au-dessus du niveau de la mer, surgit un immense rocher granitique, lequel s'élève sur la plaine à 130 mètres de hauteur; le sommet de ce rocher est occupé seulement par une prison d'État, que gardent quelques soldats. Au pied du prodigieux massif on a construit le fort inférieur, que défend un rempart de granit et qu'entoure un chemin couvert; là sont érigés l'arsenal, les casernes d'un régiment d'artillerie et les magasins de la guerre, qui contiennent le matériel complet d'une division militaire comprenant les Districts cédés joints au royaume de Mysore.

A partir de l'année 1816, on a fait sortir de l'enceinte fortifiée tous les indigènes qui l'habitaient, en les indemnisant, pour les transplanter dans une ville nouvelle et fort voisine. Vingt ans plus tard, cette population, très-favorablement placée pour le commerce, s'élevait à 20,000 âmes, nombre qui doit beaucoup s'accroître.

Au sud-ouest du fort est établi le cantonnement central de la division, avec ses casernes, ses bazars, etc. C'est un des plus grands et des plus beaux de l'Hindoustan.

Du côté du nord, le district de Bellary, comme celui de Kurnoul, est séparé par la Tongaboudra des États du Nizam d'Hyderabad; du côté de l'ouest, il touche au riche pays de Dharwar, à travers lequel il pourrait communiquer avec la mer. La distance, à vol d'oiseau, de Dharwar à Bellary, n'excède pas cinquante lieues.

3. *District de Kuddapah.*

Ce district s'étend au sud-est des deux précédents, et, comme on va le voir, par rapport à son étendue, il est le plus peuplé des Districts cédés.

Territoire et population.

Superficie. . . . .   3,444,182 hectares.
Population . . . .   1,451,921 habitants.
Habitants par 1,000 hectares. .   421

On a bâti *Kuddapah* sur les bords de la rivière Bogawumka, à deux lieues seulement de la rivière Penâr septentrionale; dans le voisinage, on a placé le cantonnement militaire, qui n'est pas sans importance.

Situation géographique : latitude, 14° 28′; longitude, 76° 32′ à l'est de Paris.

Chemin de fer de Madras à Bombay. — Un chemin de fer partant de Madras, à quarante-deux lieues de cette ville, passe auprès de Kuddapah, dont il accroîtra la prospérité. Un embranchement essentiel doit conduire à Bellary pour unir le chef-lieu de la Présidence avec le grand centre militaire des Districts cédés.

Faisons remarquer que Kurnoul et Bellary appartiennent à la contrée productrice du coton, qui se prolonge de l'est à l'ouest jusqu'à Dharwar et à Belgaum.

S'il est possible de rendre navigables dans la majeure partie de leur parcours les fleuves Penâr et Kistna, comme l'entreprend la puissante Compagnie des irrigations et de la navigation, c'est par ces voies navigables qu'il deviendra le plus avantageux de conduire à la mer les cotons des Districts cédés.

La mort de sir Thomas Munro et les honneurs décernés à sa mémoire dans les Districts cédés.

Fidèle à notre système de rendre un pieux hommage à la mémoire des hommes éminents qui se sont montrés les bienfaiteurs des peuples dont ils ont été les gouverneurs, nous devons payer une ample dette à l'administrateur qui commença la régénération des Districts cédés; nous, avons fait voir comment il a su les tirer de l'anarchie et les régir avec autant d'humanité que de justice.

Un quart de siècle après avoir rendu ces premiers services, sir Thomas Munro devint gouverneur de la Présidence de Madras, ce qui lui permit de répandre sur les trois Districts d'importants et nouveaux bienfaits. Au bout de huit années, arriva le terme naturel de ses hautes fonctions; avant de quitter l'Inde pour toujours, il voulut dire un dernier adieu aux amis qu'il possédait chez ses anciens administrés les plus chéris.

Quand il entreprit ce voyage, dans les premiers jours de 1827, il jouissait de la santé la plus parfaite et ne fut pas arrêté par la nouvelle que le choléra s'était déclaré sur la route qu'il voulait parcourir. Entouré d'une faible escorte, il arrive à Gonty, cantonnement militaire; là, pour la première fois, l'épidémie pénètre dans son camp.

Le jour même de son arrivée, il avait appris avec bonheur, en interrogeant les cultivateurs, à quel point leur sort s'était amélioré. Ensuite, il avait traité des affaires de finance avec le collecteur du district, quand tout à coup la maladie lui fit sentir un premier et faible symptôme; bientôt son état s'aggrava avec une extrême rapidité. Avec les années, il avait perdu par degrés la sensibilité de l'ouïe; lui-même fit remarquer aux amis dont il était entouré que chez lui le sens de l'ouïe semblait recouvrer sa puissance, en même temps que sa vue s'affaiblissait. Ces paroles furent les dernières qu'il fit entendre, et peu d'instants après il expira.

Cette mort si soudaine fut le sujet d'une douleur non moins vive chez les indigènes que chez les Européens;

le deuil était universel, parce que l'homme ainsi regretté s'était fait des obligés et presque des amis personnels de tous ses administrés, pendant cinquante années de paix et de guerre, à travers les alternatives des bons et des mauvais jours.

Chez les Européens et chez les natifs, chacun regardait sa mort comme une perte de famille, autant et plus encore qu'une perte nationale.

Les habitants des Districts cédés, afin d'honorer sa mémoire, résolurent d'ériger par souscription publique une maison hospitalière, une *Choultry,* qui porterait son nom et serait placée sur la route de Gonty, lieu de sa mort, et non loin de son tombeau. Ils voulurent que cet asile fût utilement décoré par un magnifique bosquet d'arbres fruitiers et qu'il fût ouvert à l'hospitalité. Pour compléter l'œuvre de la reconnaissance, l'autorité de Madras fit les frais d'un réservoir d'eau pure, qui servirait à désaltérer les voyageurs accueillis sous le toit de la Choultry Munro et qui répandrait la fraîcheur sur la végétation circonvoisine.

Une dotation fut constituée, afin de solder les serviteurs nécessaires pour prendre soin de l'établissement et veiller au tombeau qui reçut la dépouille mortelle de l'homme d'État à jamais regretté. Nous trouverons à Madras, non pas un plus touchant, mais un plus éclatant hommage rendu pour honorer sa mémoire.

Existence corrélative des indigènes et de sir Thomas Munro.

Ce qui caractérise cet ouvrage, c'est qu'en l'écrivant nous avons voulu, non pas offrir une abstraite théorie sur les progrès de l'Inde, ses peuples et ses arts, mais faire connaître les hommes qui ont influé sur cette prospérité, tels qu'ils ont été dans leur vie et leurs actes importants. Sous ce point de vue, nul ne mérite notre étude autant que l'homme supérieur dont nous venons de rappeler la mort inattendue et les regrets profonds qu'elle a causés.

Depuis le jour où l'aspirant au dernier grade de l'armée arrivait pauvre à Madras jusqu'à cette fin du gouverneur de trente millions d'hommes, il s'est écoulé quarante-sept années, pendant lesquelles il a servi les intérêts et développé le bien-être non-seulement des Européens, mais surtout des indigènes, qui l'ont aimé comme un père. Redire sa vie et ses services, c'est expliquer leur sort pendant près d'un demi-siècle; chose admirable! la biographie d'un homme devient celle des populations mêmes au milieu desquelles il a vécu, administré et combattu.

En 1761 naissait à Glasgow Thomas Munro, fils d'un commerçant honnête. Il recevait une forte éducation dans ce célèbre collége, qui comptait parmi ses professeurs : Adam Smith, préparant déjà ses titres à la renommée; Blake, l'illustre chimiste, qui jouissait de toute sa gloire; et James Watt, qui, chargé de raccommoder un petit modèle de machine à feu d'après Newcomen, commençait par créer la théorie de la vapeur. A dix-huit ans, Munro finissait ses études, au moment où son père voyait sa fortune perdue par suite des triomphes qu'obtenaient les colonies anglo-américaines révoltées.

Des amis officieux obtiennent pour son fils une humble place de cadet dans les troupes anglaises de l'Inde; il s'embarque sur un des grands vaisseaux de la Compagnie, et, pour payer son passage, il sert en qualité de matelot. Il débarque à Madras et s'estime trop heureux d'obtenir des appointements bornés alors à 50 francs par mois.

Après avoir payé bravement de sa personne dans la guerre contre le sultan Haïder Ali, au bout de six ans

Munro sort de cette misère; il devient simple lieutenant
d'infanterie. Aussitôt il fait deux parts de sa solde, et la
première est pour sa mère.

Dans sa dixième année de service, il écrit à l'une de ses
sœurs : « Pour modérer vos imaginations sur le luxe de
l'Orient, je voudrais que vous fussiez témoin de la position désespérée des vieux garçons, officiers subalternes
dans l'infanterie. Vous pensez peut-être qu'ils mènent
cette vie de satrape que l'on vous représente au théâtre.
Vous croyez que moi, par-dessus tous les autres, j'étale
un luxe prodigieux, que je sors accompagné d'un essaim
d'esclaves, monté sur un éléphant, assis sur un trône
ambulant et sous un dais aérien, drapé que je suis dans l'or
et la soie, inondé de gaze, et ne respirant qu'un air em-
baumé, rafraîchi par les éventails dorés de mes serviteurs!

« En réalité, ma couche royale est le plus modeste
paillasson. Quand je vais à la promenade, je porte un
vieil habit râpé, qui cache à peine les *fissures* de ma che-
mise, assez mesquinement raccommodées. Jamais, avant
de venir ici, je n'avais connu la faim, ni la soif, ni la
fatigue, ni la pauvreté; de ces quatre souffrances, j'ai
souvent éprouvé les trois premières, et la quatrième
est restée mon inséparable compagne. » Munro n'a garde
d'ajouter que s'il eût mené la vie d'un froid égoïste,
ne réservant rien pour sa famille, il aurait eu non pas
le luxe, mais du moins la modeste aisance et le confortable d'un officier immédiatement au-dessous du rang de
capitaine.

Dès 1790, il faut voir comment ce lieutenant, qu'as-
siégent ainsi les besoins matériels, étend fièrement ses
regards et montre déjà sa rare perspicacité en appréciant
la valeur relative des trois souverains indigènes dont les
États emprisonnaient les deux Présidences de Madras et de

Bombay. Il soumet à son examen Tippou, sultan de Mysore, le Peschwa des Mahrattes et le Nizam du Deccan. Il s'indigne d'une politique méticuleuse avec excès; il voudrait que l'on commençât, et sans retard, une guerre de renversement contre le récent empire mysorien, l'ennemi mortel des Anglais. Il fait voir en quoi cet État musulman, accru par des conquêtes incessantes, est incomparablement plus redoutable que l'État mahratte. « Le premier, dit-il, présente à la fois l'autocratie la plus simple et la plus despotique de la terre; toutes les parties du gouvernement ont la régularité, l'ensemble et la force d'impulsion créés par le génie d'Haïder-Ali, son fondateur. Là, toute prétention qui s'appuie sur la haute naissance est aussitôt repoussée; les anciens chefs indépendants ont été détruits, chassés ou domptés; une même justice, inflexible, pèse sur chaque classe; l'armée, nombreuse, est vigoureusement disciplinée; presque tous les hauts emplois sont donnés à des hommes tirés de l'obscurité, mais qui payent sans marchander de leur personne : ce qui donne, dit-il, à ce gouvernement une énergie sans exemple dans l'Inde. Tippou possède une armée de 110,000 hommes; il fait pratiquer avec la plus grande ponctualité les enseignements de la tactique européenne. Il a rédigé luimême un manuel d'exercices, Munro se l'est procuré, pour initier son état-major à toutes les manœuvres pratiquées en Occident, ainsi qu'à quelques autres *inventées par lui* : dans ce livre, il expose les préceptes nécessaires pour marcher, camper et combattre. A tous ces apprêts extraordinaires ajoutez que Tippou-Sahib est un fanatique, passionné pour une religion qui fait consister le bonheur de ses élus dans la destruction des autres croyances. »

C'est au fond d'une obscure garnison, c'est dans une lettre à son père, qui n'était pas destinée à voir le jour, que nous trouvons cette appréciation si remarquable au double point de vue militaire et politique ; dans la même lettre, il fait connaître, avec non moins de supériorité, la confédération mahratte et ses sources de faiblesse.

Bientôt la guerre éclate entre les Anglais et le sultan Tippou ; Munro juge le sultan sur les champs de bataille avec la même profondeur qu'il avait développée lorsque le voile de la paix laissait tout à deviner.

On devait tôt ou tard appeler à l'état-major général un officier d'un si rare mérite ; il avait senti l'importance de se rendre familiers l'hindoustani et le persan, parlés dans les cours indo-musulmanes. Il doublait par là l'efficacité de ses moyens comme militaire et comme interprète.

La paix conclue, la Compagnie s'estime heureuse de faire entrer cet officier dans l'administration d'une des conquêtes faites sur le sultan. A cette époque, il rend les services, si distingués, que nous avons fait connaître au sujet du pays de Baramahâl (voir pages 5o4 et suiv.).

En 1796, le Peschwa des Mahrattes meurt et sa succession est sur le point de mettre en feu le midi de l'Inde. Aussitôt Munro discerne avec sa perspicacité accoutumée le véritable intérêt britannique ; il montre le but vers lequel on doit tendre. Prévision singulière ! les mesures qu'il suggère de prime abord sont précisément celles que prendra, quatre ans plus tard, le marquis Wellesley pour tirer parti des victoires qu'aura su préparer ce politique incomparable. Écoutons Munro, simple capitaine détaché de l'armée afin de remplir un emploi financier, et s'élevant par ses méditations à la hauteur d'un homme d'État :

« Nous devrions souhaiter la subversion totale et des Mahrattes et du sultan de Mysore, même quand nous n'aurions à recueillir aucun débris de leur héritage. Certes il ne nous est pas indispensable de rester spectateurs

inactifs et désintéressés; nous pourrions nous assurer une
importante part dans la dépouille des belligérants, si,
lorsque arrivera la chute de Tippou, nous obtenions seulement le bas pays qui borde la mer occidentale. »

Il voudrait qu'on se réservât la province du Malabar,
le district de Seringapatam et celui de Bangalore, en y
joignant les territoires situés entre ces districts et les
possessions anglaises. « Par ces acquisitions, dit-il, notre
pouvoir serait bien plus augmenté que ne pourrait l'être
celui des Mahrattes par l'acquisition de tout le reste du
royaume de Mysore. En effet, ce qu'on appelle des bar-
rières naturelles, ou rivières, ou montagnes, a rarement
arrêté des ennemis entreprenants. Les meilleures bar-
rières sont des postes avancés desquels il soit aisé d'as-
saillir l'ennemi et de pénétrer dans son pays; or Bangalore
et Seringapatam sont excellents pour conduire à ce but.

« La balance du pouvoir devrait être établie d'après les
mêmes principes, en nous rendant nous-mêmes si puissants qu'aucun de nos voisins n'ait plus la témérité de
nous troubler. Cela fait, leurs luttes intérieures et leurs
révolutions ne devront plus en rien nous préoccuper. »

Eh bien! parmi les dépouilles de Tippou, le Malabar,
Seringapatam et Bangalore sont précisément celles qu'en
1799 et 1800 le marquis Wellesley s'est empressé de réserver pour la part léonine de la Compagnie des Indes.

Munro devine déjà la suzeraineté que doit exercer
l'Angleterre sur l'Hindoustan tout entier. Avant l'arrivée
du grand politique, avant qu'on ait dans l'Hindoustan la
moindre nouvelle d'une expédition française en Égypte, il
écrit ces lignes mémorables (21 septembre 1798):

« L'unité, la régularité, la stabilité de nos gouvernements dans l'Inde britannique, depuis qu'on les a tous
placés sous la suprématie du Bengale et notre grande

force militaire, nous donnent dès à présent une supériorité si complète sur les pouvoirs toujours changeants et toujours chancelants des princes natifs, que, si nous saisissons les temps et les occasions, en faisant de nos ressources un usage vigoureux, nous pourrons, sans beaucoup de périls ni de dépense, étendre notre domination; nous le pourrons dans un prochain avenir sur une vaste partie de la péninsule. Notre premier soin devrait être la destruction complète de Tippou-Sahib (dont la décadence rapide n'est encore soupçonnée de personne autre que Munro). Nous n'avons à renverser ni lois ni constitutions antiques. Chez ce sultan, tout est nouveau; chez lui, pas d'autre législation que le caprice et l'arbitraire du maître. Nous n'aurons pas un peuple à subjuguer et pas d'orgueil national à briser; nous n'entrevoyons pas même contre nous d'animosités qu'il faille apaiser. Dans l'Inde, il n'existe point de nations différentes, comme nous offrent en Europe les Français et les Espagnols, les Allemands et les Italiens. Ici, les populations ne composent qu'un même fond de race et de mœurs. Quel que soit leur gouvernement, elles restent hindoues; il leur est indifférent de vivre sous des chrétiens, sous des musulmans ou sous leurs propres radjahs. Elles ne prennent aucun intérêt aux révolutions politiques. Dans leur pensée, la défaite et la victoire ne les concernent pas; c'est le bon ou le mauvais sort de leurs maîtres : elles n'ont pour ceux-ci nulle préférence, à moins qu'ils ne respectent leur religion ou qu'ils n'allégent leurs impôts. Donc, quand nous voyons un État indien qui s'écroule et quand chacun s'apprête à partager ses dépouilles, il est absurde de prétendre que nous seuls ne devrons jamais agrandir nos domaines. » C'est ainsi que Munro repoussait, avec son ardent patriotisme et son instinct supérieur, la vaine théorie du Parlement pour interdire l'extension des limites britanniques dans l'immense pays de l'Inde.

Son regard d'aigle avait rapidement apprécié la soudaine décadence, ignorée en Europe et même en Asie, du gouvernement de Tippou, dont il condamnait la folle ambition. « Toutes ses proclamations, tous ses ordres, disait-il, respirent la haine contre ceux qu'il appelle *les Infidèles*, *les Caffres*, c'est-à-dire les Européens ; aux Anglais surtout, ce téméraire prodigue à chaque instant l'injure et l'exécration, quand, devenu faible et nécessiteux, il devrait plus que jamais trembler devant la force européenne.

« Voici comment étaient conduites ses finances. Il avait divisé son royaume, à peine aussi grand que la moitié de l'Angleterre, en trente-sept provinces et douze cents districts ayant chacun son fermier fiscal supérieur, avec un nombre incroyable de percepteurs subalternes, que rien ne pouvait rassasier. Auparavant, il suffisait d'abandonner 20 p. o/o de la perception pour obvier aux non-valeurs ; désormais c'était 5o p. o/o ! Tippou devinant le génie de certains États d'Occident, pour seul moyen de porter remède aux abus, multipliait les fonctionnaires et donnait à chaque province deux intendants, *deux rongeurs au lieu d'un seul*. Dans sa stupide intolérance, il ne voulait que des mahométans pour intendants financiers et pour percepteurs. Il ne daignait pas s'informer, au sujet des collecteurs, si beaucoup d'entre eux ne savaient ni lire, ni écrire, ni compter ; et trop souvent il les tirait des derniers rangs de la soldatesque, après des revues où leur bonne mine à cheval était un titre au choix qu'en faisait le maître pour des emplois financiers ! Sa prodigalité multipliait aussi le nombre des chefs militaires, quoiqu'il vît diminuer le nombre de ses soldats ; il avait fini par créer 15o généraux pour une armée qui n'excédait pas en troupes régulières 28,000 piétons et 8,000 cavaliers; les rapports officiels indiquaient cependant plus de 30,000 des premiers et 12,500 des seconds. Au contraire, Haïder-Ali, quand il faisait trembler le midi de l'Inde, n'avait pas dix généraux pour commander 40,000 cavaliers et 60,000 soldats, tant d'infanterie que d'artillerie.

« Dans une armée affaiblie à ce point, la solde était de plus en plus arriérée, et lorsque Seringapatam fut prise d'assaut, depuis quatorze mois les combattants n'avaient reçu que de misérables à-compte sur leur solde régulière.

« Les cruels châtiments que souvent il infligeait, sur les soupçons les moins fondés, avaient mis un terme à toute correspondance privée; ses plus proches parents n'osaient pas s'écrire entre eux et s'envoyaient des messages verbaux quand il s'agissait de leurs affaires personnelles. » On le voit, rien ne manque à cette grande peinture.

La capitale du sultan prise d'assaut par les Anglais et les dépouilles du vaincu partagées suivant les bases qu'avait préconçues le pénétrant Munro, le marquis Wellesley le nomma Secrétaire de la Commission chargée de réorganiser le royaume de Mysore. Quelque temps après, il reçut l'ordre d'administrer en chef la contrée peu fertile et très-arriérée du Canara, dans le Malabar; c'était l'une des trois acquisitions que la Compagnie des Indes avait faites aux dépens de Tippou-Sahib.

Administration du Canara. — Munro trouve un pays dévasté par la guerre, et les habitants occupés à relever leurs habitations brûlées. Cependant, ici, fait-il observer, l'incendie d'un village n'est pas une aussi grande calamité qu'on pourrait se l'imaginer; car les maisons de la plupart des habitants sont si misérables, qu'en deux jours de travail un homme et sa famille suffisent pour réparer à peu près le désastre. Chez les classes moyennes, 8 à 10 roupies

(20 à 25 francs) défrayeront tout le dommage que la maison et son intérieur auront souffert dans un incendie.

On avait promis à Munro de le récompenser pour ses excellents services dans le pays de Baramahâl [1]; on n'a pas tenu cette promesse. Comme il ne faisait point partie du *grand service covenanté*, il avait contre lui l'administration supérieure des finances : aussi, lorsqu'il reçut la mission du Canara, fut-il traité sordidement au point de vue financier.

L'état moral et politique du Canara n'était pas moins déplorable que l'état physique. Opprimés et pauvres, les chefs du pays avaient appris à tromper : ils s'appliquaient à corrompre toutes les fois qu'ils ne pouvaient voler à force ouverte; les ryots eux-mêmes étaient une race fort turbulente. On s'expliquera de tels faits en se rappelant que ces cultivateurs ont deux fois perdu les conditions avantageuses d'après lesquelles ils faisaient valoir la terre : une première fois, lors de la conquête d'Haïder-Ali; une seconde fois, sous le régime de la Compagnie des Indes. Avant de tomber sous le joug musulman, la redevance foncière n'était probablement pas plus pesante que dans la plupart des pays de l'Europe. Lorsque, vers 1795, les finances de Tippou furent tout à fait dérangées et qu'il ne toucha plus que 50 p. o/o des taxes payées par le peuple, les chefs du pays se joignirent aux percepteurs du sultan pour prendre part au pillage, afin de pouvoir retirer 20 à 25 p. o/o de plus sur la redevance des terres et recouvrer de la sorte une partie des droits qu'ils avaient perdus. C'est au milieu de ce chaos qu'il fallait rétablir quelque ordre.

Munro s'attristait d'avoir à remplir sa difficile mission dans un pays pour ainsi dire isolé du reste du monde. « Je

---

[1] Munro avait passé sept ans de sa vie à diriger l'administration du Baramahâl.

n'ai jamais eu l'idée, dit-il, de passer mes jours sur la côte du Malabar, absolument séparé de la grande scène militaire et politique de l'Inde. Qu'on me laisse retourner en Baramahâl; j'y serai prêt à marcher pour la première guerre, qui ne peut pas être fort éloignée. » Le colonel Wellesley, depuis duc de Wellington, digne de l'apprécier et qui l'aimait, s'efforçait de favoriser ce dessein.

Écoutons le récit que fait Munro de sa vie sous la tente, au milieu des cultivateurs qui se plaignent à lui. Sans cesse ils s'écrient : « Nous n'avons pas de blé, pas de bétail, pas d'argent; comment pourrons-nous payer nos rentes? » C'est toujours là leur langage, et tel il doit être. Les gouvernements oppresseurs ayant eu pour unique objet de leur extorquer tout ce qu'ils pouvaient en arracher, leur défense, constamment la même, est d'attester leur indigence, de l'attester dans tous les cas, dans tous les temps. Trop souvent, hélas! avec raison, ils redoutent, s'ils se taisent, qu'on les fasse payer davantage. Je vais donc être persécuté par la fausseté de leurs allégations pendant des mois entiers; je le serai jusqu'au moment où tous verront que, comptant pour rien leurs vaines paroles, leur silence ne m'est pas un motif de les imposer davantage. »

Au sujet de ses administrés, il dit encore : « Sur le revenu de leur terre, s'ils mentent toujours, en suivant l'usage pratiqué dans tout l'Hindoustan, ce n'est pas qu'ils soient adonnés par nature au mensonge; car ils sont simples, inoffensifs, *et possèdent en eux autant d'amour du vrai qu'aucune autre race humaine.* Mais comme un gouvernement inquisitorial et spoliateur a toujours fouillé dans le fond de leurs affaires pour accroître le fardeau de leurs impôts, ils se croient forcés de nier la vérité sur leur avoir, comme unique moyen de sauver le peu qu'ils épargnent. »

En 1799, Thomas Munro, après vingt ans de services,

avait été nommé major, grade intermédiaire entre celui de capitaine et de lieutenant-colonel. Bientôt après on l'appelle à l'administration des Districts cédés.

Lorsque le général Arthur Wellesley, qui portait encore le seul nom qu'illustrait son frère, lorsque le futur duc de Wellington accomplissait sa glorieuse campagne contre les Mahrattes, le major Munro lui procurait avec activité tous les approvisionnements que pouvaient fournir les districts dont il était devenu l'administrateur. Il donnait au général, chose non moins précieuse, d'habiles conseils sur les moyens de conduire une guerre toute spéciale et d'organiser les provinces qui successivement tombaient entre les mains du conquérant. Ces conseils désintéressés d'un simple collecteur de contributions étaient acceptés avec une bienveillance à la fois noble et candide par le futur homme d'État qui devait un jour être, avec un extrême honneur, le premier ministre du grand Empire britannique. Non-seulement il accepta les conseils militaires d'un simple major; il fit plus. Après sa victoire d'Assye, remportée par 5,000 hommes, et non pas tous Européens, contre 45,000 natifs que commandait le célèbre Holcar, le général Wellesley voulut adresser à son ami Munro la description raisonnée des manœuvres et du combat, en le prenant pour arbitre entre ses envieux et sa victoire. La réponse, vraiment sincère, met en balance avec une parfaite impartialité les critiques et l'approbation; elle finit par ces nobles paroles, qui devaient aller au cœur du héros : « Quoique votre moyen d'attaque ait pu n'être pas le plus sûr, il était sans aucun doute le plus résolu, le plus magnanime; il devait avoir, il eut pour effet de frapper les armées ennemies d'une plus grande et plus durable terreur que n'en aurait produit une victoire gagnée, quelle qu'elle fût, par le doublement de vos forces;

doublement qu'eût procuré la division Stevenson, si voisine de vous, et que vous n'avez pas cru pouvoir attendre. *Par là vous avez élevé plus que jamais le caractère militaire des Anglais, déjà placé si haut dans l'Inde.* »

Devenu par degrés colonel, administrateur, organisateur et pacificateur de trois provinces successives, le Baramahâl, le Canara et les Districts cédés, épuisé par des fatigues surhumaines, Munro pouvait espérer une pension de retraite qui lui permettrait de retourner dans sa patrie et d'y vivre dans une aisance honorable, entouré d'une grande et juste considération.

Il est encore dans l'Inde en 1806, quand le gouverneur de Madras, lord William Bentinck, ouvre avec lui la correspondance la plus intime sur les suites que pouvait faire appréhender la rébellion de Vellore. Le ferme et sage Munro repousse bien loin toute idée de vaine terreur; en même temps, il couvre de dérision et de honte l'imprudence et la folie de ces ridicules militaires justement flétris sous le nom de RED-TAPISTES. « *Si la grande conception du rasoir expérimental* essayée sur la tête des cipayes s'était accomplie sans accident, elle aurait pu ne montrer aux spectateurs qu'une pantomime innocente et niaise, représentée sur un grand théâtre. Mais quand on considère combien d'hommes de cœur ont perdu la vie dans ce jeu puéril et ridicule, qui peut s'empêcher de souffrir pour la dignité de notre caractère national? » On le voit, c'est toujours le même esprit juste, qui pèse avec sagesse, avec profondeur, et les choses et les hommes.

Dans les premiers jours de 1808, Thomas Munro rentre dans la vie privée; il vient à Londres couler de paisibles jours en ami des sciences, des arts et des grands intérêts publics. Auditeur attentif, il étudie les plus importants débats du Parlement, sans se douter qu'un jour il doive comparaître à la barre d'un si grave tribunal et frapper les plus éminents des juges politiques par les lumières qu'il leur apportera sur l'Hindoustan.

Dès la fin de 1812, le Gouvernement préparait les enquêtes nécessaires pour renouveler, en l'améliorant, la Charte qui, de 1813 à 1833, devait régler la gestion et le gouvernement de la Compagnie des Indes : cette Compagnie créatrice d'un si vaste empire, à laquelle les manufacturiers et les commerçants de la mère patrie voulaient arracher le commerce de la moitié du genre humain.

Parmi les dépositions où la plus longue expérience était éclairée par la plus haute raison, le Parlement et la nation distinguèrent surtout celles du colonel Thomas Munro, qui pendant vingt-neuf années avait combattu, administré, gouverné dans l'Inde.

Ce n'était pas seulement contre la Compagnie, accusée de monopole, que les citoyens entreprenaient de faire triompher la liberté commerciale.

Au lieu de laisser Londres concentrer sur la Tamise la navigation et le négoce des mers orientales, ne valait-il pas mieux appeler à la concurrence tous les autres ports des trois Royaumes, non-seulement pour le départ, mais pour l'arrivée des navires avec des cargaisons publiques ou privées? Les questions de cet ordre, qui semblent aujourd'hui très-simples et d'une réponse évidente, étaient alors pleines d'incertitude et d'inconnu; dans un mémoire spécial qui résumait ses dépositions, Munro répand sur ce sujet de vives clartés [1].

Il envisage avec sang-froid la grave question des exportations, que d'avides espérances grandissaient outre mesure aux yeux des métropolitains intéressés dans les

[1] Memorandum on opening the trade with India to the outports : 1ᵉʳ feb. 1813.

fabrications, les armements et les expéditions. Ce n'est pas lui qui veut repousser leurs sollicitations; il se borne à leur signaler quels obstacles s'opposent et, pour long-temps, s'opposeront à des succès considérables. Chez les populations de l'Orient, il fait voir quelles mœurs, quels usages et quelle absence d'une foule de besoins, à l'égard des aliments, des boissons, des vêtements, des ameuble-ments et de l'habitation, contrarient les vastes affaires que les Anglais se plaisent à concevoir pour l'échange immédiat de leurs produits.

Mais cette pauvreté des acheteurs n'est-elle pas née de l'oppression exercée par la Compagnie des Indes? Non, répondit-il avec équité. Dans toutes ces régions, le dé-nûment du foyer domestique est la situation des plus opulents natifs et des moindres particuliers, du plus mince fonctionnaire et d'un vizir chez les princes indi-gènes; à peu d'exceptions près, les musulmans de l'Indus et du Gange imitent la simplicité primitive des Hindous.

En présence de telles mœurs, rien n'est plus difficile que d'introduire la consommation des produits étrangers et de l'accroître. En effet, que peuvent les concurrents les plus empressés, quand l'acheteur refuse leurs offres?

Depuis la plus haute antiquité, par le golfe Persique et par la mer Rouge, les Occidentaux sont allés chercher les mêmes produits de l'Inde, sans parvenir à les payer avec ceux de l'Europe; la nouvelle voie du cap de Bonne-Espérance n'a pas davantage conduit à ce résultat, lors-qu'ont paru les navigateurs partis de l'extrême Occident.

Chose remarquable! ce sont *les envois séculaires* de l'Inde qui figurent parmi les innovations invoquées en 1812 à titre d'importations libres : la soie grége, le coton brut et l'indigo. L'Anglo-Saxon réclame à grands cris la faculté de prendre part aux achats, aux ventes, aux transports de la Compagnie avant le moment des véritables besoins; Munro cherche à modérer les impatiences.

Il considère ensuite la question d'une colonisation européenne, problème dont il signale les obstacles infinis : obstacles qui sont particuliers à l'Inde.

Tel était le profond et mémorable exposé des difficultés soulevées alors, non point par l'esprit de système, mais par la nature des choses; néanmoins la liberté, conquérante irrésistible, gagnait toujours du terrain. Munro, le premier, faisait remarquer que *personne ne contestait aux citoyens anglais la faculté de transporter leurs produits dans l'Inde;* il essayait seulement de modérer les trop rapides espérances et voulait donner de la sagesse aux entreprises.

La plus vive lumière, et la plus utile, est celle qu'il a jetée sur l'état des personnes et de la propriété.

Quel autre, à l'égard de ces deux points, pouvait mieux éclairer le Parlement que Munro, qui pendant quatorze années avait tour à tour administré trois provinces de l'Hindoustan?

Dans un des plus précieux documents qui furent alors publiés, le cinquième rapport sur les affaires de l'Inde, on peut voir quels étaient l'importance et le poids de sa déposition, aux yeux de la Chambre des Communes.

Une très-grave question était soulevée surtout par Thomas Munro : elle portait sur la condition corrélative des propriétaires et des cultivateurs. Longtemps l'Angleterre avait regardé comme un des actes les plus politiques et les plus bienfaisants la législation aristocratique imposée au Bengale, en 1793, par lord Cornwallis. D'après cette législation, les zémindars, *anciens percepteurs indigènes* des revenus du Bengale, avaient été déclarés propriétaires absolus et perpétuels des terres sur lesquelles ils avaient précédemment exercé leurs opérations fiscales.

Par là le chef de village et les simples cultivateurs, les ryots, se trouvaient dépossédés; ils ne pouvaient plus être comparés qu'à ces laboureurs des trois royaumes, simples journaliers ou tenanciers des grands propriétaires de l'Angleterre, de l'Écosse et de l'Irlande.

Munro représentait qu'au Bengale les revenus publics n'avaient pas augmenté depuis vingt ans, et qu'on voyait s'accroître, au lieu de diminuer, l'étendue des terrains abandonnés. En même temps il se plaignait que la justice, par ses formes tout anglaises, éternisât les procès. L'organisation des villages. conservée pendant un si grand nombre de siècles sous les Hindous et respectée par les musulmans, avait été renversée par les Anglo-Saxons; les fonctions municipales héréditaires étaient abolies, et les notables des villages étaient dépouillés de toute espèce d'influence et d'autorité.

On avait paru faire la fortune des zémindars; mais, en les déclarant propriétaires, on se réservait *le droit de les exproprier* s'ils retardaient *d'un seul jour* le payement de la rente qu'ils devaient à l'État. Quand ils se croyaient abusivement surimposés, ils pouvaient en appeler à l'autorité judiciaire; mais les frais étaient si grands et les procès si prolongés, qu'ils conduisaient finalement à la ruine des infortunés réclamants. En peu d'années, presque tous les zémindars primitifs, que lord Cornwallis avait cru transformer pour toujours en aristocratie héréditaire, se trouvaient ruinés et dépossédés; des parvenus, enrichis, endurcis par l'usure, les remplaçaient avec rapidité, et le sort des petits cultivateurs n'en devenait que plus déplorable.

Aux nouveaux venus le Gouvernement anglais concéda le pouvoir de traiter ces cultivateurs comme ils pouvaient eux-mêmes être traités, et de les expulser sommairement. Sans aucun doute les gens du menu peuple avaient le droit de plaider ; mais ils étaient pauvres, et la pauvreté, représentée par leur impuissance, aurait perdu son procès.

Ce sont les monstruosités d'un pareil système qui se trouvent admirablement exposées dans le rapport de 1813 aux Communes sur les affaires de l'Inde, et qui sont expliquées, répétons-le, d'après les lumières jetées sur un tel sujet par Thomas Munro.

La Présidence de Madras, qui n'avait pas précipité les réformes, avait, il est vrai, commencé dans les plus anciennes provinces l'introduction des deux autorités distinctes, imitées du Bengale : d'un côté, le pouvoir uniquement judiciaire ; de l'autre, le pouvoir purement financier, dépouillé du droit de prononcer sur tous les cas relatifs à la propriété. Mais, pour les provinces les plus récemment acquises, l'Administration hésitait ; elle ne s'était pas dissimulé les vices profonds du système Cornwallis.

C'est en de telles circonstances que sir Thomas avait été successivement chargé d'administrer les nouvelles conquêtes, le Baramahâl, le Canara, les Districts cédés, et l'on a vu dans quel esprit généreux sa haute raison les avait régies. Il réunissait tous les pouvoirs civils en sa personne et rendait superflu l'envahissement du pouvoir judiciaire traînant à sa suite les procès ruineux, interminables, et des sentences fatales aux petits cultivateurs.

Une déplorable expérience justifia les appréhensions de Thomas Munro ; car, peu de temps après son départ, on généralisa dans la Présidence de Madras le double système fiscal et judiciaire. La répression effective ne fonctionna plus comme par le passé, et les crimes se multiplièrent avec une rapidité vraiment effrayante.

La mère patrie s'égarait dans les rapports intéressés des principaux chefs ministériels de l'Inde : on n'y parlait que de la prospérité croissante d'un pays où tant de districts éprouvaient de telles souffrances et succombaient sous de telles calamités! Enfin, les autorités de la métropole commencèrent à s'inquiéter du sort des pauvres indigènes et de la responsabilité qui pesait sur elles; on consulta quelques actes officiels envoyés depuis des années par des juges et des collecteurs, actes qui n'avaient pas toujours passé la vérité sous silence. A la même époque, des fonctionnaires éminents, tels que celui dont nous retraçons la carrière, élevaient la voix au milieu de Londres et jusqu'à la barre de la Chambre des Communes.

La lumière se fit. Une Commission royale d'enquête fut instituée, afin d'aller à Madras constater le sort du peuple indigène et proposer les meilleurs remèdes; le colonel Thomas Munro fut choisi pour la présider.

Dans Madras, cependant, le bruit se répandait que la Compagnie des Indes voulait non pas corriger, mais supprimer en entier le pouvoir des juges européens; cette rumeur acquit plus de consistance aussitôt qu'on sut quel était le président des Commissaires choisis pour élucider une pareille question. Le corps entier des *civiliens covenantés* pour la partie judiciaire se proposa de résister par intérêt, par orgueil et, chez les meilleurs d'entre eux, par le sentiment de leur dignité, qu'ils croyaient offensée. Tout dès lors allait tendre à neutraliser, par des obstacles infinis, la Commission réformatrice. Elle n'avait que trois ans pour approfondir toutes les questions, suggérer les mesures à prendre et les moyens de faire face aux difficultés... Le système *ryotwari*, défendu par Munro, établit en principe : que, de toute antiquité, ni l'État ni les zémindars n'ont été les propriétaires du territoire; que, dans l'Inde, il y a toujours eu des possesseurs de biens-fonds à titres aussi divers qu'on en voit aujourd'hui dans l'Europe; et qu'enfin, pour la plupart des cas, la majeure partie des terres appartenait au cultivateur, grand ou petit : au ryot.

Voilà les droits qu'on aurait dû respecter partout où la constatation n'en était pas impossible. Gouverner un peuple arriéré conformément à des lois ayant quelques défauts, mais chéries et comprises par les administrés, vaut mieux cent fois que contraindre ce même peuple à subir d'autres institutions, fussent-elles jugées meilleures par le conquérant, quand elles sont repoussées par ce qu'il appelle si lestement l'ignorance et les préjugés des conquis. On devait respecter les zémindars existants, si leurs droits étaient justifiables; mais pour tout le reste de la nation, il fallait que ce fût au collecteur britannique à traiter directement avec les municipalités rurales et les simples ryots sur la redevance de chacun à titre de propriétaire. On pouvait aussi revenir sur la question originelle des sommes perçues par le zémindar, afin de payer la taxe territoriale, sans léser en rien ce personnage, mais sans lui livrer aveuglément les biens de tout un peuple.

On obtenait l'avantage, ici de conserver, là de faire revivre les institutions indigènes des villes et des villages; en même temps, on remettait en exercice les *jurys indigènes*, si peu connus et si dignes de l'être, appelés *les Punchayats*. On trouvait ainsi le meilleur moyen, avec un très-petit nombre de conquérants étrangers, de gouverner un peuple immense, en perfectionnant peu à peu, sans rien détruire et d'un consentement mutuel, ce que renfermaient d'imparfait les institutions révérées et chéries pour leur antiquité même.

Voilà ce qu'on pouvait, ce qu'on devait faire dans le Baramahàl, le Canara, les Districts cédés et toutes les provinces où ces institutions n'avaient pas encore été détruites par la faux empressée des réformateurs. Les travaux de la Commission d'enquête, conduits dans un tel esprit, n'avançaient qu'à travers des obstacles infinis.

Interruption occasionnée par la guerre des Pindarries. — Au moment où le colonel Munro s'efforce d'aplanir les plus graves difficultés, des masses de cavaliers déprédateurs, connus sous le nom de *Pindarries*, ramas de tous les bandits des pays subjugués par la Compagnie des Indes, se mettent à ravager le centre de l'Hindoustan. Les chefs mahrattes, à condition que leurs États seront respectés et qu'ils recevront une part du butin, les protégent; le mal reflue sur les provinces anglaises, qui subissent des pertes inexprimables. Alors, la Compagnie reconnaît qu'il faut entreprendre une guerre générale contre les Pindarries et les Mahrattes, pour faire disparaître le plus grand fléau des nations indo-britanniques.

Deux armées agissent de concert : la première dirigée par le gouverneur général, lord Hastings, lieutenant illustre de Wellington; la seconde, par le commandant en chef des forces de l'Inde. Tous les colonels de la division de Madras obtiennent des missions de guerre ou des commandements, et le seul colonel Munro ne peut en obtenir aucune; c'est un moyen de le punir du bien qu'il avait voulu faire aux indigènes. Heureusement, enfin, le Gouvernement de l'Inde le pressa d'administrer un territoire cédé depuis peu par le Peschwa des Mahrattes : c'était le pays de Dharwar, qui nous a si souvent occupé.

Administration guerrière du Dharwar par le colonel Thomas Munro.

Il part avec l'autorité qu'on lui confère sur une brigade campée si loin de son territoire, qu'elle ne peut se joindre à lui. Il s'établit à Dharwar, séparé par une énorme distance des deux armées qui marchent sur le Deccan. Cependant les événements se précipitent; la lutte s'établit entre le Résident Mountstuart Elphinstone et le Peschwa des Mahrattes. On s'adresse à l'énergie de Munro, qui n'a sous la main que cinq compagnies de cipayes, un escadron de cavalerie et deux pièces de campagne. Aussitôt il appelle à lui les indigènes, qui tous savent ses bienfaits, et rien qu'en le voyant leurs cœurs sont à lui ! Il ne craint pas d'armer ses nouveaux administrés, et de les faire commander par les officiers du revenu public. A leur tête, il se précipite contre cette multitude de forbans dont les forteresses bordent les deux rives du fleuve Kistna. De ces forteresses, il en contraint à se rendre ou prend d'assaut *plus de vingt-cinq*. Il aura bientôt à soutenir des combats en rase campagne; mais heureusement son faible corps est doublé par un secours venu des Districts cédés, dont il est resté l'idole. Avec de si faibles ressources, il s'avance et remporte la victoire, *en bataille rangée*, contre onze mille Mahrattes : soldats réguliers réunis pour l'écraser. A mesure qu'il conquiert un nouveau pays, il l'organise et soulage les vaincus; il règle avec modération les revenus publics, et parvient à les modérer, comme au sein d'une paix profonde.

En célébrant de tels services, l'équitable, le célèbre général sir J. Malcolm s'empresse d'en faire au gouverneur suprême l'éloge le plus mérité. Il appelle leur auteur *un homme extraordinaire;* homme dont il apprécie, en juge compétent, le rare génie pour la guerre. «Son plan, dit-il, à la fois simple et grand, est si nécessairement justifié par le succès, qu'un esprit tel que le sien *a pu seul l'avoir imaginé*. Il transforme en combattants les conquis, nos sujets d'hier! et ceux-ci prennent les armes pour jouir d'un gouvernement nouveau qui, dans les mains d'un pareil chef, devient l'un des meilleurs de la terre, *one of the best of the world.* Certainement sa popularité le conduit à la victoire; mais cette popularité jaillit de l'expérience, éprouvée si longtemps par les peuples hindous, de ses talents, de sa justice et de ses bienfaits; elle s'appuie précisément sur la double base dont s'enorgueillira tout homme qui pourra réunir à l'habileté la vertu. »

L'éloquent Georges Canning demande à la Chambre des Communes un vote d'actions de grâces en l'honneur des deux armées indo-britanniques, pour les batailles mémorables qu'elles viennent de gagner contre les Pindarries et les Mahrattes. A côté de ces grands faits d'armes, il ne craint pas de placer, et très-haut, les triomphes d'une colonne, faible par le nombre, mais rendue puissante et glorieuse par les succès obtenus, et par *le génie de l'homme d'État* — G. Canning honore de ce titre le général Thomas Munro — *qui l'a conduite à la victoire.*

Tandis que ce guerrier, incomparable pour sa force d'âme et pour ses travaux prodigieux dans les veilles du cabinet, se prodiguait aussi dans les marches et les combats, une ophthalmie l'affligeait à tel point qu'il dut renoncer au commandement qu'il venait d'illustrer par la victoire. Il revint en Angleterre, lorsque finissaient les trois années de sa mission, honoré par les regrets universels des Européens et des indigènes, dans les provinces mahrattes, les Districts cédés, et jusque dans Madras, où tant de méfiances intéressées avaient à l'avance calomnié ses plus pures intentions et paralysé ses idées de réformes.

Le général Munro, gouverneur de la Présidence de Madras.

Il ne fut pas longtemps à Londres sans que le Gouvernement et la Compagnie s'accordassent à lui décerner le gouvernement de la Présidence de Madras, où, comme magistrat suprême, il pourrait généraliser tout le bien praticable dont il avait donné l'exemple pendant sa longue carrière. Il ne put pas refuser; et pendant huit ans, à partir de 1820, il remplit cette grande mission, en déployant la supériorité du talent et la rare vertu dont sa vie avait été le double témoignage incessamment manifesté.

Lord Héber, que le morose Jacquemont accusait *de tout aduler, hommes et choses*, n'a pourtant cité comme les seuls qui, dans l'Inde, aient réuni les suffrages de toutes les races et de toutes les classes, que trois grands fonctionnaires : Mountstuart Elphinstone, sir John Malcolm et sir Thomas Munro. Voilà trois éloges aussi beaux, aussi mérités qu'ils étaient *rares;* et la postérité les ratifie.

COLONIE FRANÇAISE DE PONDICHÉRY.

En 1683, M. François Martin, alors administrateur de la Compagnie française des Indes orientales, fonda la colonie de *Pondichéry*, sur un petit territoire acheté du prince indigène qui régnait dans cette partie du Carnatique; il entoura de modestes remparts un comptoir central admirablement situé sur le littoral, et, par le commerce, il sut le rendre prospère.

Situation géographique : latitude, 11° 55′ 45″; longitude, 77° 31′ 30″ à l'est de Paris.

La colonie, prise par les Hollandais en 1695, nous fut restituée deux ans plus tard, lors de la paix de Ryswick; l'administrateur éminent qui l'avait fait naître devint gouverneur général des établissements français dans l'Inde, lesquels se multipliaient à mesure que nos transactions devenaient plus étendues et plus fructueuses.

Les Anglais, en 1748, amenant sur une forte escadre des troupes nombreuses, attaquent Pondichéry. Après quarante-deux jours de tranchée ouverte, un grand homme, Dupleix, alors gouverneur général, oblige ses adversaires à lever le siége; un tel succès le couvre de gloire.

A partir de 1746, l'éminent politique avait obtenu que l'empereur de Delhi lui conférât le titre de *Gouverneur du Carnatique;* il joue, pendant dix ans, le rôle de protecteur pour le Soubah du Deccan et le nawab d'Arcot; ce dernier devient son tributaire. Dupleix étend le gouvernement des Français sur deux cents lieues de littoral et porte nos revenus nets à 20 millions par année.

Une triste série de malheurs et l'abandon presque complet de notre colonie par le Gouvernement métropolitain nous firent perdre cette puissance, alors sans exemple dans l'Inde. On commit la faute énorme de rappeler Dupleix pour le remplacer par l'incapable Lally-Tollendal : dès cet instant tout fut perdu.

Nous n'écrirons pas ici la suite des infortunes et les vicissitudes de Pondichéry, qui, prise à chaque guerre nouvelle contre les Anglais et restituée à chaque nouvelle paix, nous fut rendue pour la dernière fois en 1816.

Mentionnons avec un juste plaisir M. le vicomte Desbassayns de Richemont, nommé dix ans plus tard gouverneur de Pondichéry; entre autres bienfaits, la colonie lui doit une création industrielle qui fixera notre attention.

De 1829 à 1835, les établissements français ont été gouvernés avec autant d'habileté que d'aménité par l'éminent capitaine de vaisseau M. *de Mélay*, que sa santé délicate éloignait de la mer; ceux qui, comme moi, furent ses appréciateurs et ses amis le regretteront sans cesse.

Aujourd'hui le territoire de Pondichéry comprend trois districts, qui sont ceux de la ville même au centre, de Bahour au sud et de Villenour au nord.

Un rare mérite de Martin, lorsqu'il fonda Pondichéry,

fut d'avoir discerné sur toute la côte la rade foraine où les navires peuvent stationner avec le moins de danger. Elle a deux mouillages : l'un présente des profondeurs de 6 à 12 mètres; l'autre, de 14 à 18 mètres. Le premier suffit et au delà pour le cabotage; le second est capable de recevoir, en nombre illimité, des bâtiments du tirant d'eau le plus considérable.

A Pondichéry, le ressac de la mer est moins violent et l'atterrissage moins dangereux qu'à Madras. On a le projet de construire un embarcadère qui s'avancera suffisamment pour que les navires, soit pour charger, soit pour décharger, puissent l'accoster lors des beaux temps.

Territoire et population.

Superficie.	29,069 hectares.
Population	126,623 habitants.
Habitants par 1,000 hectares. .	4,365

Il faut aller jusqu'à la Chine avant de trouver une telle agglomération d'habitants sur une même étendue de territoire. Elle est d'autant plus remarquable que 20,015 hectares seulement sont en culture, le reste étant occupé par les voies publiques, les monuments, les eaux et les terres encore infertiles, faute de moyens de les arroser.

Faisons observer au lecteur que le pays de Sud-Arcot, qui de tous côtés circonscrit notre colonie, ne nourrit pas, à beaucoup près, autant d'habitants par mille hectares; il présente même aujourd'hui de grands espaces vacants où pourraient être reçus de nouveaux cultivateurs. Eh bien! cet attrait n'excite pas les ryots indo-français à desserrer leurs rangs pour aller si près solliciter des terrains à cultiver ou des industries à professer, et pour vivre moins à l'étroit au sein du grand empire limitrophe.

Il faut songer que le territoire de Pondichéry n'est séparé du territoire britannique, en beaucoup d'endroits, que par un filet d'eau qui coule à peine en été et, dans les autres parties, que par les bornes de champs qui n'ont aucune clôture. Si nos concitoyens hindous trouvaient moins de facilités pour vivre au milieu de nous, s'ils se croyaient plus, malheureux que leurs voisins, un seul pas leur suffirait pour émigrer. Puisqu'ils préfèrent rester dans notre colonie, quoiqu'ils y soient cinq fois plus agglomérés qu'on ne l'est dans l'Arcot, concluons qu'ils se trouvent plus fortunés à tous égards, et qu'ils savent apprécier le bonheur que nos douces lois leur assurent.

Lorsque nous voyons nos établissements de l'Inde orientale, après tous les malheurs que nous avons éprouvés dans cette partie du monde, se relever avec tant d'énergie et prospérer à ce point, est-il possible d'affirmer, comme le font les détracteurs de l'habileté française, que nos compatriotes sont partout incapables de coloniser?..... C'est la persuasion contraire que nous éprouvons; et ce sentiment, ici, va jusqu'à l'admiration.

Améliorations récentes apportées par la métropole au sort des Indo-Français. — Signalons la part qui revient à la mère patrie dans les mesures qu'on a prises depuis quinze ans pour le bonheur des indigènes. Trois fois, dans ce court intervalle, le Gouvernement a répandu ses bienfaits sur les cultivateurs indo-français.

La première fois, et la date en est remarquable, dès le 31 décembre 1851, le chef de l'État recommande aux administrateurs coloniaux d'examiner les questions qui peuvent conduire à l'amélioration du sort des cultivateurs dits *adamomiens :* tenanciers des terres de l'État.

La seconde fois, cette même bienveillance a pour effet, par arrêté du 19 février 1853, d'opérer sur les impôts fonciers, dans la colonie, des remises qui s'élèvent, suivant la nature des possessions, depuis 23 jusqu'à 5o pour cent. Le principe qui préside à ces grands bienfaits est de réduire la rente officielle établie sur les terres *au simple quart des produits bruts;* c'est d'après cette proportion, vraiment modérée, qu'on établira les redevances futures pour les champs domaniaux dont les Indiens voudront entreprendre le défrichement et la fécondation.

La troisième fois, et par le bienfait le plus signalé, les cultivateurs, vraiment réhabilités, sont reconnus propriétaires du sol qu'ils occupent de père en fils : droit primordial et sacré dont les avait dépouillés la conquête musulmane. Nous allons citer textuellement cet acte dont les Indo-Français resteront à jamais reconnaissants :

Décret impérial de 1854. — « Considérant qu'aux « termes de la législation en vigueur dans l'Inde les dé- « tenteurs des terres, dans les trois districts de Pondi- « chéry, n'en sont pas les propriétaires incommutables, « et qu'ils ne tiennent que de l'usage l'exercice incom- « plet des droits attachés à la propriété du sol; consi- « dérant que la reconnaissance expresse du droit de « propriété peut seule attacher le cultivateur au sol et « donner à la terre toute sa valeur productive : Ar- « ticle 1er. A Pondichéry et dans les districts qui en dé- « pendent, les détenteurs actuels du sol, à quelque titre « que ce soit, qui acquitteront l'impôt réglementaire, « sont déclarés propriétaires incommutables des terres « qu'ils cultivent. »

Progrès futurs les plus désirables.

Il faut bien nous garder de croire que l'agriculture et les arts de Pondichéry n'aient pas encore à faire de

grands progrès du côté des instruments aratoires, des
animaux de labour, des engrais, des assolements et des
méthodes de culture. Nous aimerions à voir une Société
d'agronomie tenir ses *Comices agricoles* alternativement
dans l'ouest et dans l'est de la colonie. Il faudrait appeler
les perfectionnements sur nos industries champêtres, sur
l'art de fabriquer l'indigo, le sucre de canne et de palmier.
A l'excellence de nos teintureries il faudrait ajouter
l'enseignement du dessin, qui féconderait la disposition
naturelle des Hindous pour l'élégance des contours et
l'harmonie des couleurs. Pourquoi, d'après l'exemple de
Madras, nos Hindous n'égaleraient-ils pas ces poteries si
renommées par la grâce de leurs formes? Pondichéry
devrait être une école de tous les arts élégants qui sou-
rient le plus à l'imagination des indigènes. Qu'on ouvre
le magnifique rapport de notre savant confrère le comte
de Laborde sur l'application des beaux-arts à l'industrie
et sur le génie des Indiens pour cette application : en
méditant sur un pareil sujet, on finira par concevoir
quel avenir promettent les innovations dont nous mon-
trons ici la perspective.

Aspect saisissant de la campagne.

Autour de la cité qui bientôt captivera nos regards
figurons-nous un pays agréablement ondulé. Malgré quelques espaces encore incultes et réservés pour les féconda-
tions futures, imaginons un vaste jardin naturel, tel que
l'Angleterre elle-même en montre rarement, car il n'a pas
moins de quatre lieues en longueur sur quatre lieues en
largeur. Voyons-le, sillonné par *neuf* rivières ou ruisseaux
et traversé par une foule de canaux irrigateurs, qu'on a
dirigés avec art, pour fertiliser la terre. L'industrie, dans

le même dessein, a multiplié ses grands réservoirs, qui sont remplis par le bienfait des moussons; afin de parer aux temps de sécheresse, elle a creusé des puits nombreux, sans compter beaucoup de sources heureusement découvertes et qui jaillissent du sol. L'opulence de telles eaux, sous la puissance d'un soleil fécondant, avec les fraîches brises de la mer et les présents des pluies périodiques, c'est le trésor qui fait vivre cent vingt-sept mille jardiniers, laboureurs, filateurs, tisserands, teinturiers, indigotiers, sans compter les familles aisées qui savourent avec délices la paix et l'enchantement de ces beaux lieux.

Le parterre délicieux dont nous venons d'expliquer l'hydrographie offre dans tous les sens des routes bien entretenues, embellies, ombragées par des arbres gigantesques; *toutes sont empierrées*, afin qu'une végétation parasite et spontanée, en un seul printemps, ne les rende pas impraticables. Des ponts bien bâtis et durables, qui réunissent l'élégance à la solidité, sont jetés sur les rivières et sur les canaux qui traversent ces routes charmantes.

Des *aldées*, des villages, entourées d'arbres utiles, sont assez multipliées pour suffire à la population, qui croît sans cesse. Admirons çà et là des maisons de plaisance environnées d'élégants portiques et presque transparentes, pour qu'elles soient mieux aérées : des villas, des bungalos, diraient les Crésus des trois Présidences. Seulement ici leur architecture, semblable aux fortunes, est plutôt gracieuse que magnifique. Elles aussi sont entourées, nous dirions presque couronnées par de riches bouquets d'arbres qui, sous un climat sans hiver, portent presque toujours en même temps, comme l'oranger et le citronnier, des fleurs et des fruits, pour charmer deux sens à la fois. Près de là sont des lieux encore plus ornés, où l'art et le goût varient des corbeilles d'autres fleurs et sèment des gazons si frais, qu'ils semblent transportés des bords de la Tamise ou de la Severn aux confins du golfe du Bengale.

La ville de Pondichéry.

Au milieu de cet enchantement qu'offre la géorgique indo-française, voici que s'élève, au bord de la mer, la cité qu'illustra Dupleix. Elle est séparée de l'Océan par le quai Chabrol, qu'on ose comparer à la Chiaja de Naples. A l'exemple de Paris, la ville entière est entourée de boulevards plantés d'arbres magnifiques. Là, le soleil du tropique, avec sa chaleur impérieuse, fait autrement respecter qu'au voisinage de la Seine un ombrage à la fois nécessaire et délicieux. Voyez, arrosées et nettoyées par des filets d'eau, les rues, larges et régulières dans la ville blanche, à l'est; elles ne sont étroites et tortueuses que dans la ville noire. Sur la place principale, ombragée, rafraîchie, comme les rues avoisinantes, voici le palais du Gouvernement, toujours ouvert aux indigènes comme il l'est aux Européens. Mentionnons enfin le phare, qui fait briller sur les mers d'Asie une lumière réfractée et rendue plus puissante par les lampes ingénieuses des Fresnel et des Arago.

1. *Établissement du culte des catholiques européens et des métis.*

On distingue à Pondichéry un premier établissement religieux et colonial : c'est un clergé restreint, dont les membres sont instruits par le séminaire du Saint-Esprit, à Paris. Il est placé sous l'autorité d'un petit préfet apostolique, dont la juridiction comprend les Français catholiques de nos établissements; ce clergé, subventionné par la colonie, n'a pas à desservir, habitants, fonctionnaires et soldats compris, 1,500 Européens et d'assez rares métis.

Le bien qu'il fait est estimable, à coup sûr; mais, comme on le voit, son cercle est infiniment limité.

Parmi les institutions qui se rattachent plus ou moins au catholicisme, il faut signaler les écoles populaires pour les enfants européens ou de sang mélangé. Des sœurs charitables sont adonnées à l'éducation des jeunes filles d'une classe plus ou moins opulente. Ensuite vient tout ce qui console et soulage les misères et les souffrances, les hôpitaux, les dispensaires, le mont-de-piété; sans oublier la caisse d'épargne, qui prospère.

2. *Établissement des Missions étrangères pour les catholiques indigènes.*

À côté des Européens, une partie de la race orientale s'est rangée sous la loi du culte catholique. C'est par l'œuvre des *Missions étrangères*, grande et belle institution dont le centre est à Paris, que ces conversions ont été faites; ajoutons que chaque année les multiplie.

Pour administrer le culte des indigènes, il existe un vicaire apostolique, Mgr Godelle, évêque *in partibus* de Thermopolis, qui comprend dans sa vaste province une partie du Carnatique et du Coromandel. Il réunit aujourd'hui plus de 100,000 chrétiens sous sa juridiction. Sur ce nombre, nous en comptons 9,000 à Pondichéry, 4,000 à Karikal, et peut-être 2,000 dans nos moindres comptoirs.

Le Gouvernement a prié les Missions étrangères de prendre sous leur patronage le Collége colonial de Pondichéry, réservé pour l'instruction secondaire; elles s'en sont chargées, et l'établissement marche avec succès.

Nous ferons remarquer bien davantage les écoles élémentaires pour les jeunes indigènes, et surtout les écoles destinées au sexe féminin. Parmi les Hindoues converties, il en est qui se sont vouées à des congrégations enseignantes. Les écoles qu'elles ont ouvertes ne sont pas uniquement fréquentées par les indigènes catholiques; les mères demeurées fidèles au brahmanisme ne craignent pas d'y faire entrer leurs filles, de même que les Hindous envoient leurs fils aux écoles indigènes tenues sous la direction des missionnaires.

Les maîtres et les maîtresses *ne font aucune propagande* à l'égard de ces enfants. Mais dans les classes, en leur présence, a lieu l'enseignement moral et religieux des élèves catholiques; en ce moment, les élèves brahmaniques écoutent, avec une attention prodigieuse, des paroles qui pourtant ne sont pas prononcées pour eux. Ils entendent proclamer qu'*il est un Dieu tout-puissant, un seul, Créateur du ciel et de la terre* : cela leur suffit, et chez eux devient impossible la croyance superstitieuse en cette foule de dieux bizarres, absurdes, immoraux, qu'ont enfantés les folies du polythéisme. Plus tard, quand les adolescents et les adolescentes, éclairés par cette audition, atteignent l'âge viril ou nubile et de la pleine indépendance, ils viennent accroître le nombre des catholiques

A présent, je ne puis dire sans douleur que l'autorité française regarde *comme complétement étranger* ce clergé français *de nos Missions*, dites *étrangères*, clergé qui prodigue tant de soins aux catholiques *indo-français*. Ces derniers, quoique indigènes, cultivent pourtant leur portion de terre française; ils travaillent, sous la direction de nos concitoyens, dans nos propres ateliers et supportent leur part des contributions coloniales.

Eh bien! le clergé français qui dessert les autels français de nos Hindous ne reçoit pas un centime, ni de la colonie ni de l'État[1]. Il y a plus : lorsqu'un prêtre missionnaire, pauvre et sans appui, est envoyé de Paris dans

---

[1] Excepté pour restituer *les déboursés* du collége e des séminaires.

l'Inde, ou qu'il faut le rapatrier, épuisé de fatigue et non certes de dévouement, la marine de l'État ne lui concède pas même *le passage gratuit* sur un de ses bâtiments. Qui sait! cela coûterait deux ou trois sacs de biscuit, un baril de salaisons, quelque beurre, quelque fromage, et peut-être aussi quelques vivres frais? voilà la dépense redoutée. Un si léger sacrifice, insignifiant pour chaque passager, deviendrait-il effrayant par le nombre des lévites nécessiteux légèrement favorisés? Hélas! non; le diocèse entier de Mgr Godelle n'exige pas plus de *trois ou quatre missionnaires voyageurs* par année, d'un côté pour l'aller, de l'autre pour le retour. Oh! combien je serais heureux si le simple récit d'un pareil oubli de la plus étroite justice distributive faisait cesser une si cruelle parcimonie, et surtout *une parcimonie si peu politique!*

Qu'aurait-on dit à la Martinique, à la Guadeloupe, à la Réunion, si, lors de l'émancipation de 1848, on avait déclaré que les nègres, en devenant libres, resteront *étrangers* au vrai peuple colonial? Que, de plus, le clergé qui desservira la race blanche recevra tout, et que le clergé qui desservira la race noire émancipée ne recevra rien? Quelles exécrations n'auraient pas fait entendre les exigeants négrophiles contre une pareille illibéralité! Cependant, la seule différence apercevable ici, c'est que, dans l'Inde, la race indigène est couleur de bronze au lieu d'être couleur de suie, et qu'elle est placée, comme intelligence, dans un rang infiniment supérieur à la race africaine. Ayons donc la même justice, soit pour l'une, soit pour l'autre, ainsi que pour leurs humbles pasteurs.

Passons des Indes en Afrique. Hé quoi! nous ferons tout pour les musulmans d'Alger, ces prédestinés du bienheureux royaume arabe, où les incendies tiennent lieu d'arrosement et la révolte de fidélité; tout pour leurs

muphtis, leurs cadis, leurs hadjis ; tout pour leurs écoles
grandes ou petites, et rien pour les catholiques hindous.
Nous avons prodigué des milliers de passages gratuits à des
musulmans arabes allant à la Mecque, à Médine, retrem-
per leur horreur du nom chrétien ; et nous refusons le
passage à nos fidèles missionnaires, rares, pauvres et dévoués à la France ! Nous sommes heureux d'ajouter que,
depuis trois ans, les navires subventionnés des Messageries
impériales sont obligés de fournir gratis le passage aux missionnaires de Pondichéry ; mais, hélas ! sans les nourrir.

Données statistiques sur l'état actuel des cultures.

Chaque année, la *Revue maritime et coloniale* fait connaître la situation de ces cultures ainsi que celle du commerce. Aujourd'hui les rizières, éminemment productives,
n'occupent que 6,439 hectares, ce qui n'est pas le quart
du territoire ; les autres espèces de grains emploient 9,653
hectares ; les indigoteries, 1,083 hectares, dont les simples
feuilles produisent une valeur brute de 176,678 francs.

Valeur totale des produits agricoles. 2,133,676^f 00^c
Produit moyen par hectare cultivé. .   109 19

Nous venons de signaler les indigoteries ; faisons remarquer l'indigo comme un des produits que les Français
obtiennent en soutenant la concurrence avec les Anglais
du Bengale : ils la soutiennent *sans opprimer les ryots.*

*L'industrie et le Gouvernement de Pondichéry jugés par les
Anglais.* — Un témoignage de grand poids en faveur de
Pondichéry est certainement celui de M. Ouchterlony,
officier britannique du génie et du cadastre, doué d'un
rare talent d'observation et très-capable de comparer la
situation des diverses parties de l'Inde méridionale. Il
dépose ainsi devant la Commission d'enquête, dans le

palais du Parlement : « J'ai jugé que le Gouvernement de Pondichéry traitait avec plus d'aménité non-seulement les Européens, mais les indigènes, que ne le fait notre Gouvernement ; c'est mon impression. Je pense qu'à Pondichéry tous les fonctionnaires sont plus accessibles que les nôtres ; on leur trouve moins de suffisance et de hauteur. Ils sont, il est vrai, beaucoup moins largement rétribués ; mais je ne sais pas si je dois trouver là le seul motif d'une semblable différence. » Lorsque l'observateur britannique a parcouru la frontière qui sépare notre colonie et la Présidence de Madras, il a remarqué plus de contentement chez les ryots français que chez leurs voisins les ryots anglais : c'est que les premiers sont moins grevés d'impôts et qu'ils sont traités avec plus de douceur.

Filatures de coton, telles que M. Ouchterlony les trouve à Pondichéry. — Ce qu'il a surtout observé, ce sont les efforts des Français pour conserver aux Hindous la filature et le tissage du coton. « Plusieurs filatures de ce genre ont été depuis plusieurs années, dit-il, établies à Pondichéry ; et, lorsqu'elles ont été dirigées avec intelligence par des chefs expérimentés, on a constaté que le revenu *n'était pas au-dessous de trente pour cent par année.* Si grande était la demande des fils fabriqués, qu'ils étaient achetés et payés argent comptant, dès qu'ils sortaient des ateliers ; ils avaient pour acquéreurs les tisserands de la colonie. Par mes observations faites sur les lieux, je me suis convaincu que, si le produit du filage avait été trois fois plus grand, il aurait trouvé sur-le-champ des acheteurs ; toutes ces fabrications appartiennent à l'industrie privée. De semblables filatures, ajoute-t-il, pourraient être établies, avec la certitude du succès, dans les provinces britanniques de Coimbatore, de Salem, de Trichinopoli, de Madura et de Tinnevelli.

« Il est un fait inexplicable pour moi, Anglais : quoique les Français aient possédé pendant beaucoup d'années plusieurs de ces filatures dans leur modeste colonie, pas une seule, du moins à ma connaissance, ne s'est établie dans la région britannique limitrophe; je crois pourtant que des commerçants anglais ont possédé et que peut-être ils possèdent encore *des actions* dans les filatures françaises. Je croirais superflu de s'étendre sur l'effet de tels établissements, employant chacun mille personnes[1] par jour, en y comprenant tous les travailleurs, excepté les très-jeunes enfants de chaque famille, distribuant à titre de salaires des sommes considérables chez les classes les plus pauvres et mettant en œuvre, chaque jour, une quantité presque illimitée du produit fondamental de la contrée (*the staple of the country*). Songeons quel effet en résulterait sur le bien-être de la population et sur le commerce de la province où ces travaux s'exécuteraient ! »

M. le vicomte Desbassayns de Richemont, quand il administrait Pondichéry, de 1826 à 1828, avait profité de la grande puissance que possédait son oncle, l'illustre comte de Villèle. alors premier ministre de France; il s'en était servi pour aider, avec de généreux subsides, à la création de plusieurs filatures à vapeur, établies suivant le système le plus perfectionné qu'on employât à cette époque. C'est d'elles que parle M. Ouchterlony.

Des manufactures qui réunissaient chacune 16,000 broches faisaient travailler 500 ouvriers et produisaient par jour 1,200 kilogrammes de fils; ces fils servaient à fabriquer des toiles dites *de Guinée*, lorsque Pondichéry les envoyait dans nos colonies africaines. Elles y jouissaient alors d'une protection qu'elles ont perdue.

---

[1] Ce nombre est évidemment exagéré.

Une autre manufacture mécanique importante était affectée au tissage de ces toiles.

L'auteur d'une excellente notice sur Pondichéry publiée dans la *Revue maritime et coloniale* pour le mois d'octobre 1863 ajoute aux derniers détails que nous venons d'indiquer :

« Quant au tissage natif, il a subi dans nos établissements la même décadence que dans toute l'Inde. Réduit par la concurrence à circonscrire ses produits, ses seules ressources consistent aujourd'hui dans quelques mousselines, des guinées et divers tissus grossiers, à l'usage des basses classes. Cependant, on trouve encore sur le territoire de Pondichéry 4,126 métiers de tisserand ! »

Ateliers de teinture. — Les sources découvertes dans les champs de la colonie fournissent des eaux excellentes pour la teinture ; les Hindous britanniques des environs envoient leurs toiles blanches dans cette ville, qui les teint en bleu, *avec l'indigo fabriqué par nos ryots.* On ne compte pas moins de 73 teintureries, lesquelles colorient environ 400,000 pièces de toile, mesurant chacune 16 mètres de long sur à peu près un mètre de large.

Commerce de Pondichéry. — Il est encore digne d'attention, et voici l'analyse de la plus récente statistique officielle, publiée au mois de janvier 1865 :

Commerce général des établissements français dans l'Inde, d'après les tableaux réunis des douanes de France et de l'Inde.

1° Commerce entre la France et ses établissements dans l'Inde.	10,949,419'
2° *Id.* de ces établissements avec les colonies et pêcheries françaises	2,433,408
3° *Id.* de ces établissements avec l'étranger...	15,993,826
Commerce total pour 1863.......	29,376,653

Voilà donc, en réunissant les importations aux exportations, un commerce général annuel de 29,376,653 francs,
tandis que la population totale de nos établissements ne
s'élève qu'à 229,057 habitants; ce qui donne, par tête,
une somme d'importations et d'exportations qui s'élève
à 128 fr. 20 cent.

En présence d'un empire indo-britannique où le
total des importations et des exportations surpasse de
beaucoup *deux milliards*, quatre-vingts fois autant que le
commerce des modestes débris de nos comptoirs, il n'est
pas possible que l'Angleterre éprouve le plus léger sentiment de crainte et ressente une jalousie qui ne serait pas
digne de sa grandeur.

*Inexplicables difficultés sur un chemin de fer qui pourrait aboutir
à Pondichéry.*

Comment expliquer ce qu'on a rapporté, que sir
Charles Wood, quand il était Secrétaire d'État pour l'Inde,
avait fait défendre que l'on concédât un chemin de fer
qui rattacherait le territoire de Pondichéry au réseau
des voies entreprises à l'occident de Madras? Ce réseau
trace autour de la colonie française, comme autour d'un
centre maudit, un demi-cercle privé de pareils chemins;
demi-cercle ayant *soixante et dix lieues de diamètre.* Espérons qu'un sentiment moins égoïste et plus éclairé, surtout en faveur des Indo-Bretons répandus sur une superficie de dix-neuf cents lieues, frappée d'interdiction en
même temps que le territoire français, fera revenir l'Angleterre sur une décision que rien ne peut justifier.

Depuis la triste résolution que nous venons, à regret,
de signaler, sir Macdonald Stephenson, l'éminent créateur
du grand chemin de fer entre Calcutta et Delhi, lequel
est aussi le fondateur de la compagnie des *tram-ways* ou

chemins de fer économiques ayant pour objet de compléter et d'alimenter les principales voies ferrées, sir Macdonald est en pourparler avec le Gouvernement français. Déjà, dans le dessein de faciliter l'arrivée d'innombrables pèlerins jusqu'à *Conjeveram*, où s'élève une pagode antique et très-renommée, pour servir un intérêt purement indo-britannique, il entreprend, à partir des environs d'Arcot, un embranchement de tram-way ayant dix à douze lieues de parcours; c'est l'humble rameau qu'il s'agirait *de prolonger jusqu'à Pondichéry*, dans une étendue un peu supérieure à cent kilomètres.

Ce système placerait Pondichéry, par voie ferrée, à près de quarante lieues d'Arcot, tandis que Madras n'est qu'à vingt-cinq lieues de cette ville. Une défaveur de quinze à vingt lieues pèserait encore sur notre colonie.

Il faudrait une autre ligne de tram-ways pour aller directement de Pondichéry à Trichinopoli, sur le grand chemin de fer qui conduit au Malabar; c'est celui que les Anglais concéderaient le moins volontiers. Ils oublient que, Pondichéry ne possédant pas un navire, Madras devrait faire la majeure partie de nos transports, en pesant sur nous avec toute la puissance des capitaux d'un grand chef-lieu de gouvernement britannique, seize fois plus peuplé et plus opulent que la modeste ville indo-française.

IV. — Division du centre, qui contient Madras.

Nous allons pénétrer dans la plus importante des divisions militaires, celle qui contient la capitale de la Présidence. C'est cette cause qui l'a fait désigner comme *centrale*, quoiqu'elle soit incomparablement plus rapprochée des frontières orientales que des frontières occidentales.

TERRITOIRE ET POPULATION.

COLLECTORATS.	SUPERFICIE.	POPULATION.	HABITANTS par MILLE HECTARES.
	hectares.	habitants.	
1. Sud-Arcot....................	1,300,180	1,006,005	774
2. Nord-Arcot..................	1,704,220	1,485,873	872
3. Chingleput.................	703,703	583,402	829
4. Madras.....................	6,993	720,000	102,960
5. Nellore	2,061,381	935,690	454
6. Guntour et Palnad	1,230,768	570,083	463
Totaux..............	7,007,245	5,301,113	756

On remarquera, dans ce tableau, que les quatre premières sections ont une population beaucoup plus condensée que les deux dernières, situées à l'est de Madras,
et jusqu'ici très-imparfaitement arrosées.

1 et 2. *Collectorats du Nord-Arcot et du Sud-Arcot.*

Les deux collectorats d'Arcot et leurs enclaves, y compris Madras, ont été pendant longtemps le territoire
principal qu'habitait le radjah de cette contrée; c'était le
nawab d'Arcot, le subordonné du Nizam d'Hyderabad,
grand feudataire qui régnait sur le Deccan au nom de
l'empereur de Delhi; il y règne encore, mais protégé et
dominé par l'Angleterre.

Le pays d'Arcot suffit à nourrir une population considérable, puisqu'elle n'est pas aujourd'hui moins nombreuse,
à territoire égal, que ne l'est celle de la France.

Mais les cultivateurs y vivent dans un triste état de médiocrité. Cet état tient à l'enfance où se trouve l'agriculture, qu'on s'est pourtant occupé d'améliorer en restaurant et multipliant les puits et les réservoirs qui donnent l'eau nécessaire aux arrosements. C'est d'ailleurs depuis peu d'années qu'on a commencé d'entreprendre les grands travaux d'irrigation qui devront changer la face du pays et procurer l'aisance à tout un peuple. Les observations que nous présentons ici sont communes aux deux Arcot du Nord et du Sud.

Les progrès récents, qui laissent encore infiniment à désirer, nous donnent une triste idée de la situation antérieure. S'il faut en croire les états approximatifs de population dressés vers le milieu du demi-siècle compris entre 1800 et 1850, la population des deux Arcot était bien moindre qu'aujourd'hui, et sa multiplication depuis cette époque aurait été fort remarquable. Il ne faut point s'en étonner; car, au commencement du siècle, par les malheurs de la guerre, la mauvaise administration des princes indigènes et les incroyables prévarications des agents anglais, les deux Arcot étaient tombés dans un état effrayant d'anarchie, de pillage, de décadence et de ruine.

Une foule de villages étaient abandonnés et leurs terrains sans culture; les chaussées d'un grand nombre de réservoirs, dont les eaux sont indispensables dans les temps de sécheresse, étaient tombées en ruine; enfin, beaucoup de canaux d'irrigation étaient obstrués.

On a réparé presque tous ces dommages; on a modéré certaines charges communes. Disons aussi que par l'effet de la prospérité publique, et grâce à l'extension des défrichements, on a quelque peu soulagé le poids de la contribution foncière pour chaque cultivateur, tout en permettant au revenu public de s'accroître sensiblement.

Le commerce de la province était peu considérable ; il s'est développé par degrés.

Aujourd'hui, plusieurs chemins de fer traversent les deux Arcot ; ceux du nord tendent à communiquer avec les grandes cités du royaume d'Hyderabad et du bassin du Gange, et ceux du nord-ouest, 1° avec Coimbatore, Madura et Bépour ; 2° avec Pounah et Bombay. On le voit, de nouveaux éléments de prospérité continuent à se développer pour le vaste pays que nous parcourons.

Les deux villes les plus importantes, Porto-Novo et Cuddalore, sont en même temps les deux ports du collectorat du Sud-Arcot.

Porto-Novo.

Lorsque nous suivons la côte, en avançant toujours vers l'orient, pour pénétrer dans ce collectorat, le premier port que nous rencontrons est celui de *Porto-Novo*, qui se trouve à l'embouchure de la Vellaur ; cette rivière, d'un assez long parcours, prend naissance au nord-est de Salem.

Situation géographique : latitude, 11° 31' ; longitude, 77° 29' à l'est de Paris.

Les guerres acharnées et destructives entre les Anglais et Haïder-Ali, qui se disputèrent Porto-Novo et jusqu'à ses ruines, ont fait perdre à ce port sa population nombreuse et son commerce autrefois florissant.

Compagnie de Porto-Novo pour la fabrication du fer, suivant les méthodes anglaises. — Il y a trente ans, une compagnie puissamment protégée par la Présidence de Madras fut formée pour établir dans ce port une grande fabrication de fer *puddlé*, étiré par des cylindres, en prenant le bois pour combustible. Le minerai de fer était excellent, et nous avons expliqué comment les indigènes avaient l'art de le transformer pour produire l'acier si célèbre en Asie sous le nom de *voutz*.

Cuddalore.

Si nous continuons à suivre le littoral maritime, à vingt-huit ou trente lieues de Porto-Novo, nous trouvons *Cuddalore*, principale cité du collectorat du Sud-Arcot et le siége de l'administration financière.

Une nouvelle Cuddalore s'est élevée sur la rive gauche de la Penâr; elle est grande et populeuse, quoiqu'elle soit sans commerce maritime. On n'a pas daigné la comprendre dans le réseau dés chemins de fer; c'est ainsi qu'on s'est dispensé de joindre par une voie rapide la côte française de Pondichéry avec les points importants de la côte britannique.

Cuddalore s'élève entre les embouchures de la Sud-Penâr et de la rivière dont elle porte le nom; cette rivière se jette dans la mer à cinq lieues de Pondichéry.

Situation géographique : latitude, 11° 43′; longitude, 77° 27′ à l'est de Paris.

Parmi les Anglais, des juges très-compétents ont regretté que la Compagnie des Indes n'ait pas choisi Cuddalore, au lieu de Madras, pour en faire le chef-lieu d'une grande Présidence. Dans cette partie de la côte, le ressac de la mer est moins violent et moins dangereux qu'en face de Madras, et cet avantage est énorme. Avec quelques travaux d'art, il aurait été facile d'approfondir et d'élargir un mouillage intérieur et spacieux à l'embouchure de la Penâr; au moyen du dragage, on aurait triomphé de l'empêchement de la barre, qui ne permet l'entrée du fleuve qu'aux plus petits caboteurs.

Aujourd'hui, la rivière étant obstruée par une barre à son entrée, les navires sont obligés de mouiller à 3 kilomètres de la côte, sur une grande rade ouverte qui leur offre 13 à 15 mètres de profondeur d'eau, avec un fond dont la tenue est excellente.

Cuddalore, opiniâtrément disputée entre les Français et les Anglais, a fini par appartenir à ces derniers; maintenant, le fort qui la défendait n'est plus nécessaire, et bientôt il ne sera qu'un monceau de ruines.

Le bailli de Suffren et ses victoires. — Pour l'année 1783, Cuddalore nous présente deux souvenirs que nous ne saurions omettre ici. Le premier est celui d'une des victoires remportées par l'illustre amiral bailli de Suffren sur la flotte britannique de sir Edward Hughes, qui comptait plus de navires et de canons que son adversaire. Suffren avait reçu de la nature le rare génie de la guerre maritime, et méritait de disputer aux Anglais le sceptre des mers sur les rivages de l'Inde.

Un sergent français qui deviendra roi de Suède et de Norwége. — Voici notre second souvenir, qui date de la même époque : Dans une sortie de la garnison française qui défendait Cuddalore, les Anglais font prisonnier un sergent tombé sous leurs coups; il est de haute stature, de la physionomie la plus intelligente et d'un aspect vraiment héroïque. Le colonel Wangenheim, commandant des troupes hanovriennes au service de Georges III, charmé par ces nobles dehors, traite avec la plus affectueuse distinction ce jeune guerrier, qui fut depuis général, ministre, maréchal et prince du premier Empire français, le même enfin qui devint roi, choisi librement par un peuple belliqueux : c'était Bernadotte. Un quart de siècle après les événements accomplis dans l'Inde, ce maréchal, prince de Ponte-Corvo, ayant conduit son corps d'armée dans le

Hanovre, reconnaît Wangenheim, qu'il n'avait pas vu depuis vingt-six ans; le prince lui demande alors s'il se souvient d'un sergent blessé pour qui le guerrier hanovrien avait été plein de bontés devant Cuddalore : « Le sergent, c'était moi, » lui dit Bernadotte. Dès cet instant, le roi futur apporta tous ses soins à témoigner dignement sa gratitude envers son ancien bienfaiteur.

Forteresse de Vellore; insurrection extraordinaire de 1806.

Vellore est la place la plus importante des deux collectorats d'Arcot. D'abord une route excellente et aujourd'hui un chemin de fer y conduisent de Madras, dont elle est éloignée de vingt et une lieues.

Situation géographique : latitude, 12° 55'; longitude, 77° 29' à l'est de Paris.

La construction de cette place remonte aux premières années du xvi° siècle; elle s'élève auprès de la rivière Palâr et sur la rive gauche, comme la ville d'Arcot, à l'extrémité septentrionale des monts Javadis.

Les remparts, bâtis en fortes pierres de taille, flanqués de tours circulaires, sont entourés par des fossés larges et profonds que couvrent des défenses extérieures. Dans ces fossés tout remplis d'eau, les souverains du Carnatique nourrissaient d'énormes crocodiles : sentinelles redoutées, qui menaçaient avant tout les imaginations.

Cette vaste place avait été fondée en des temps où l'on comptait pour peu de chose les règles qui maintenant président au choix des lieux qu'on a dessein d'entourer de remparts. Elle est complétement dominée par les dernières collines de la chaîne que nous avons indiquée et n'est protégée par aucun défilement.

Vellore était successivement devenue la conquête des souverains mahométans de Bijapour et de Golconde ; plus tard, en 1677, le conquérant Sivadjie l'avait soumise à la domination des Mahrattes. Dans le siècle suivant, les Anglais s'en sont rendus maîtres, et pour toujours.

Après leur campagne si fortunée de 1799, qui se termina par la prise de Seringapatam et la mort de Tippou-Sahib, les vainqueurs firent construire dans Vellore un immense palais ou, pour mieux dire, une énorme prison pour contenir la famille du sultan, qui surpassait de beaucoup en nombre la famille du roi des rois capturée par Alexandre. Le souverain dont le trône était à jamais perdu pour ses descendants laissait après lui *douze fils et huit filles*.

Les femmes et les serviteurs qui jadis peuplaient le vaste harem du monarque asiatique étaient au nombre de huit cents ; tous ont suivi la famille exilée.

On voulut traiter sans parcimonie cette famille qui perdait le trône et la liberté. Parmi les princes, chacun des quatre premiers-nés reçut une liste civile de 125,000 francs et les huit autres fils eurent chacun 75,000 francs ; les filles et les veuves, bien traitées aussi, le furent mieux qu'aucune d'elles n'aurait pu l'être si l'aîné des fils de Tippou eût recueilli paisiblement l'héritage de son père.

Un grand nombre des serviteurs et des personnages attachés à la royale famille vivaient en liberté dans le faubourg extérieur de Vellore, le Pettah, qui s'étend sur les bords de la rivière Palàr.

Comment la paix fut troublée dans la forteresse. — Après sept années d'une reclusion paisible et résignée, des motifs en apparence bien légers ont produit tout à coup les conséquences les plus graves.

Ridicule et danger du Red-tapisme. — On trouve dans l'Inde une classe de chefs militaires au-dessous du médiocre : ils croient pouvoir substituer à la gloire des armes, que leur incapacité ne sait pas conquérir, l'honneur mesquin de réglementations excessives et trop souvent ridicules ou vexatoires; ils sont charmés d'en être les auteurs, et de s'en servir pour avancer dans leur carrière en proclamant ces puérilités comme autant de progrès apportés au grand art de la guerre. Par allusion à l'habit rouge, *red,* que portent les soldats anglais, ainsi qu'à leur coiffure de forme conique, *tap,* ces fanatiques de la forme sont appelés les *Pointus rouges,* les *Red-tapistes;* et leur esprit, aussi tracassier que détestable, est flétri par les vrais militaires sous le nom de *Red-tapisme.*

Au printemps de 1806, un ordre émané du Commandant de toutes les forces de l'Inde était dicté par cet esprit, qui serait trop heureux de n'être que ridicule, dans un pays où le sang est toujours prêt à couler pour sauvegarder des préjugés inexplicables. L'ordre annonçait d'abord que les cipayes de toute l'armée allaient voir modifier leur coiffure, qui cependant était à la fois légère, élégante et parfaitement appropriée à la nature du climat.

Cette première innovation déplut souverainement aux Orientaux; le nouveau turban, par sa forme insolite, devait, assurait-on, ressembler au chapeau rond, si peu commode et si peu poétique, des Occidentaux. J'ai sous les yeux une enquête officielle qui constate que la nouvelle coiffure était une grave offense faite aux préjugés des cipayes [1].

On avait déjà changé leurs gilets et leurs chaussures; mais ce n'était pas assez de modifier leur vêtement, on s'atta-

[1] « This turban was *highly offensive* to the prejudices of the sepoys. »

quait à leur personne. On interdisait au soldat indien de
conserver sur sa figure les empreintes ocreuses destinées à faire connaître la distinction de sa race ou l'éminence de sa caste; on lui défendait de porter des boucles
d'oreilles, ornement héréditaire et chéri; on déterminait
l'étendue, la forme de sa moustache, et presque *la quantité de poils* dont elle devait se montrer garnie! Un ordre
incroyable établissait qu'à cet égard on ne devait s'arrêter
qu'aux limites de l'impossible [1].

Une Commission d'enquête a déclaré que le bruit con-
fus de ces mesures étranges et l'appréhension que l'on
contraignît les soldats à couper leurs favoris (wiskers)
figurent parmi les causes qui facilitèrent la révolte dont
nous avons à rendre compte.

Sans doute, de tels sujets de mécontentement ne furent
pas suffisants pour produire le même effet d'indiscipline
dans les autres cantonnements de l'armée indo-britan
nique; mais à Vellore des motifs particuliers s'y joignirent
et leur concours devint fatal.

Dans cette forteresse, les soldats natifs de l'Inde avaient
sans cesse en leur présence la nombreuse et brillante
famille du sultan Tippou-Sahib, le dernier héros de l'indépendance nationale. Le fils aîné, qui alors comptait déjà
vingt et un ans, s'était ménagé de secrètes intelligences
avec les cipayes et leur promettait, en cas de succès, une
augmentation de solde; il annonçait aussi des secours
extérieurs.

Le 9 juillet 1806, on célébrait dans la forteresse le
mariage d'une des filles du sultan Tippou; dès la nuit suivante eut lieu le massacre des officiers anglais qui com-

---

[1] By commands of His Excellency the Commander in chief it is ordered,
it is directed that uniformity shall be *preserved in regard to the* QUANTITY AND
SHAPE OF THE HAIR UPON LIP, as far as may be practical.

mandaient les bataillons indigènes dont était composée la garnison. Au-dessus de l'étendard de la Compagnie, on arbora celui du sultan renversé par cette puissante souveraine, étendard qui portait au centre un soleil d'or sur un fond rouge traversé de bandes *vertes :* la couleur qui n'appartient qu'aux descendants de Mahomet.

Heureusement les cipayes et bientôt aussi les princes, après l'assassinat et le pillage des officiers européens, épouvantés de leur audace, finirent par se sauver avec leur butin, au lieu de rester en armes, prêts à soutenir un siége, dans la formidable forteresse.

Ce qui me paraît digne de remarque, c'est que les troupes indiennes de Vellore offraient une nombreuse réunion d'hommes qui différaient de races, de castes, de pays natal et de religion; malgré de telles divergences, ils ont pu se coaliser dans un but commun de trahison, sans qu'aucun parjure ait trahi les principaux coupables.

Nous croyons devoir reproduire ici les réflexions sensées et profondes qui sont consignées dans l'enquête officielle que nous avons déjà mentionnée :

« Les particularités du costume et l'ornement de la figure sont pour les Hindous et même pour les mahométans un signe visible, un symbole de leurs positions respectives et de leurs rangs au sein de la société. Si l'on se rappelle avec quelle obstination les natifs se cramponnent à leurs coutumes et quelles difficultés ils ont opposées à porter les diverses parties de l'uniforme qu'on a fini par leur faire adopter, il ne paraîtra pas étonnant que les dernières innovations aient blessé leurs sentiments.

« Les cipayes ont présupposé que l'usage du nouveau turban les ferait considérer comme des Européens; ce qui les exclurait, ainsi que leurs parents et leurs amis, des sociétés et des relations de leurs propres castes. Peut-être se trompaient-ils; mais les préjugés ne subsisteraient pas, s'ils pouvaient toujours être dissipés par la raison.

« Les distinctions que procure une caste élevée ajoutent à l'importance personnelle de l'individu dans ses rapports avec l'état social; et le sentiment d'honneur qu'elles créent est plus fort que la peur du châtiment par lequel on prévient même les crimes. Dans l'Inde, les préjugés des conquis ont toujours triomphé des armes du conquérant; ils ont survécu, au milieu de tous les chocs, à toutes les révolutions. Chaque innovation, qu'on hasarde sans y réfléchir, est sujette à ce résultat de faire appel à leurs sentiments froissés; et plus est frivole l'objet qu'on leur prescrit de sacrifier, plus forte est leur répugnance à subir le sacrifice imposé. Rien ne peut sembler plus indifférent à l'honneur national que la longueur des moustaches *réglementées* sur les lèvres d'un cipaye. Cependant, pour l'individu même, les formes consacrées à cet ornement sont un symbole de sa caste; il en fait presque l'objet d'un culte, et la vénération dans laquelle il tient cet objet a produit des révolutions chez certains États orientaux, plutôt que d'en accepter la mutilation.

« Passons aux enfants de Tippou, l'ex-sultan de Mysore. On leur avait préparé l'habitation et l'établissement les plus somptueux. Leurs adhérents les avaient suivis en grand nombre à Vellore, et le Gouvernement avait permis que des fiancés de haut rang arrivassent, pour épouser les princesses, des diverses parties de l'Hindoustan. Naturellement, ces personnes éminentes apportaient avec leurs attachements primitifs beaucoup d'anciens préjugés, que les exilés de Seringapatam accueillaient avec joie. Parlant la même langue, suivant la même religion que les habitants de Vellore, des liaisons s'établissaient aisément et très-vite, entre ces chefs et les principaux natifs qui n'étaient pas trop absorbés par le petit trafic ou l'industrie; tout projet de puissance et d'ambition devait naturellement se présenter et briller aux yeux de ceux que la fortune avait fait naître pour en jouir un jour avec éclat.

« En réfléchissant sur d'autres révoltes de corps indigènes, et plusieurs d'entre nous les ont vues de leurs yeux, en songeant à la politesse avec laquelle ces personnages distinguaient nos officiers, en rappelant *le point d'honneur* qu'ils semblaient prendre pour règle, nous pensons que les cruautés sans motifs et les outrages commis dans les derniers événements sont d'origine étrangère et ne peuvent avoir été suggérés que par un ennemi barbare. »

3. *Collectorat de Chingleput.*

Le pays de Chingleput est la concession musulmane, le jaghire, qu'il faut placer parmi les plus anciennes acquisitions de la Compagnie des Indes britanniques; il constitue maintenant un collectorat dont Madras et sa banlieue sont une enclave.

Son territoire est de forme très-allongée en suivant le littoral maritime; dans ce sens, il mesure près de quarante lieues. Vers le sud, le collectorat se termine à quelques kilomètres de la colonie française de Pondichéry; vers le nord, il finit au point où commence *le lac Salé*, qu'un étroit lido sépare de la mer. La ville qui porte le nom de ce lac est construite sur une île et forme, à proprement parler, la limite du collectorat de Chingleput.

Territoire et population.

Superficie......................	703,703 hectares.
Population....................	583,462 habitants.
Habitants par mille hectares.....	829

Chingleput. — Le chef-lieu de cette province ne peut pas être cité pour sa nombreuse population. La ville est bâtie sur les bords d'un ruisseau très-voisin de la rivière Palàr. Autrefois, l'immense forteresse qui s'élève auprès de la ville était la véritable capitale ; aujourd'hui, les remparts sont devenus inutiles, les murailles tombent en ruines, et des arbres gigantesques couvrent les terre-pleins auxquels étaient adossés les remparts.

Situation géographique : latitude, 12° 41'; longitude, 77° 42' à l'est de Paris.

Poteries remarquables. — A Chingleput s'est développée une fabrication de poteries si distinguées pour le bon goût de leurs formes et pour l'excellence de la matière, qu'elles sont devenues, il y a plus d'un tiers de siècle, l'objet de l'attention et des récompenses du Gouvernement britannique. Aujourd'hui l'on a transporté cette élégante industrie dans Madras, afin d'y former école.

Le territoire du collectorat ne mériterait guère d'être cité, s'il ne contenait pas, comme une enclave, cette grande ville et ses dépendances.

4. *Madras, capitale de la Présidence.*

Cette capitale, aujourd'hui si considérable, avait, il y a près d'un siècle, une importance relative dont elle est à présent déchue et qu'ont acquise les chefs-lieux des deux autres Présidences, Calcutta et Bombay, plus favorablement placées sous beaucoup de rapports.

Situation de Madras, prise à l'Observatoire : latitude, 13° 4' 6" N.; longitude, 77° 56' 15" à l'est de Paris.

Les Anglais eux-mêmes ont porté des plaintes amères contre les agents de la Compagnie des Indes qui, dans l'origine, ont préféré la position de cette ville, afin d'y placer le comptoir principal et le centre de leur commerce, sur la côte qui s'étend de l'embouchure du Gange au cap Comorin. Ils ont affirmé que les Français avaient l'art de mieux choisir leurs positions maritimes.

A Londres, dans le palais de Cristal, on voyait les modèles des bateaux et des radeaux employés pour traverser les formidables vagues qui déferlent du large sur la plage de Madras; ils demandent, pour être manœuvrés, autant de sang-froid que de courage.

En avant de Madras la côte est ouverte; elle s'étend en ligne droite du nord au sud et n'offre pas le moindre abri pour les bâtiments mouillés à distance respectueuse du rivage, exposés à la houle de la vaste baie du Bengale, houle qui se brise sur le littoral avec une extrême violence. Un signal connu des navigateurs est donné, sur l'ordre du capitaine du port, afin d'avertir du péril les navires en rade, à l'approche d'une tempête; s'ils n'appareillaient sans retard, ils courraient risque de se perdre.

Les navires sont mouillés sur une ligne parallèle au rivage et par une profondeur de 12 à 15 mètres. Chaque année, à partir du 15 octobre, un pavillon de signaux reste hissé pendant le jour, jusqu'au 15 décembre, pour prévenir les navires de ne pas séjourner sur la rade. La nuit, les navigateurs qui viennent du large ont le secours d'un phare puissant sur lequel nous reviendrons.

Description de Madras.

J'éprouve, je l'avoue, quelques difficultés à décrire Madras; cependant il importe d'en expliquer la position et d'en bien caractériser les diverses parties, où nous trouvons plus entremêlés que dans Calcutta et dans Bombay les édifices publics et les constructions privées, les Européens et les Asiatiques.

Cette cité, la plus peuplée des trois capitales, en comprenant ses habitations et ses jardins, couvre une immense superficie, qu'habitent 720,000 âmes. Par l'ensemble de ses édifices, de ses cultures et des parties encore vacantes, elle occupe une étendue de trois lieues mesurée sur la côte, et sa largeur surpasse cinq quarts de lieue.

Fort Saint-Georges. — Vers le milieu du littoral occupé par Madras on a construit le fort Saint-Georges : c'est un polygone de forme à peu près semi-circulaire, terminé du côté de la mer par un rempart rectiligne et non bastionné de 450 mètres de longueur; des blocs de rochers jetés en avant de ce rempart le protégent contre les assauts de la mer. Sous le rempart même, du côté de la terre et dans l'intérieur de la forteresse, on a construit de vastes citernes, indispensables pour le cas d'un siége prolongé. Mille à douze cents hommes de *troupes royales* suffisent en temps de paix à la garnison du fort; il y a de plus trois régiments de *troupes indigènes*, casernés séparément dans trois quartiers de la capitale.

Au centre du fort, sur la place principale, est érigée la statue de lord Cornwallis. Par une conception bizarre, on a sculpté sur le piédestal la reddition des enfants de Tippou, à laquelle cet ancien gouverneur général n'a pas pris la moindre part; mais l'orgueil national aimait à placer un pareil souvenir au bas d'un monument érigé dans le chef-lieu de la Présidence où les États du sultan détrôné ne forment plus qu'une simple *province*.

Esplanade. — Au nord, au sud, à l'ouest du fort, s'étend un grand espace inhabité, pour permettre de tous côtés la défense continentale de la forteresse, qu'on peut appeler la clef d'un gouvernement dont l'étendue est presque égale à celle de la France. Cet espace, dans la partie de l'ouest et du nord, est spécialement appelé *l'Esplanade*.

Sur cette esplanade, à proximité de la mer, on remarque un très-beau phare. Ses feux s'élèvent à 38 mètres au-dessus du niveau de la mer; dans leur marche circulaire, ils divisent la durée successive de la lumière et de l'obscurité dans le rapport de deux à trois. Ces feux ont brillé pour la première fois en 1841.

Décrivons maintenant les trois principales parties qui composent la cité même.

La Ville Blanche. — De ces parties, la plus importante s'étend au nord du fort Saint-Georges; là, du côté de la mer, s'élèvent de grands hôtels appartenant aux plus riches maisons de commerce. Ces édifices somptueux, le Palais de justice, où siége la Cour suprême, la Douane, l'Hôtel de la police, présentent une suite de constructions régulières, qu'embellit une longue colonnade au-dessus du rez-de-chaussée. Leur architecture n'est pas sans ressemblance avec celle de la place Louis XV, à Paris; mais elle n'est pas aussi grandiose. Les murs, ainsi que les colonnes formant façade, sont revêtus d'un stuc calcaire remarquable pour l'éclat que le poli lui procure.

En arrière de cette ligne de beaux édifices s'étend, sur une superficie d'environ trois cents hectares, la partie la plus populeuse de la grande cité : là sont concentrés près de 300,000 habitants, parmi lesquels on compte environ 2,000 à 3,000 Européens. En général, les Anglais préfèrent les quartiers les plus rapprochés de la mer et par là les plus favorables au commerce avec la métropole.

Dans la ville septentrionale, nous distinguons un double système de rues longues et larges : les unes, dirigées du nord au sud, sont presque parallèles au rivage de la mer; les autres coupent perpendiculairement les premières. Cet ordre, comme on voit, est très-régulier; mais il a l'inconvénient, sous la zone torride, de ne pas abriter suffisamment la voie publique contre les ardeurs du soleil.

La Ville Noire. — Elle s'étend à l'ouest, en arrière des beaux quartiers qu'on vient de décrire. Quelque peu nombreux que soient les Européens dans ces quartiers, qu'on ose à peine appeler la *Ville Blanche*, ils sont encore infiniment plus rares au sein de la *Ville Noire.*

Ces deux villes, que rien ne sépare, sont entourées par une épaisse muraille, autrefois susceptible de soutenir un siége. Le canal Cochrane est à l'occident, par-delà cette muraille; et sur ce canal est établie une navigation par la vapeur. La tête des chemins de fer qui partent de Madras, comme d'un centre, se trouve auprès de la même voie navigable, à deux kilomètres seulement de la Ville Noire.

Entre le canal Cochrane et la mer, au nord des Villes Blanche et Noire, nous trouvons un vaste faubourg offrant de grands espaces non bâtis encore et circonscrits par la succession des bourgs de Rayapuram, Attapuram et Tandiapoudou.

Franchissons le canal et marchons vers l'occident. Nous entrons sur un territoire appelé *Veperi;* c'est le quartier des petits artisans indigènes, auquel se rattachent les bourgs extérieurs ou faubourgs de Vasarvalli et de Pérambour.

Il faut maintenant compléter l'hydrographie de Madras. A travers les deux derniers faubourgs que nous venons de mentionner, arrive de l'ouest un cours d'eau qui donne le mouvement à des moulins où se fabrique la poudre de guerre; il se jette un peu plus loin dans le canal Cochrane, vis-à-vis l'angle nord-ouest de la cité principale.

Au nord de ce ruisseau s'étendent les *tanks* ou bassins qui portent le nom des deux faubourgs qu'on vient d'indiquer, et qu'ils fournissent d'eau potable.

En descendant de l'ouest vers l'est, suivant un cours

extrêmement sinueux, une seconde rivière, la Kanam, termine au midi le quartier des artisans; elle se divise en deux bras, qui se réunissent à quelque distance pour entourer un grand espace qu'on appelle simplement *l'île*, *the island*. Quoique très-spacieuse, elle n'a pas d'habitations, et peut être considérée, du côté sud, comme faisant la contre-partie de l'esplanade pour faciliter la défense du fort Saint-Georges. Arrêtons-nous au centre de cette île, occupée par le monument du général sir Thomas Munro; saluons la *statue équestre* d'un des gouverneurs les plus illustres et les plus révérés.

Peu de temps après la mort de cet homme supérieur, lorsqu'il venait de gouverner pendant huit années la Présidence de Madras, les Européens et les indigènes remplirent une large souscription et commandèrent au célèbre Chantrey, le premier sculpteur anglais qui florissait à cette époque, un monument qui vivra moins longtemps que le souvenir des nobles vertus de son héros.

Au midi de l'île Munro, nous trouvons au bord de la mer les jardins et le palais des anciens nawabs du Carnatique, et plus à l'ouest le palais et les jardins du gouverneur de la Présidence; ces édifices représentent les dominateurs présents et passés des deux Arcot et de leurs dépendances.

Sur la droite et sur la gauche de la rivière Kanam s'étendent des quartiers isolés dans le voisinage desquels se trouvent : au nord, l'asile des orphelins et celui des lunatiques; au midi, le jardin public de botanique, singulièrement appelé *the horticultural gardens*, c'est-à-dire «les jardins du jardinage des plantes.»

Observatoire. — Construit dans la même partie de la ville, il est devenu le plus remarquable de l'Inde. On a fait exécuter pour cet établissement un grand et beau cercle méridien, qui permettra des observations d'une extrême exactitude; l'instrument égale en précision, en perfection, celui que l'on admire maintenant à l'observatoire d'Oxford.

Observations météorologiques régulièrement publiées. — Des observations météorologiques et magnétiques sont faites trois fois par jour à l'observatoire de Madras, et on les publie officiellement, sans aucun retard.

Le Gouvernement de Madras a décidé qu'il emploierait les communications électriques à déterminer la longitude des points essentiels de la côte occidentale; mais il faut d'abord s'être assuré que l'établissement télégraphique sera partout organisé pour obtenir une parfaite exactitude.

Une avenue magnifique, presque rectiligne, conduit du fort Saint-Georges, à travers l'île Munro, jusqu'au jardin de botanique, au voisinage du lac appelé *la longue Tank;* ce jardin d'acclimatation a beaucoup d'importance.

Établissements d'instruction publique. — Les institutions que nous venons de citer suffisent pour annoncer une capitale où le savoir est honoré. L'enseignement populaire, non-seulement des Européens, mais aussi des indigènes, présente un grand nombre d'écoles bien fréquentées et recommandables pour l'habileté des professeurs de divers degrés.

Madras, premier berceau d'un nouvel enseignement populaire. — Il y aura bientôt quatre-vingts ans que le docteur Bell introduisit dans Madras *l'enseignement simultané*, par lequel des élèves, qu'on a dans la suite appelés *moniteurs*, venaient en aide à l'instituteur primaire; plus tard, on transporta dans la Grande-Bretagne, puis l'on perfectionna, par les soins de Lancaster, la méthode aujourd'hui si connue sous le nom d'*enseignement mutuel*.

Enseignement supérieur. — L'Université de Madras confère les degrés de ses trois facultés aux élèves des colléges formés dans la présidence et soumis à des examens publics.

Société littéraire et presse. — Madras possède une Société asiatique estimée pour son érudition, ainsi qu'une société d'agriculture. Cette ville public des ouvrages originaux et des traductions, de nombreux journaux et même une Revue trimestrielle, à l'exemple des Revues de Londres et d'Édimbourg.

Ville Saint-Thomé. — Au midi du quartier musulman, on traverse sur des ponts deux canaux très-irréguliers avant d'arriver à la troisième et dernière ville, qui porte le nom de *Saint-Thomé*, nom qui rappelle saint Thomas, premier apôtre de l'Inde. Une cathédrale, appartenant au rite arménien, consacre ce grand souvenir.

Libertés de Madras. — Au sud de Saint-Thomé, la rivière Adyar termine le territoire protégé par la suprême cour de justice, comme cité britannique; Madras possède les mêmes garanties et les mêmes libertés dont jouissent Calcutta, Bombay et les capitales de la métropole.

Limite éloignée et salutaire établie pour la perception des droits sur les spiritueux. — Par une mesure très-morale, qu'il aurait fallu depuis longtemps appliquer à nos villes importantes et surtout à Paris, les droits imposés sur les spiritueux s'étendent, sans aucune réduction, *à trois lieues un quart des limites de Madras.* Il en résulte que les débitants de boissons ne trouvent aucun bénéfice à s'établir aux approches de la ville dans le dessein d'offrir à plus bas prix des liqueurs funestes aux classes laborieuses; le trésor et les mœurs trouvent ici leur avantage.

Le spiritueux officiel. — Pour ne rien exagérer, il ne faut pas attribuer au Gouvernement de Madras plus de vertu qu'il n'en possède. Il s'est approprié le monopole de l'*arrack*, eau-de-vie de palmier. Aucun individu n'a le droit de vendre cette liqueur sans obtenir une licence; or, cette licence, on l'adjuge au débitant *qui s'engage à faire consommer la plus grande quantité de l'eau-de-vie délétère. Pour ce motif, on la nomme naïvement* LE SPIRITUEUX OFFICIEL !

Établissement de l'artillerie. — Au sud-ouest du fort Saint-Georges, à trois lieues de distance, est située la station de l'artillerie, station à laquelle on arrive par une route superbe ombragée de grands tulipiers. Sur les deux côtés de cette route, on remarque d'élégantes et riches villas entourées de jardins délicieux.

Après cet aperçu de Madras et de ses institutions, notre devoir est de présenter des considérations et des faits malheureusement très-graves, sur le sort des indigènes dont cette capitale est le centre politique.

FAITS GÉNÉRAUX RELATIFS À LA PRÉSIDENCE DE MADRAS.

La torture infligée aux cultivateurs par les percepteurs et par la police.

Tous les vingt ans on renouvelait la Charte de la Compagnie des Indes. Le Parlement, alors, passait en revue l'administration de ce vaste Empire : il s'occupait beaucoup des rapports du pouvoir avec le commerce et les fabrications de la métropole; il jetait un regard assez rapide sur la situation financière et sur la force de l'armée; quelques-uns de ses regrets étaient exprimés sur les travaux publics, toujours et partout insuffisants; mais il semblait peu s'inquiéter du sort plus ou moins heureux ou malheureux des indigènes, quoique ce fût un peuple immense.

La Charte votée pour la dernière fois et quand tout semblait épuisé, en 1854, un orateur des Communes affirma que, dans la Présidence de Madras, les percepteurs de la taxe foncière avaient pour coutume *de faire subir la torture* aux petits et faibles contribuables, afin de rendre la perception à la fois plus rapide et plus fructueuse.

Aucun membre du Parlement qui fût en rapports officiels ou simplement officieux avec l'Hindoustan n'avait, *disait-on*, jamais entendu parler, même en Asie, de semblables énormités. Les uns croyaient suffisant de combattre cette monstrueuse allégation avec l'arme du ridicule agréablement maniée; d'autres, en la repoussant, paraissaient enflammés, indignés, non pas contre les forfaits, mais contre l'indiscret révélateur. Un seul orateur, M. Danby Seymour, tint un langage différent, et rapporta des faits qu'il avait personnellement recueillis dans l'Inde méridionale.

Pour apaiser l'effervescence et clore avec quelque décence un débat si honteux, le Président du Bureau du Contrôle, qui surveillait au nom de la Couronne les affaires de l'Inde, annonça de lui-même, et sans provocation, qu'il exigerait qu'on fît sur les lieux une enquête solennelle.

Deux mois après, la Présidence de Madras, à laquelle cet ordre fut transmis, désigna trois Commissaires spéciaux, ayant une haute renommée d'intégrité, d'expérience et de capacité : leur travail devait satisfaire à la volonté du ministre, aux désirs du Parlement.

Il ne s'agissait que d'étudier les actes cruels perpétrés dans la perception de l'impôt territorial; on éviterait d'examiner si l'impôt même était ou n'était pas exagéré.

Le Gouvernement britannique, en se fondant sur des traditions musulmanes adoptées par le despotisme de ses agents fiscaux, s'est déclaré le maître absolu de la terre, des cultures et du tarif de l'impôt exigible des cultivateurs; en assumant un tel pouvoir arbitraire, par cela même l'Administration est devenue responsable de tout le bien, de tout le mal fait en son nom par ses agents financiers.

L'enquête, promise en plein Parlement, s'est bornée aux délits accomplis depuis *sept* années, et le plus grand nombre ne date pas de *quatre* ans. Par conséquent il ne s'agit point ici de méfaits perdus dans un passé déjà lointain, ni d'un système barbare insensiblement effacé par l'adoucissement des mœurs ou supprimé d'autorité, grâce aux lumières progressives d'une administration devenue, suivant la marche générale, plus humaine et plus éclairée. C'est le dernier mot de sa conduite d'hier qui pèse aujourd'hui sur sa tête.

Par une déplorable extension, la police, animée d'une émulation cruelle, s'approprie les tortures qu'appliquent, au nom du trésor, les percepteurs des impôts; elle les emploie pour contraindre les témoins à déposer, pour forcer des prévenus à s'accuser eux-mêmes, etc.

Dans le court espace de trois mois, sur un simple avertissement des Commissaires de l'enquête, 1959 plaintes ont été déposées par des infortunés ayant subi la torture, pauvres, ignorants, la plupart disséminés à de grandes distances, et sans concert possible entre eux.

Reproduisons, avant tout, le prononcé, le verdict des Commissaires, exprimé par les propres termes de leur rapport : « Dans *toute* la Présidence de Madras *prévalent généralement* des actes de violence commis contre les personnes, actes perpétrés par les agents indigènes du revenu public ainsi que par ceux de la police. » Ces actes, les Commissaires les qualifient de *tortures* occasionnant des souffrances aiguës et souvent des mutilations. Dans un grand nombre de cas, lesquels sont énumérés *authentiquement*, « *ces tortures ont été suivies de mort.* »

La Commission d'enquête a reçu *de quatre-vingt-dix-huit fonctionnaires* une déclaration affirmative sur l'application de la torture à la levée de l'impôt.

Peu de mots suffiront pour indiquer les deux natures des mauvais traitements infligés.

Première catégorie des genres de torture, surnommée *la kiltié*, LA PRESSION. Elle rappelle l'écrou compresseur dont se servaient les bourreaux européens du moyen âge; elle imite les presses mécaniques avec lesquelles les Hindous écrasent leurs citrons. On l'emploie pour comprimer les membres des patients jusqu'à causer les plus excessives douleurs, jusqu'à faire perdre chez eux le sentiment de la vie; quant à l'effet, *il va souvent jusqu'à la mutilation*. Cette torture est appliquée aux mains, aux bras, aux jambes, aux oreilles, en un mot, aux parties du corps les plus sensibles. Oserons-nous le dire? sans égard pour la pudeur, on déforme, on mutile ainsi jusqu'au sein des femmes : car *les deux sexes sont soumis aux mêmes supplices*. Les inventeurs des tortures ajoutent encore à ces cruautés : ils déforment, en les renversant, les doigts du torturé jusqu'au point où la douleur ne peut plus être supportée.

Seconde catégorie : l'anandal, L'ACCABLEMENT. — L'Europe, même en ses temps d'extrême barbarie, ne paraît pas avoir eu l'idée du second genre de torture, que les *tortionnaires* de l'Inde appellent *l'anandal*. En voici la description :

Au moyen d'une lanière ou d'une corde, la tête du patient, assis par terre, est attachée avec ses pieds, entre lesquels on la tient prosternée; cela fait, sur le dos de la victime on charge une pierre écrasante. Cette posture insupportable, on la fait durer des heures entières, sous les ardeurs d'un soleil de la zone torride. Maintes fois les agents de la police, qui sont aussi les agents du collecteur, se mettent à cheval sur le malheureux si cruellement garrotté; s'il frémit, ou s'il se permet le moindre gémissement, le bâton du bourreau l'en punit sans pitié.

Ce ne sont pas là des souffrances qui soient rares et réservées pour une seule victime. On a vu des rangées entières de patients traitées avec ces derniers raffinements de barbarie, non-seulement deux ou trois heures sans désemparer, mais jusqu'à six heures entières, et même, nous allons le voir dans un moment, jusqu'à huit heures! Ces scènes infâmes se passaient sous les yeux des villageois réunis, en présence du percepteur indigène, du *tahsildar*, qui présidait à la torture.

La récolte du riz ayant manqué autour du village de Saurumnadari, les ryots, mourants de faim, osent demander qu'on les exempte de la taxe accoutumée; payer leur serait impossible. Que fait alors le percepteur? Parmi tous ces contribuables hors d'état de rien solder, il en prend cinquante à la fois; il leur fait souffrir chaque jour, *et pendant quatre mois*, le supplice de *l'anandal*. Le supplice durait *huit heures*, avant qu'on leur permît d'aller manger. Ce n'était point assez de s'attaquer au sexe fort; on s'emparait des faibles femmes pour appliquer aux mamelles des mères le supplice de la kiltié, *l'écrasement par pression*.

Comme s'il ne suffisait pas d'un seul de ces genres de supplices, la kiltié ou l'anandal, souvent on réunissait les deux espèces de torture : c'était un moyen de porter au dernier excès les souffrances de la victime.

Il serait superflu de mentionner la flagellation : elle égalait presque en cruauté celle qu'on infligeait naguère aux soldats européens avec le fouet à neuf queues, *the cat o'nine tails;* supplice voté chaque année (*Mutiny act*) comme moyen disciplinaire, applicable aux marins, aux militaires anglais qui versent leur sang pour la patrie.

On faisait servir les raffinements de l'industrie scientifique à l'aggravation de la torture. On entourait le corps, les cuisses, les bras d'un patient avec une corde sèche et

vigoureusement serrée autour des membres. Le supplice
ainsi préparé, on mouillait la corde par degrés. En se gon-
flant, ses fibres se raccourcissaient; or elles ne pouvaient
pas se raccourcir davantage sans pénétrer dans les chairs,
qu'elles étreignaient et déchiraient de plus en plus.

Quelquefois on imitait, mais non pas dans un but chi-
rurgical, l'opération du moxa. Nous plaçons sous un verre
renversé des sangsues, pour qu'elles tirent le sang d'un
malade sans qu'elles puissent s'échapper; par imitation,
les persécuteurs transformèrent en supplice la succion
du sang opérée sur les parties du corps les plus sensibles.
Ils remplaçaient le verre employé dans notre Occident
par l'intérieur évidé d'une demi-noix de coco, puis la sang-
sue par une guêpe ou par un reptile venimeux dont la
morsure était à la fois dangereuse et cruelle. On savait
qu'avec leurs aiguillons, leurs serres, leurs dents ou leurs
dards, ils allaient percer, sucer, mordre ou ronger l'épiderme et la chair jusqu'à l'os du malheureux supplicié.

D'autres fois on agissait avec moins de raffinement,
mais avec non moins de barbarie; dans les narines et
dans les yeux d'un homme garrotté, on injectait du
poivre rouge et corrosif. Ô pudeur, outragée en même
temps que l'humanité! on étendait ce genre de supplice
non-seulement chez des hommes, mais chez des femmes,
à des parties que la pudeur naturelle ne permet pas
même de nommer.

Le fier Anglais est persuadé qu'il possède les institutions et les coutumes les meilleures, les plus puissantes
et les plus enviables de la terre; aussitôt qu'il en gratifie
un peuple conquis, ce peuple ne doit plus rien avoir à
désirer. Dans cet esprit, il a donné la *liberté de la presse* à
l'Inde : liberté qui, suivant les publicistes et les écrivains
périodiques d'Angleterre, fait pâlir toutes les tyrannies, et

devant laquelle il faut qu'en peu de temps disparaissent toutes les oppressions. Cependant voyons à l'œuvre cette liberté qui depuis un tiers de siècle, entre le Gange et l'Indus, a reçu la faculté de tout révéler dans les trois Présidences, y compris celle de Madras. En temps ordinaire, aucun gouverneur n'oserait, du haut de sa toute-puissance, toucher le moindre cheveu du dernier des journalistes, et l'*habeas corpus de la presse*, étendu sur tout le sol indo-britannique, est plus sacré que le respect de Mahomet ne l'est à la Mecque. Que craindrait-elle?

Eh bien! voici des souffrances infinies, innombrables, atroces, qui n'ont pas lieu par hasard, qui n'ont pas lieu seulement à de rares intervalles, mais qui se multiplient à chaque saison et presque à chaque mois. Pendant les trois dernières années, qui contiennent 1,096 jours, en se bornant aux seuls actes de torture dont l'Enquête, dès son premier appel, a complété la connaissance, voici presque deux infamies, *voici deux tortures par jour!*

Est-il arrivé qu'une seule fois la presse libre de Madras, si puissante et si vigilante qu'elle semblât l'être, se soit occupée de ces forfaits? Non! Est-il arrivé qu'avec ses yeux d'Argus elle ait entrevu l'ombre seulement de ces énormités? Pas davantage. Les journalistes anglais n'ont eu des regards que pour des griefs d'Anglais, des souffrances d'Anglais, des récriminations ou seulement des prétentions d'Anglais. Hélas! il s'agissait des pauvres Hindous, et la presse de Madras, au grand soleil des libertés de Madras, n'a rien vu, n'a rien su, n'a rien soupçonné, ou du moins *elle n'a rien voulu dire.* Voilà son infaillibilité, son omniscience et les garanties souveraines qu'elle offre, prétend-on, à l'humanité, quand il s'agit pour toute la Péninsule non pas seulement de quelques milliers d'envahisseurs européens, mais de cent cinquante millions de vaincus asiatiques!.....

Cependant, dira-t-on, les rédacteurs des feuilles périodiques ont naturellement ignoré des barbaries que les tortionnaires avaient tant d'intérêt à tenir secrètes; on serait heureux de le penser. Mais l'Enquête gouvernementale a constaté ce fait accablant : « A l'exception des autorités supérieures, qui plus tard ont prétendu tout ignorer, *il n'y avait, pour ainsi dire, pas un être vivant dans tout l'Hindoustan qui ne fût parfaitement instruit de l'existence de ces pratiques barbares.* »

Laissons de côté ces écrivains dégradés, qui ne croient pas à l'obligation d'être moralistes, et de troubler le sommeil de leur conscience pour veiller aux intérêts de l'humanité. Que faisaient donc les missionnaires anglicans? Ne parcouraient-ils jamais cette terre de l'Inde qu'ils aspirent à rendre biblique? Ministres révérés des vainqueurs, n'avaient-ils pas un coin, un repli de leur âme pour compatir aux vaincus, soulager leurs misères, et surtout les défendre contre des tortures imméritées? Comment se fait-il que pas un d'eux n'ait devancé M. Danby Seymour? que pas un d'eux n'ait signalé les supplices qui couvrent d'un si grand opprobre l'indifférence et l'incurie des dominateurs? voilà le second phénomène que nous ne pouvons expliquer.

La torture employée pour forcer la vente des terres convoitées par des Européens. — Il ne faut pas supposer que la torture ait été seulement appliquée à percevoir les impôts fonciers; elle atteignait d'autres intérêts territoriaux.

Dans les environs d'Arcot, un percepteur demande à trois indigènes qu'ils cèdent leurs champs *en faveur d'un traitant britannique: les indigènes* refusent. Aussitôt, et pour trente jours, on les enferme *dans la prison du chef-lieu.* Cette incarcération ne suffisant pas pour qu'ils renoncent à leur terre, on a recours à des peines plus graves : on leur fait souffrir *la torture de l'anandal*, au grand soleil, quatre fois différentes, et pendant quatre heures chaque fois.

Dans tous les supplices perpétrés, aucun fonctionnaire anglais n'apparaît. Collecteurs en chef des revenus, ils se tiennent dans une région supérieure, sans porter en bas leurs regards. Les cruautés sont commises par des sous-percepteurs indigènes, aussi barbares que des mulâtres ou des nègres érigés en commandeurs et flagellant de leur main des esclaves de couleur.

Un fait rend les subalternes hindous encore plus coupables : l'Enquête l'avoue, ils font servir la torture pour commettre des extorsions illicites, opérées à leur avantage, aussi souvent que pour servir l'intérêt du trésor. C'est à repousser des demandes personnelles, illégales, que doit se manifester le plus vivement la résistance du ryot : eh bien! c'est là surtout que s'appliquent les tourments qui châtient toute résistance à la spoliation frauduleuse.

Quand les sous-collecteurs se permettent des exactions plus ou moins compromettantes, ils ont grand soin de se ménager une autre réclamation qui soit officielle, pour s'en couvrir au besoin comme d'un bouclier. En de semblables cas, la violence exercée paraît moins inique aux yeux du peuple opprimé que s'il s'agissait uniquement de satisfaire une avidité personnelle.

La démarche la plus naturelle, et qui devait se présenter la première aux victimes des percepteurs indigènes, c'était de recourir à la protection des Collecteurs généraux, aux magistrats supérieurs, aux juges suprêmes. Hélas! quand ils ont voulu suivre cette voie, ils n'ont trouvé que dureté, qu'indifférence, et se sont vus repousser par une incrédulité systématique et dérisoire...

Il ne faut pas que le lecteur nous attribue la moindre malveillance envers de hauts fonctionnaires dont nous

avons loué, sous tant d'autres points de vue, l'intégrité,
les lumières et les sentiments d'honneur. Effaçons-nous
complétement, et laissons un admirable écrivain de la
Revue d'Édimbourg prononcer avec autorité sur la torture
exercée dans l'Inde. L'auteur, *un natif de la Grande-Bretagne!* se refuse à désintéresser, à disculper les fonctionnaires ses compatriotes, si complaisamment excusés par la
Commission d'enquête. « En ce qui concerne l'opinion des
indigènes sur l'appel à la justice des fonctionnaires européens, la lecture de cette Enquête nous laisse, dit-il, une
conviction directement opposée à celle que le rapport gou-
vernemental voudrait établir. Même en admettant qu'on
accepte dans toute son étendue cette apologie des fonctionnaires, la responsabilité finale des cruautés constatées n'en
remonterait que d'un degré plus haut. Nul gouvernement
ne peut être soustrait à la responsabilité du mal produit
par les employés qu'il met en œuvre. Lorsqu'à des mains
aussi notoirement impures que celles des agents indigènes
l'Administration confie des fonctions importantes, déli-
cates, pleines de tentations et toujours ouvertes aux abus,
évidemment il demeure responsable, sinon de tout acte
particulier à ses sous-ordres, au moins de la surveillance
générale qu'il est tenu d'exercer sur leur conduite, surveillance qui doit suffire pour rendre les méfaits dangereux à commettre, prompts à découvrir et faciles à réparer. Si l'on reconnaît, au contraire, que les fonctionnaires
européens chargés de cette surveillance immédiate se sont
montrés, en beaucoup de cas, d'une scandaleuse insou-
ciance pour la recherche des abus, ou coupables d'une
connivence criminelle, quoique passive ; si du nom anglais, qui devrait pour le peuple indigène être le bouclier du faible, ils ont fait l'égide officielle d'êtres malfaisants et formidables, en un mot, s'ils ont donné naissance

à cette conviction profonde, et toujours croissante, que l'on ne peut espérer aucun redressement à la violation des lois les plus positives; enfin si, *maintenant que la crise pèse sur eux*, leur justification se fonde uniquement sur des protestations par trop commodes de surprise, d'ignorance et de doute absolu, et qu'en même temps ils allèguent pour excuse des démentis impuissants, ne sommes-nous pas fondés à leur refuser le bénéfice de semblables dénégations? Nous le demandons : ne devons-nous pas les tenir pour convaincus d'avoir, pendant une longue série d'années, criminellement failli dans la première et la plus vitale fonction de tout gouvernement : protéger la propriété, les droits et la personne des sujets? »

Le peuple de l'Inde est si nécessiteux, si pauvre, qu'il affronte la torture pour ne pas payer des sommes incroyablement petites. Le pénétrant moraliste dont nous venons de rapporter la sentence irréfragable exprime à son point de vue la même surprise. Ce qui le frappe d'abord, et l'affecte avec douleur, c'est l'exiguïté des sommes *extorquées*, dit-il, *par d'exécrables moyens.* Ce qui le frappe encore plus, c'est la honteuse insuffisance des peines infligées par les magistrats dans les cas, d'une extrême rareté, où l'on a pu faire prononcer un jugement contre de coupables fonctionnaires. Tel indigène a subi le supplice de la pression à outrance, *la kiltié*, pour sauver une valeur de 1 franc 25 cent.; tel autre a subi la torture de *l'anandal* pour ne pas payer *une roupie* (2 fr. 50 cent.) illégalement exigée! Un père, un fils, sont torturés, *et le père en meurt*, pour ne pas consentir à se laisser arracher 25 francs. Eh bien! il est impossible au fils d'obtenir justice, même en prouvant le meurtre de l'auteur de ses jours!...

D'après la jurisprudence adoptée par les tribunaux de l'Inde, quand on admet qu'un cas de torture est commis *pour extorsion illégale*, le maximum de la peine est seulement de 12 fr. 50 cent.; or, cette somme, le coupable peut s'exempter de la payer s'il daigne subir une courte détention. Dans la plupart des cas, on se borne à prononcer, sans autre peine, la restitution de l'argent extorqué par le cruel et coupable fonctionnaire.

En présence de pareils faits, une conviction universelle s'est emparée de l'esprit des cultivateurs indigènes. Dans leur pensée, il est complétement inutile de porter une plainte; car, s'ils la portent, ils s'exposent sans résultat à d'atroces vengeances. De là leur réponse, d'une simplicité déchirante, lorsque les Commissaires de l'Enquête leur demandent : « N'avez-vous donc pas réclamé? » *A quoi sert-il qu'un pauvre homme porte sa plainte!*

« Il y a trente ans, dit la *Revue d'Édimbourg* dans l'éloquent et généreux article que nous aimons à citer, il y a trente ans que les mêmes abus ont été signalés à la Cour des Directeurs par un juge de circuit (en avril 1826).

« A peine existe-t-il un seul cas où les victimes assez courageuses pour accuser leurs oppresseurs aient obtenu le redressement de leurs griefs, à peine un seul où les accusés n'aient pas été rétablis dans les fonctions dont ils avaient indignement abusé. Voilà comment les délégués du pouvoir sont encouragés à renouveler, à multiplier des abus d'autorité dont la punition est éludée avec tant de facilité par l'oppresseur.

« Certainement en 1826, aussi bien qu'en 1855, la loi punissait de pareils excès; mais, alors comme aujourd'hui, on se jouait de la loi; car la loi, dans l'Hindoustan, toute valeur théorique mise à part, n'a pas cessé d'être une lettre morte. L'impunité des détestables pratiques employées pour lever l'impôt par les fonctionnaires indigènes est encore la règle normale des cours criminelles dans l'Inde méridionale. Si l'on veut obtenir une répression vraiment efficace, il faut la demander à des âmes plus énergiques et pénétrées des principes de la morale européenne. »

Encore une autre remarque : « Les fonctionnaires venus de la métropole, ceux qui devraient réprimer d'infâmes pratiques, sont trop peu nombreux dans l'Inde. Un seul magistrat pour cinq cent mille habitants, et trois ou quatre financiers pour un million de contribuables, dispersés sur un territoire aussi grand que trois départements français, c'est trop peu si l'on veut prévenir ou réprimer les oppressions infinies, obscurément commises contre des individus obscurs eux-mêmes, isolés et privés de toute défense. »

Faut-il croire, à présent, ce qu'ont ajouté les Commissaires de l'Enquête? « Les excès qu'on a signalés, *et dont la suppression est si difficile*, SONT LA MISÉRICORDE MÊME, lorsqu'on les compare *à ce qu'ils étaient autrefois*, à ce qu'est encore l'organisation patente et l'ensemble des moyens employés pour extorquer de l'argent chez certains États indigènes. Dans l'ancien royaume d'Oude, disent toujours les Commissaires, la perception de l'impôt ressemblait naguère à l'invasion des provinces conquises par une armée ennemie. »

Des moyens de gouvernement politique et moral fondés sur la nouvelle institution d'une police humaine et régulière.

Après les effrayantes et douloureuses révélations sur la torture exercée par des agents indigènes, qui commettaient des crimes odieux, tantôt pour l'État, tantôt pour eux-mêmes, après surtout la terrible rébellion de plusieurs peuples annexés et la révolte d'un nombre effrayant de régiments indigènes, le Gouvernement britannique étudia sérieusement les moyens de remplacer l'immense cohue des bas employés natifs, soldés avec tant de parcimonie que, pour vivre, ils avaient besoin de recourir à des bassesses, à des délits et trop souvent à des crimes.

Pour atteindre ce but, on imagina d'organiser une grande force publique à laquelle on voulait emprunter ce que *les gendarmes de France* et *les constables améliorés d'Angleterre* présentent de plus efficace et de plus moral. Avant tout, il fallait procurer à ces surveillants de l'ordre public et de la justice des moyens d'exister honorablement, sous la condition de rompre pour toujours avec l'improbité.

On n'a pas craint de porter à 154,435 hommes *cette armée*, car c'en est une, organisée pour défendre la société régulière et protéger le peuple dans un empire de 150 millions d'âmes. On a fini par élever le budget de cette force à 53,531,725 francs : Exercice de 1862-63. Cela porte la solde moyenne de chaque serviteur à 347 francs, c'est-à-dire, *à quatre fois le salaire d'un manouvrier indigène*.

J'ai trouvé dans le Compte moral de 1861-62, pour la Présidence de Madras, un remarquable exposé de l'esprit dans lequel on a créé cette grande institution, et des difficultés qu'on a dû vaincre pour en bien composer le personnel, pour en élever le niveau par l'instruction, pour fortifier la discipline et *développer le meilleur esprit de corps*. C'est ici que nous pouvons bien connaître la nouvelle et salutaire moralité du Gouvernement de l'Inde.

Officiers européens qui commandent en chef la police nouvelle. — Ils doivent encourager l'indigène *à leur parler avec liberté* sur tous les sujets qui concernent son sort. Pour atteindre un tel but, ils doivent multiplier, autant que faire se pourra, leurs visites dans les villages. Ils doivent convaincre le peuple qu'on veut le considérer comme profondément associé par ses intérêts avec les travaux que la police accomplit dans le pays, et que ce corps s'identifie avec *les communes*, afin qu'elles l'aident en toutes choses, lorsqu'il cherche les meilleurs moyens de les protéger, de les défendre. C'est aux populations d'apprendre que la police est une institution municipale avant d'être une institution impériale, et que les moindres habitants sont les plus intéressés au zèle, à l'efficacité, à l'accessibilité de chaque officier qui dirige un tel corps. Il faut que les indigènes soient encouragés dans la pensée de ne rien craindre et d'espérer désormais de la police organisée beaucoup plus qu'ils n'ont jamais espéré. Répétons-le, cet esprit nouveau ne pourra se développer que par la fréquente, libre et franche communication des officiers avec le peuple.

Inspecteurs de police. — D'excellents fonctionnaires de cet ordre ne sont pas des hommes de trempe ordinaire; avant qu'ils acquièrent toute leur efficacité, ils ont besoin et d'apprendre beaucoup par l'étude et d'acquérir beaucoup par l'expérience. On les choisit parmi les Européens, les métis et les natifs; de ces trois classes, chacune a ses défauts, mais aussi chacune a ses qualités. Un judicieux mélange des trois catégories produit dans chaque district la plus parfaite surveillance; il fournit les éléments nécessaires pour accomplir les devoirs importants, variés, dévolus au nouveau service. Les inspecteurs agissent avec une honnêteté intelligente.

Des chefs et des sous-chefs constables. — Les mêmes observations s'appliquent aux petits officiers chargés des divisions et des stations de la police. Dans ces grades, minimes en apparence, les fonctionnaires propres à commander ainsi qu'à faire opérer les agents du dernier degré doivent être des hommes dont la portée ne soit pas ordinaire. Sans doute, aujourd'hui, de ce mérite remarquable, il en existe trop peu dans le corps nouvellement organisé;

mais les nouveaux agents seront instruits par les chefs supérieurs et dirigés, quant à l'exécution, suivant l'opportunité des circonstances. En résumé, dans la plupart des districts, l'ensemble s'améliore et les appréhensions fâcheuses finissent par se dissiper; les personnes qui, l'an dernier, dédaignaient les fonctions du nouveau service, aujourd'hui sont fort empressées à les solliciter.

Écoles d'instruction pour les employés de la police. — La seule idée de ces écoles est la source d'une précieuse amélioration. *Dans quel autre pays l'Administration s'est-elle jamais avisée d'instituer des écoles pour enseigner aux agents de sa police l'intelligence des lois, l'amour du peuple et le respect de la morale?* L'excès du mal, qui conduisait jusqu'aux crimes de la torture, a produit ce bien.

Des simples constables. — Avant le budget de 1863-64, que nous avons cité, le compte moral de 1861-62 disait avec une parfaite raison : « L'expérience a démontré que les salaires des constables, surtout dans la dernière classe, ne suffisent guère pour soudoyer des employés sensiblement supérieurs à de simples manouvriers[1]; de plus, les salaires et le prix des choses, *augmentés partout,* suivent une progression fâcheuse pour les employés publics. A l'égard des agents subalternes, ajoutons qu'il existe très-heureusement aujourd'hui moins de sources détournées de bénéfices et de voies impunies conduisant à des gains coupables, qu'il n'en existait dans un passé qui touche presque à l'époque présente. » Par tous ces motifs, il était indispensable d'assurer aux constables un salaire moins infime; c'est ce qu'a fait le Gouvernement.

Tout démontre une amélioration notable. Le rejet graduel des agents médiocres, paresseux ou d'un carac-

---

[1] Les plus récents budgets me paraissent prouver qu'on a fait droit à ces observations.

tère suspect, même pour l'admission aux moindres degrés de la police civile, a rehaussé le niveau général du corps. La quantité très-diminuée des mutations qui proviennent des résignations, des désertions et des renvois démontre que le service effectif se consolide et se fortifie: il est recherché par un nombre croissant de personnes honnêtes, comme un moyen honorable et permanent de gagner leur vie. Ainsi qu'on devait y compter à l'origine, des délits d'une gravité plus ou moins grande ont été commis dans plusieurs districts par le personnel même de la police; mais ces délits ont été vigoureusement réprimés, tantôt par des punitions disciplinaires, tantôt par des poursuites criminelles. Aujourd'hui le nombre des fautes imputables aux agents est diminué; en un mot, dans toute la Présidence, l'ensemble du personnel se conduit aussi bien qu'on puisse avec raison l'espérer.

Police des villages. — On n'a rien fait jusqu'ici pour améliorer la position matérielle de l'institution très-insuffisante de la police municipale ou de village; elle continue d'être, à l'égard du salaire, placée en dehors des allocations de l'État. Néanmoins, dans beaucoup de districts, la coopération de la police villageoise est appelée au plus utile concours, et ne l'est pas en vain. Maintenant les magistrats font des efforts infinis pour que les *Patels* (les maires) soient les vrais coopérateurs de la police générale; ils étendent à ces officiers municipaux l'action et la responsabilité qui doivent peser d'abord sur la magistrature locale, soit pour empêcher, soit pour découvrir les crimes. Déjà, dans plusieurs districts, l'autorité des constables est en communication étroite et presque journalière avec les autorités de village, dont *la prépondérance et les moyens infinis d'information* assurent à la police gouvernementale une possibilité d'agir et des connaissances

locales d'une valeur incalculable. La police de village,
telle qu'elle existe, est mise à la disposition de la magistrature, dans l'intérêt même de la commune, pour aider
les constables à découvrir les délits. Un sentiment progressif de confiance, on l'espère, prendra racine à mesure
que les natifs verront combien l'aide, l'influence et l'autorité des magistrats de tous les rangs sont invoquées dans
la vue du bien général ; cette confiance augmentera quand
le peuple reconnaîtra que les constables n'appellent à leur
aide et ne contrôlent les chefs naturels de la police com-
munale que pour faire servir les connaissances locales
à délivrer le pays des malfaiteurs qui le désolent.

Des résultats remarquables ont été produits, spécialement dans les *Districts cédés*, par la constante communication personnelle entre les chefs de la police, les autorités villageoises et les habitants. Dans les deux districts
de Bellary et de Cuddapah, les ennemis déclarés des lois
se mesurèrent ouvertement avec les constables, lorsque
ceux-ci commencèrent l'exercice de leurs fonctions. Mais
la nouvelle force civile, active et courageuse, fit aussitôt
voir sa supériorité ; elle réprima, de haute lutte, l'insurrection des malfaiteurs. Le crime, vaincu en plein jour,
n'a pas osé recommencer le combat.

L'objet qu'on ne doit jamais perdre de vue, c'est, autant que la chose soit possible, de mettre en action les
autorités municipales existantes, SANS VOULOIR RIEN CENTRA-
LISER, *ni s'ingérer dans les établissements organiques du pays
d'une manière qui tendrait à les séparer du peuple, soit en
esprit, soit en réalité.* Le secours de la loi doit être réclamé, non pour détruire, mais pour fortifier la confiance,
the trust, que les traditions du pays inspirent chez le
peuple à l'égard des établissements municipaux. Il importe aussi d'assurer aux surveillants de village, *watchmen,*

des moyens suffisants d'existence, à défaut desquels ils se font les protecteurs intéressés des petits larcins, etc.

Observations générales.

En définitive, beaucoup de faibles délits qui passaient inaperçus sont découverts, poursuivis et réprimés.

Des gardes, des patrouilles actives, sont faites dans les cités, dans les *défilés* de montagnes, les *Ghauts*, et sur les grandes routes; par l'effet de ces mouvements, des communications fréquentes sont entretenues avec les villageois par le personnel régulier des constables.

Progrès obtenus dans l'introduction du nouveau système. — Des progrès solides ont eu lieu, cette année, pour introduire dans les diverses branches du département l'uniformité, l'efficacité des moyens d'opérer.

On l'a déjà dit, des *écoles de police* ont été créées. Elles l'ont été, dans les divers districts, afin d'instruire les employés de chaque grade sur tous leurs devoirs, sur les notions d'ordre et de justice qu'ils doivent posséder, sur la marche régulière qu'ils ont à suivre dans leurs recherches et leurs opérations. L'avancement du personnel est accordé d'après les résultats de fréquents examens; une semblable règle a stimulé l'étude professionnelle et doublé le désir d'acquérir une instruction solide.

Rapports de la police avec les cours et les tribunaux. — Dans la plupart des districts, un agent supérieur de la police aide le magistrat chargé des poursuites (le ministère public) pour préparer le jugement possible des prisonniers. Il est toujours prêt à recevoir les instructions du juge ou magistrat pour établir les chaînons de l'affaire poursuivie, chaînons qui trop souvent échappent ou se perdent, soit par l'inadvertance du magistrat ordonnateur, soit par l'ignorance de la police subalterne.

Les rapports de la magistrature avec les constables offrent un progrès solide et très-remarqué.

Diminution des crimes. — Un changement est visible dans le caractère et le nombre des crimes de plusieurs districts. On a mis un terme à la fréquence des attentats commis de vive force sur les grandes routes par ces *Dacoïts* hardis et méprisant les lois qui multipliaient les incendies nocturnes et faisaient redouter, même en plein jour, leurs bandes armées. Aujourd'hui, les membres épars de ces hordes désorientées et brisées réduisent leurs méfaits aux délits moins redoutables des petits vols sur les chemins ordinaires et dans les lieux écartés; c'est là qu'on les cherche et qu'on les atteint de plus en plus.

Résumé général des difficultés à vaincre. — La poursuite savante et la découverte du criminel demandent un beaucoup plus haut degré d'habileté professionnelle et de moyens acquis qu'on ne peut encore l'attendre d'une force rapidement mise à l'œuvre, composée d'abord d'éléments hétérogènes et quelquefois d'éléments désespérés (hopeless). Dans les premiers temps d'organisation, il fallait accepter le personnel agissant, tel qu'il se présentait; par degrés, l'instruction des bons sujets, l'élimination graduelle des incapables et des vicieux, conduiront aux résultats les plus désirables pour la recherche des crimes et des délits.

Une aptitude naturelle, une patience à toute épreuve, une infatigable activité, des ressources d'esprit toujours prêtes, enfin la paisible et persistante résolution du véritable investigateur, tant de qualités à réunir se rencontrent difficilement; on ne les a pas encore trouvées chez un nombre suffisant de candidats pour l'office de constables : aussi la recherche des coupables, qui se cachent ainsi que leurs méfaits, laisse-t-elle encore à désirer de nouveaux progrès, et l'on n'atteindra que graduellement le but désiré.

Les difficultés qu'on éprouve pour établir un système d'investigation où *les voies illégales et sans scrupule* d'obtenir témoignage ne soient ni pratiquées ni tolérées, ces difficultés *sont infinies* dans l'Inde. Des idées erronées ont jusqu'ici prévalu sur ce point, non-seulement chez les agents de police, mais dans les rangs inférieurs des magistrats indigènes. Auparavant, on s'attaquait au prisonnier pour déposer contre lui-même; les accusateurs se présentaient rarement, tant ils croyaient impossible qu'on opérât la conviction toutes les fois que la police n'employait aucun moyen *coërcitif* afin d'obtenir des aveux. Ces monstruosités, la pernicieuse habitude d'emprisonner sans discernement, et d'autres pratiques blâmables, doivent être réfrénées avec une résolution, une sévérité qui parfois paralysent les efforts d'hommes sans habileté pratique et sans instruction sur les saines méthodes de poursuivre les criminels. Souvent, une police ignorante et la magistrature indigène insouciante rendaient inutiles les premiers indices obtenus pour découvrir les délits. A ces obstacles ajoutez la lâcheté d'un peuple qui se soumet sans résistance à l'oppression des malfaiteurs. Les accusateurs et les témoins ne veulent pas quitter leur habitation et leurs occupations pour comparaître, *sans indemnité*, devant des tribunaux éloignés; ils craignent surtout de s'exposer eux-mêmes à la vengeance de criminels dont ils ne sont que trop accoutumés à considérer l'acquittement comme certain. La vénalité générale, et de ces accusateurs et de ces témoins, un mélange de fausseté qu'on remarque dans les dépositions de l'indigène, tout accroît la difficulté de porter les lumières de l'évidence au sein des cours de justice. Heureusement, aujourd'hui, l'état-major de

la nouvelle police est éveillé sur ces difficultés; les irré-
gularités coupables sont réprimées avec sévérité, et la
préparation progressive des causes devant les magistrats
inférieurs et devant les tribunaux est soigneusement sur-
veillée; très-souvent elle est conduite par des officiers
européens. Tout acte blâmable des agents inférieurs,
révélé dans le cours d'un procès, est promptement
châtié par l'inspecteur de service auprès du tribunal. En
un mot, dans le dessein de porter remède au mal, on
fait les plus constants efforts pour venir en aide aux
offensés et les encourager à concourir au châtiment des
offenseurs, en procurant aux officiers de la police les
moyens de traduire les coupables devant la justice.

*Tableau des services rendus à l'Inde par sir Charles Trevelyan,
comme gouverneur de la Présidence, à Madras.*

Sir Charles Trevelyan, le digne beau-frère de l'historien Macaulay, doit être compté parmi les gouverneurs
les plus éminents qu'ait possédés la Présidence de Madras. Il s'est doublement honoré, et par le bien qu'il a
réalisé durant sa trop courte administration, et par le
sacrifice volontaire du gouvernement de trente millions
d'hommes : sacrifice qu'il a fait pour obéir au devoir sacré
de défendre les intérêts des indigènes confiés à sa justice,
à son humanité. Ce double mérite est trop rare pour ne
pas commander notre sympathique attention.

Lord Harris. Au printemps de 1859, sir Charles Trevelyan succède, comme gouverneur de Madras, à lord
Harris, qu'il faut citer pour avoir opéré l'achèvement
presque complet de la canalisation côtière du Coromandel
et du Carnatique, dans une étendue d'environ trois cents
lieues. Quinze mois plus tard, en guise de châtiment, au

lieu de récompense, sir Charles est remplacé par sir Henri Ward ; nos lecteurs verront pourquoi.

Par un genre de recherches, bienfaisantes quand elles sont faites avec modération, le gouverneur dont nous allons parler a procuré l'avantage d'une sécurité définitive à beaucoup de propriétaires sur la fortune desquels pesait encore une pénible incertitude.

En portant ses regards sur les biens fonciers, il fait revivre la *Commission des Inams*, pour les terres dont il jugeait indispensable de régler l'état de franchise définitive ou le retour au droit commun. Il démontre ainsi le bienfait de cette opération : « Par la solution finale de toutes les affaires d'Inams, *plus de trois cent mille petites propriétés*, affranchies d'un état d'insécurité qui les rendait *la proie d'employés indigènes corrompus*, sont placées aujourd'hui dans la classe plus élevée des franches-tenures ; certainement, pour assurer la paix publique, ce changement vaut à lui seul une demi-douzaine de régiments réguliers. L'extension des mêmes droits de franche-tenure aux bâtiments, aux terrains *affectés à la culture du café*, est un autre pas vers l'indépendance finale de toutes les propriétés. »

La visite des provinces. — Dès le début de son administration, afin de bien juger par lui-même, sir Charles parcourt les districts de sa vaste Présidence ; il désire surtout inspecter les travaux d'irrigation et de navigation qui sont entrepris pour accroître l'utilité de deux grands fleuves, le Godavery et le Kistna. Il veille à l'établissement équitable du départ à faire entre les revenus publics et les revenus privés des territoires arrosés, dont la valeur est si fort augmentée par de semblables travaux.

Afin de pourvoir à l'un des besoins les plus essentiels, en favorisant *le transport du sel marin nécessaire au peuple de l'intérieur*, il s'occupe des dépôts qu'on doit établir depuis les côtes jusqu'à la limite la plus éloignée où l'on puisse remonter avec des bateaux, sur les fleuves où l'art se dispose à maîtriser les eaux, en facilitant la navigation et le flottage.

Pour favoriser les intérêts maritimes, il porte ses vues au nord du Godavery, sur la ville et le port de Cocanada, dont le commerce grandit; il y prescrit des travaux de perfectionnement. Il examine les édifices publics de Mazulipatam, marché presque déchu, pour leur préparer une utilité nouvelle, soit comme station militaire, soit comme arsenal d'artillerie.

Dans un second voyage, le vigilant gouverneur a visité la côte méridionale, où des travaux de canalisation étaient entrepris suivant un vaste plan; son attention s'est portée sur le point capital d'aboutissement d'un autre puissant moyen de communication : l'extrémité méridionale du chemin de fer appelé *le grand Indo-méridional* (great southern India-railway). En même temps sa sollicitude n'omet pas les plus simples voies de communication.

Il ne s'en rapporte qu'à ses propres yeux pour les établissements hygiéniques existants ou projetés sur les monts Nilgherris et pour ceux qu'on veut entreprendre sur les monts Poulney. Il fixe en particulier son attention sur *les asiles* honorés du nom de *Lawrence;* ces institutions si lâchement ajournées, nous l'avons dit, et si précieuses pour les enfants des militaires, qu'il importe de réunir au sein d'écoles situées sur les hauteurs que la nature favorise d'un climat tempéré, presque européen.

Dans les chefs-lieux de district, il examine l'état des prisons, pour adoucir les souffrances des détenus et leur procurer des logements moins insalubres.

En parcourant les campagnes, il visite les plantations, si pleines d'avenir, que les Anglais font du caféier et les acquisitions en *franc-alleu* (freehold) autorisées, nous l'avons déjà dit, par le Gouvernement de la métropole pour favoriser ce genre de culture.

Compte moral et matériel de la Présidence. — Les inspections que nous venons de signaler n'empêchaient pas le gouverneur de Madras de veiller aux soins généraux de l'administration et d'y porter les lumières d'un esprit supérieur. Il n'a pu préparer qu'une seule fois le compte moral et matériel de son gouvernement, tel qu'il est exigé par le ministre secrétaire d'État pour le département de l'Inde; mais son rapport, de dix-sept pages in-folio, est un véritable modèle, dont nous voudrions montrer toute la valeur.

Justice civile. — Ce travail ne pouvait pas dire d'avance les féconds résultats de l'Acte nouveau sur la procédure civile, mis en pratique seulement dans les quatre derniers mois de l'exercice auquel le rapport est relatif; il fait connaître, du moins, le point de départ qui servira pour juger les progrès ultérieurs.

Une autre indication très-remarquable permet d'apprécier à quel degré, dans la Présidence de Madras, pour les procès civils poussés jusqu'au dernier terme, les plaignants sont fondés ou mal fondés dans leurs poursuites :

Année 1858-1859. Procès gagnés par les plaignants. 47,437
Procès perdus par les plaignants. 6,711

On le voit, dans le gouvernement de Madras, sur huit procès, la justice donne raison à sept plaignants. Certes c'est beaucoup, et ce pays est trop heureux s'il ne se trouve qu'un seul plaignant sur huit qui n'ait pas raison aux yeux des tribunaux.

Un autre chiffre, non moins significatif, fait connaître

un rapport avantageux entre les jugements acceptés par
les deux parties et les rares jugements portés en appel :

```
Jugements acceptés.....................  18,077
Portés en appel........................   5,931
                                         ———————
              TOTAL..........  24,008
```

Ajoutons aussi que le rapport abonde en observations
importantes sur diverses améliorations législatives qui
peuvent diminuer pour l'avenir les procès abusifs et les
appels mal fondés.

Justice criminelle, 1858-1859.

D'autres observations dignes d'attention sont relatives
à la justice criminelle. Loin d'augmenter, le nombre des
crimes que l'on doit poursuivre est diminué; cependant
les poursuites, plus clairvoyantes que jamais et plus habilement dirigées, sont d'une activité croissante.

```
Individus poursuivis......................  24,660
Libérés par les magistrats et par la police....  15,790
A juger au criminel.......................   8,870
```

Sur ce dernier nombre d'accusés mis en réserve pour
être jugés, 42 sur 100 seulement sont condamnés à diverses peines. Parmi les plus coupables, la peine capitale
n'atteint en tout que cinquante et un criminels et pour la
transportation que trente-trois. Telle est la modération
des jugements, au milieu de trente millions d'habitants.

Commencement d'une police perfectionnée, 1858-1859.

On ne signale ici que les commencements d'une police
de constables, imitée de la police excellente des comtés

de l'Angleterre, et l'un des bienfaits les plus précieux que pût recevoir la Présidence de Madras.

Ces commencements font un grand honneur à sir Charles Trevelyan. Le plan qu'il a le premier réalisé, celui dont nous avons expliqué l'esprit général, a bientôt été suivi dans les divers gouvernements de l'Inde britannique. Écoutons cet administrateur éminent[1] :

« Abolition des coutumes désastreuses auparavant pratiquées pour le travail forcé et pour la corvée des transports obligatoires. » Cette abolition a rendu le cœur à l'agriculture, ainsi qu'au commerce, dans la Présidence de Madras. Mais (nous l'avons expliqué précédemment) la mesure capitale en faveur de l'Inde entière est *la reconstitution de la police* et *le perfectionnement des cours de justice.*

«Absorbés longtemps par la guerre, *par les annexions* de territoire et la perception des revenus, nous avions négligé le premier et le plus sacré de nos devoirs, celui de protéger la propriété et la vie de nos sujets. A peine peut-on affirmer que, jusqu'au moment où nous parlons, une police existât dans beaucoup de parties de l'Inde. Ce qui maintenant se passe au Bengale en est un exemple : dans cette province, on inondait de soldats certains districts où nous étions fiers d'affirmer que jamais nous n'avions eu moins besoin de la force militaire; et l'indigo, l'une des productions les plus importantes conquises par l'industrie des Anglais, s'est trouvé tout à coup sérieusement compromis. Une police préventive, une administration de la justice efficace et rapide, pouvaient rétablir la confiance; on aurait aussitôt ressenti le bienfait de ces deux influences et pour les revenus et pour les dépenses

---

[1] *Statement by sir Charles Trevelyan on the circumstances connected with his recall from the government of Madras.* In-8° : London, 1860.

publiques. Je l'affirme, *il est impossible qu'un peuple qu'on rend hostile et méfiant soit bien gouverné, et surtout qu'il le soit avec économie.* Nous qui dénombrons dans les deux mondes trente millions d'Anglo-Saxons, nous ne pouvons pas suffire à dominer dans l'Inde moins de deux cents millions de sujets et de tributaires, avec *une force militaire appliquée, comme la vapeur, à haute pression.* Nous éprouvons cette impuissance dans le même temps que nous étendons, partout ailleurs, notre influence et notre domination ! »

Animé par cet esprit, et plein d'une généreuse confiance, sir Charles Trevelyan n'a pas craint de prêter la main à réduire de 22,000 hommes l'effectif de l'armée sous ses ordres, dans la Présidence de Madras. Il a même proposé de porter cette réduction jusqu'à 3o,ooo soldats.

Une si grande diminution sur la force militaire avait été rendue praticable par l'établissement de la police nouvelle dans la majeure partie de cette Présidence. Elle avait délivré les troupes de corvées fatigantes et multipliées; elle avait permis qu'une foule de détachements militaires, devenus inutiles, rejoignissent leurs corps respectifs. Comme il en résultait dans les cantonnements un excès de force agglomérée, cet excès rendait indispensable une réduction majeure dans l'effectif des régiments; il le fallait pour empêcher qu'une dangereuse fermentation ne se développât au milieu des troupes maintenues sur pied. Telle était l'économie commencée pour le présent et ménagée pour un prochain avenir.

Sir Charles Trevelyan fait ensuite connaître les heureux accroissements de revenus dans l'ensemble de sa Présidence, à la fois paisible et soulagée. Ce tableau plein d'intérêt va lui donner le droit de parler haut pour le ménagement d'un peuple dont les contributions, sans sortir des taxations ordinaires, augmentaient d'elles-mêmes en suivant une progression si remarquable.

Ce qu'on doit, en particulier, faire observer dans le tableau que nous mettons en note[1], c'est que l'accroissement de la contribution foncière n'est dû qu'à la plus grande quantité des terres mises en culture.

En quatre ans, l'étendue des terres cultivées s'est accrue dans le rapport de 100 à 114 hectares, c'est-à-dire *d'un septième*. Non-seulement la superficie productive est augmentée, mais un grand nombre de terres, par le bienfait des irrigations, passent dans une classe incomparablement plus productive.

Sans rien changer aux proportions de la taxe territoriale, le produit des autres contributions présente les progrès qui suivent :

L'impôt sur le sel, dont le taux est resté le même dans les cinq années mises en parallèle, cet impôt, véritable indice de la prospérité du commun peuple, en quatre ans s'est accru de 19 pour cent.

Les douanes. À l'égard des marchandises et des

[1] REVENUS PROGRESSIFS DE LA PRÉSIDENCE DE MADRAS.

	ANNÉES		
	1855-1856.	1857-1858.	1859-1860.
Revenu territorial..............	89,729,287[f]	90,454,427[f]	101,529,995[f]
Akbarie (impôt des boissons)......	5,195,878	6,841,645	7,320,600
Sel......................	13,535,385	14,230,775	16,146,908
Douanes maritimes.............	3,104,325	3,200,728	5,889,097
Moturfa (taxe sur les professions)...	2,713,342	2,628,835	2,736,620
Droits de timbre..............	1,669,613	1,876,842	2,137,745
Douanes de terre	478,105	484,515	599,092
Revenus extraordinaires..........	540,197	613,525	719,353
Totaux.............	116,996,132	120,334,292	137,379,110

produits de la terre objets du commerce extérieur, les droits d'entrée et ceux de sortie n'ayant pas varié pendant les cinq ans mis en parallèle, l'accroissement du revenu public est l'expression des accroissements du commerce extérieur; or le progrès du commerce extérieur, en quatre ans, est de 90 pour cent.

Fonds locaux pour les chemins. — Signalons une heureuse innovation : des fonds locaux sont établis pour la construction des routes secondaires.

Situation de l'enseignement public.

Un progrès très-sensible s'est opéré dans l'enseignement public; il est devenu beaucoup plus suivi par la jeunesse indigène, que pousse l'ambition d'obtenir des emplois publics. Jusqu'à ce jour, le sentiment qui prédomine au milieu des natifs, c'est l'indifférence et l'apathie au sujet de toutes les branches d'enseignement qui ne procurent pas *un avantage monétaire immédiat.* Il est néanmoins raisonnable de l'espérer, la résistance passive qu'oppose encore le gros de la population sera peu à peu surmontée par l'attrait direct des écoles. D'un autre côté, l'influence personnelle du nombre faible, mais croissant, des indigènes instruits produira son effet nécessaire; comptons aussi sur le spectacle entraînant des améliorations matérielles que le savoir européen introduit sans cesse dans l'Inde. En définitive, il faut compter sur l'aide du temps et sur des efforts qui témoignent d'une patience à toute épreuve.

Sir Charles Trevelyan dans ses rapports avec les lois et le peuple.

A présent que nous avons suffisamment expliqué le

mérite administratif de sir Charles Trevelyan, faisons connaître quelle conduite magnanime ce gouverneur a tenue, lorsqu'il a fallu défendre les intérêts du peuple qu'il gouvernait avec tant de sollicitude.

Quand le ministère de lord Palmerston eut fait tourner à son profit la grande rébellion de 1857, afin d'obtenir du Parlement que la Compagnie des Indes britanniques cesserait son administration séculaire, voici quel fut le premier soin du Gouvernement métropolitain : il employa tous les moyens de faire supporter *en entier* par l'Inde les frais de la révolte et les frais de la pacification, les dépenses propres aux indigènes et les justes indemnités qu'on devait assurer à la Compagnie, dépossédée de l'empire opulent qu'elle avait par degrés constitué.

On n'alla pas chercher dans l'Inde même un serviteur éminent qui connût à la fois la nature des impôts, ou perçus ou percevables, ni les circonstances qui pouvaient les rendre plus ou moins supportables par le peuple, et qui cherchât les atténuations les plus opportunes dans chaque genre de dépenses. On fit choix à Londres d'un comptable distingué, M. Wilson, qui n'avait jamais visité les pays ni connu les peuples au sein desquels il allait plonger, d'une main dure, son scalpel financier. L'injonction suprême qu'il avait reçue du pouvoir métropolitain était d'établir, *à tout prix*, un budget en équilibre.

A peine touche-t-il la terre, il se met à l'œuvre. Dans le dessein de constater le déficit de l'année pour laquelle on doit opérer, sans autre examen il adopte l'ancien système de supputation, système qui consistait à calculer chaque nouvelle année d'après la valeur moyenne des recettes et des dépenses pour les trois années précédentes.

Mais dans les trois années qu'il prenait ainsi pour base étaient compris *trente mois de rébellion*, puis les dépenses extraordinaires dont la révolte avait été le sujet, puis les pertes de revenus au sein des provinces où la guerre civile avait étendu ses ravages. Évidemment, un tel calcul devait annoncer un déficit imaginaire, énorme, pour l'année de paix dont il fallait établir le budget soi-disant perfectionné. Ce budget allait être fixé d'après l'indice d'un passé si défavorable, que, même en profitant des suppressions militaires déjà largement effectuées et des réductions les plus déplorables dans tous les travaux civils, M. Wilson trouvait encore à combler un déficit effrayant : il l'élevait, pour l'exercice 1860-1861, au chiffre insensé de *cent soixante-deux millions cinq cent mille francs.*

En examinant des calculs si vicieux, sir Ch. Trevelyan démontre jusqu'à l'évidence les nombreuses erreurs commises dans les recettes, systématiquement atténuées, et dans les dépenses, systématiquement exagérées. A l'égard des progrès certains du revenu public, il s'appuie : sur l'expérience de son propre gouvernement, celui de Madras; sur les réductions qu'il avait opérées déjà quant aux dépenses militaires et sur celles, de même nature, dont il démontrait la possibilité générale, disons mieux, la nécessité. En même temps, il attestait le progrès des revenus en réalité perçus, et tels que nous les avons signalés pour Madras. Ses démonstrations, *irréfutables*, mais *qu'on trouvait* TROP *rassurantes*, déplurent à ces deux titres.

Le réformateur, sans accepter aucune lumière, voulait résoudre le problème en demandant tout *à l'excès des impositions*, même dans les provinces appauvries par la guerre civile. Il osa proposer, tristes nouveautés, trois contributions plus impopulaires les unes que les autres : 1° Un impôt progressif prélevé sur tous les revenus, en n'acceptant pour limite inférieure que l'humble somme de 500 francs, posée comme moyen d'existence d'une famille tout entière;

2° un droit de patente, la *licence*, frappant l'exercice des professions et des métiers; 3° un impôt sur tous les tabacs cultivés dans l'Inde.

Indépendamment de ces trois charges innovées, on accroissait les droits d'entrée comme ceux de sortie sur un grand nombre de produits.

Garanties légales assurées aux peuples de l'Inde. — D'après la loi fondamentale émanée du Parlement, et qu'on devait regarder comme la sauvegarde du pays, aucun de ces impôts ne pouvait être perçu qu'après avoir été voté par le Conseil législatif de l'Inde. Dans ce Conseil, que préside le Vice-Roi, siége de droit un représentant de chacune des deux Présidences, Madras et Bombay, et des divers sous-gouvernements établis dans les provinces du Bengale, du Nord-Ouest, de Lahore, etc.

Heureusement, par une règle générale pleine de sagesse, un délai de trois mois doit s'écouler entre la proposition du moindre *bill*, projet de loi, et la sanction finale en vertu de laquelle ce projet devient une loi définitive.

Aussitôt que furent présentés les premiers bills sur l'income-tax et les licences, les deux Conseils supérieurs de Madras et de Bombay commencèrent par réclamer, dans l'intérêt de leurs peuples, le bénéfice du délai légal de trois mois. Ils voulaient pouvoir éclairer sur tous les points innovés le gouverneur général, les législateurs de Calcutta et le suprême pouvoir de la métropole.

1. *Lord Elphinstone présente les remontrances de Bombay.*

Commençons par citer les nobles remontrances que fit entendre le Conseil de Bombay par la voix du Président, lord Elphinstone, digne en ce moment de son illustre homonyme et parent, Mountstuart Elphinstone :

« Le sentiment de mon devoir ne me permet pas de rester silencieux au sujet des impôts qui vont peser sur les peuples de cette Présidence aussi lourdement que sur les autres nations de l'Inde britannique, impôts jusqu'à présent inconnus dans ce pays, et qui certainement, par leur nature, vont être plus impopulaires qu'aucun autre genre de contributions publiques.

« Pour justifier une si grande expérience financière, on s'appuie sur des motifs d'une complète insuffisance. Ne vaudrait-il pas mieux procéder par voie d'essai dans un projet si nouveau? Et pourrait-on trouver inadmissible qu'on attendît, pour apprécier l'heureux effet des fortes réductions sur l'effectif militaire, qui sont en cours d'exécution, et pour examiner si d'autres réformes, considérables aussi, ne peuvent pas être ordonnées? Tandis que le trésor est soulagé par la diminution apportée dans la plus grave de nos charges publiques, l'autre côté de la balance est heureusement favorisé par l'amélioration rapide et constante des sources naturelles de nos revenus.

« Qui pourrait à l'avance déclarer impossible le succès complet de ce double mouvement pour rétablir l'équilibre du budget? Certes, notre situation n'est pas à ce point désespérée qu'elle nous contraigne à risquer, comme on en forme le dessein, *ce qu'on me permettra d'appeler un plongeon dans les ténèbres* : A LEAP IN THE DARK !

« Mes objections ne concernent pas seulement les taxes en elles-mêmes, mais leur nombre et leur simultanéité. Lorsque lord Torrington, qui pourtant agissait avec la complète adhésion de son Conseil, voulut établir quatre nouvelles contributions, leur ensemble produisit *une insurrection* contre son gouvernement; ce fut moins chaque impôt en soi que l'invasion d'un système qui, sur tous les points à la fois, répandait l'alarme chez les peuples.

« Concevez, poursuivait le gouverneur de Bombay, un genre d'impôt dont la perception *exige cent quatre-vingt-six clauses fiscales, si compliquées que leur exposé remplit cent quatre-vingt-une pages in-folio!* Imaginez cet impôt, qui doit sans aucun doute être levé par des agents spéciaux, pris *en dehors* des autres officiers du revenu public. Figurez-vous, enfin, une armée d'employés nouveaux, recevant une solde nécessairement infime, *et qui vont en toute probabilité prélever sur les imposés, pour leur propre compte, autant d'argent que ceux-ci devront en payer à la Trésorerie.* Mettez sous vos yeux de pareils faits, et songez aux conséquences! »

Écoutons, à présent, les premières réflexions du généreux et digne émule de lord Elphinstone.

2. *Sir Charles Trevelyan présente les remontrances de Madras.*

« Ma position officielle, au mois de mars dernier, peut aisément être comprise. J'étais chargé, sous ma responsabilité immédiate, de veiller aux intérêts de 30 millions d'habitants, sujets de Sa Majesté, en y comprenant ceux du royaume de Mysore, placés depuis peu sous la tutelle de mon administration. D'après la plus saine appréciation que mon jugement pût former, le fardeau des contributions innovées n'avait rien qui fût indispensable ; par conséquent, l'imposer n'était pas juste et devait enfanter de graves dangers publics. A cet égard, mon opinion était confirmée par l'avis unanime des membres de mon Conseil, avis conforme à celui du gouverneur et du Conseil de Bombay.

« De là j'ai conclu que mon devoir manifeste était de réclamer le bénéfice du temps, afin que les mesures en projet fussent considérées dans l'Inde avec maturité, et qu'en Angleterre une décision suprême pût être rendue par le Gouvernement de Sa Majesté.

« La faculté, la possibilité, je dis plus, *le droit d'obtenir un mûr examen*, tel que je le réclamais, étaient proclamés par la Constitution qui nous régit.

« D'après un discours prononcé dans la Chambre des Communes par le Secrétaire d'État pour l'Inde lors d'un récent débat sur les finances de l'empire oriental, j'apprenais que le Gouvernement métropolitain n'avait pas en projet et ne semblait pas devoir approuver la taxation uniforme, universelle, proposée au nom du Vice-Roi. Pareille taxation était d'ailleurs incompatible avec la rapide réduction de l'armée, impérativement prescrite et depuis peu commencée, réduction dont le succès ne pouvait pas sans péril être compromis par l'innovation presque simultanée de trois taxes impopulaires. »

En présence de tous ces faits, à la date du 16 mars 1860, le Gouvernement de Madras transmet son opinion au Président en Conseil, à Calcutta; il affirme que les intérêts du service public rendent indispensable le délai légal accordé pour l'examen de tous les projets de loi, afin qu'on puisse adresser des représentations mûrement méditées. Un pareil délai ne saurait être abrégé quand il s'agit d'un plan de finance aussi capital que celui des bills innovant à la fois l'impôt sur tous les genres de professions et sur toutes les sources des revenus publics.

A cette réclamation, fondée sur les lois organiques, la réponse fut, emploierons-nous le mot propre mais vulgaire? *une rebuffade* (a rebuke), parce qu'on avait transmis au Vice-Roi un tel message *en suivant la voie du télégraphe*. « Mais nous devions employer cette voie rapide afin de ne pas perdre un seul moment. Pour unique réponse, il nous fut signifié que le Gouvernement de l'Inde avait résolu d'établir les nouveaux impôts sous sa seule responsabilité, *et de jeter bas* (TO PUT DOWN) *toute opposition par laquelle on rêverait la résistance!* On allait ordonner au Conseil législatif de suspendre les règlements établis (the standing orders), qui fixent la marche des affaires, pour adresser sans débats préliminaires les bills financiers *à des comités secrets.* Ces comités recevraient l'ordre général de présenter leurs rapports confidentiels dans le délai d'*un mois au plus*, afin que le Conseil législatif pût discuter et voter *sans le moindre retard.* »

Un moyen restait d'obtenir le délai voulu par les lois : c'était de rendre publiques les réclamations du Gouvernement de Madras, publicité qui contraignait le Vice-Roi d'en référer à l'ordre suprême de la métropole.

« Les conséquences d'une marche pareille pouvaient être graves pour moi, dit sir Charles Trevelyan, et je les prévoyais. Mais, du moins, des mesures affectant si profondément le sort du peuple dont j'avais la charge, embrassant les intérêts et se liant à l'honneur de tout un empire, ces mesures ne passeraient pas avec une précipitation qui ne permettrait aucune préparation, aucune délibération sérieuses et salutaires. Jamais je n'avais conçu qu'il fût possible d'employer d'autres moyens pour atteindre un but légitime. A peine avais-je devant moi quelques semaines; si le Vice-Roi ne pouvait pas être induit à s'arrêter sur cette pente illégale, les bills devenaient lois avant que le Gouvernement de la mère patrie pût interposer sa volonté préventive et souveraine. »

Dix jours après le premier message ainsi repoussé, nous dirions presque *rabroué*, le Gouvernement de Madras, c'est-à-dire le Gouverneur en Conseil, écrit au Vice-Roi : « Sir, dans notre intime conviction, la crise actuelle est plus sérieuse que ne le fut la rébellion elle-même. Il n'est qu'un moyen de traiter avec les rébellions, on les abat. Mais, ici, le choix se doit faire entre deux lignes politiques d'où peuvent jaillir les résultats qui, pour l'avenir, sont les plus menaçants : *the most portentous results.*

« Si nos raisons n'ont pas le bonheur de vous convaincre, vous apprécierez, nous l'espérons au moins, la responsabilité d'un Gouvernement pareil à celui que nous représentons, chargé que nous sommes par Sa Majesté d'administrer et d'assurer la tranquillité d'une partie considérable de l'Inde. Nous l'espérons surtout, vous ne ferez pas discuter ni voter les nouveaux bills, en ce qui concerne la Présidence de Madras, avant l'expiration du temps nécessaire pour que le Gouvernement suprême, dûment consulté, ait eu le temps d'exprimer son opinion sur nos légitimes et sérieuses remontrances.

« En réclamant le délai de trois mois garanti par la constitution, avant qu'on rende exécutoires des mesures par lesquelles on changerait l'état politique d'un grand empire, il est de droit et de raison qu'on puisse consulter tous les hauts fonctionnaires rendus par la loi responsables du bien-être et du destin de cet empire.

« Nous réclamons avec d'autant plus d'insistance le délai légal, que le Secrétaire d'État de l'Inde a besoin d'être informé qu'il sera peut-être nécessaire d'établir *des moyens financiers très-divers* pour les grandes circonscriptions territoriales qui constituent l'Inde britannique et qui sont si différentes les unes des autres? Comme dernier motif, le nouvel ensemble de taxations serait, nous l'affirmons, absolument incompatible avec la réduction de l'armée indigène, réduction prescrite depuis peu par Sa Majesté. »

Cette démarche solennelle que faisait, en Conseil, le gouverneur de trente millions d'âmes n'arracha pas le moindre mot de réponse au Vice Roi.

Chose inouïe, un financier tiré des Bureaux du Commerce, expédié de Londres pour aller dans une immense contrée, dont il ignorait les lois et les mœurs, afin d'y créer à tout prix un équilibre budgétaire, M. Wilson, refuse de concéder un simple délai de trois mois : délai qui permettrait que lui-même s'éclairât sur les lieux, et rendrait possible un appel légitime à la mère patrie, dont il était pourtant le serviteur ! Ce personnage fiscal, blessé qu'il est dans son orgueil et dans son omnipotence, va surpasser les prémisses de ses mesures arbitraires.

Il propose froidement au Conseil législatif de Calcutta que le mois d'examen préparatoire accordé d'abord à la Commission spéciale chargée du rapport sur les bills financiers *soit abrégé de quinze jours*. Aussitôt, ceux des membres du Conseil qui représentent Madras et Bombay protestent avec énergie ; ils réclament contre un délai réduit à ce point, comme par un besoin de vindicte personnelle. Mais tout ce qu'ils peuvent obtenir, c'est que le travail de la Commission préparatoire ne sera réduit qu'à *trois semaines,* au lieu *de l'être à quinze jours.*

Afin que le despotisme dominât partout dans une affaire aussi grave, le gouverneur général défend que les représentants de Madras et de Bombay produisent *en séance du Conseil,* dont ils étaient membres de droit, les observations légales de leurs Présidences respectives : « Attendu, disait ce Vice-Roi, que le sujet des séances législatives étant publié jour par jour, le peuple entier apprendrait que les gouvernements présidentiels, dans deux parties de l'empire, auraient réclamé le bénéfice de la loi, sous prétexte d'intérêt pour les nombreux millions d'hommes qu'ils administraient avec une pleine responsabilité. »

En imposant ce silence trompeur, on espérait annoncer les trois taxes nouvelles, dont allaient être frappés cent cinquante millions de sujets, comme ayant obtenu *le vote unanime* de tous les gouverneurs et de tous les Conseils délibérants qui régissent l'Inde britannique...

Effet définitif des réclamations. — L'énergique volonté déployée par les deux Gouvernements de Bombay et de Madras, quoique repoussée dans son objet capital, produit néanmoins les effets les plus salutaires pour les peuples de l'Hindoustan. En fait, le Vice-Roi n'ose pas sanctionner les bills entravés dans leur marche, avant d'avoir pris les ordres du ministre métropolitain. Lord Canning dément en secret l'orgueil de ses refus publics opposés aux demandes légitimes de deux grandes Présidences; le 19 avril 1860, il écrit au Secrétaire d'État, sir Charles Wood : « Je crois d'une absolue nécessité que le Gouvernement de l'Inde connaisse le plus tôt possible votre opinion sur la question qui s'agite. En attendant, la marche du Conseil législatif ne sera pas arrêtée; *mais j'aurai soin que les bills ne soient pas déclarés lois avant que j'aie reçu votre décision.* »

Par le bienfait de pareils délais, ce temps même qu'on brûlait d'abréger finissait par porter conseil, et les dispositions primitives étaient profondément modifiées : 1° Le bill qui frappait tous les tabacs plantés dans l'Inde tombait, abandonné par son auteur; 2° l'impôt qui devait atteindre chaque métier et chaque profession n'allait plus être qu'un complément de l'*income-tax*, et se bornait aux personnes que n'atteignait pas l'impôt sur les revenus. Ainsi, des trois taxes proposées, une seule restait intacte et partout les doubles taxations disparaissaient. Les revenus présumés des détenteurs de domaines non cadastrés (*unsettled*) étaient calculés *sur le tiers* et non plus *sur la moitié* de l'impôt territorial; les troupes, soit indigènes, soit européennes, étaient épargnées *et caressées*, par l'exemption de la taxe du revenu pour tous les militaires

dont les appointements n'excédaient pas ceux d'un simple
capitaine de la ligne. Cette exemption, sans doute, exci-
tait l'envie des populations prises dans leur ensemble;
mais on eût trouvé trop périlleux de faire descendre *une
taxe militaire* jusqu'aux grades les moins élevés. On n'y serait
point parvenu sans révolter cette partie la plus nombreuse
des états-majors qu'on peut appeler le nerf de l'armée.

Les percepteurs *extraordinaires* et si redoutables, imaginés par le bill primitif, ont cédé la place aux employés
ordinaires des finances; il y a mieux, parmi ces derniers,
on a fait choix des officiers qui possédaient au plus haut
degré l'estime et la sympathie des indigènes. Enfin, des
instructions d'une extrême indulgence ont été données
sur les règles à suivre pour établir et percevoir la taxe
des revenus, *income-tax*, en restreignant le plus possible
toute voie d'inquisition dans les affaires privées.

En définitive, des trois taxes projetées, *la seule qui soit
devenue loi*, celle des revenus, est adoucie; elle est heureusement atténuée comme il vient d'être expliqué.

«Je reconnais avec plaisir, déclare sir Charles Trevelyan, les améliorations réalisées. Persuadé, comme je le
suis, que le système primitif exigeait un puissant correctif,
et que le seul remède praticable était celui qu'on a pratiqué, j'en accepte avec joie les conséquences, fâcheuses
à mon égard; je les accepte, quelque mortifiantes, quelque
injurieuses et quelque nuisibles qu'à divers points de vue
elles aient été pour ma personne.

«Le Gouvernement de Sa Majesté, sous une forme qui
devait m'être agréable, a bien voulu joindre à l'ordre
de mon rappel une autre lettre officielle approuvant avec
éclat mon administration dans la Présidence de Madras.
En même temps, chez toutes les classes des Européens et
des natifs, j'ai reçu des témoignages si nombreux de bien

veillance et d'estime, que, sans présomption, je puis le dire, cette approbation, le peuple entier que je gouvernais l'a décernée. Les explications qui viennent d'être présentées justifieront, je l'espère, ma publication des actes émanés du Conseil de Madras. Mon seul désir est d'être jugé d'après les faits, en ayant surtout égard aux circonstances qui me commandaient d'agir conformément à l'intérêt national, celui que j'avais pour devoir de défendre. »

Voici la seconde lettre officielle qu'a reçue sir Charles Trevelyan; suivant les formes britanniques, elle s'adresse au Gouverneur en Conseil de la Présidence de Madras, comme s'il s'agissait d'une tierce personne :

« Sir, dans ma dépêche n° 23 de ce jour (10 mai 1860) je vous ai communiqué les raisons pour lesquelles le Gouvernement de Sa Majesté s'est vu contraint d'éloigner sir Charles Trevelyan de sa position comme gouverneur du fort Saint-Georges. En même temps le Gouvernement de Sa Majesté *désire déposer dans les archives de la Présidence* le témoignage des services que sir Charles a rendus pendant son administration. Les membres du Gouvernement de Sa Majesté ont vu avec une vive satisfaction l'attention vigilante QU'IL A PORTÉE sur tant de questions d'une importance majeure *que* VOUS AVEZ DÛ TRAITER *pendant la durée de votre gouvernement.* Ses observations sur l'état des districts qu'il a visités prouvent que *son but a toujours été d'élever la condition morale et d'accroître la prospérité matérielle du peuple.* Parmi les serviteurs de la couronne, aucun ne s'est, avec plus d'ardeur, efforcé de mettre en pratique *les grands principes de gouvernement annoncés aux princes ainsi qu'aux peuples de l'Inde par la glorieuse proclamation de Sa Majesté la Reine Victoria.*

« *Pour ces importants services, les remercîments des ministres de Sa Majesté* SONT DUS *à sir Charles Trevelyan.* »

Faisons admirer la marche à la fois équitable et généreuse du Gouvernement suprême, même quand il se croit obligé, pour des raisons politiques, de frapper un serviteur illustre et digne d'estime. C'est ainsi qu'il est beau, même au jour de la défaveur, de respecter le caractère des hommes qui sont l'honneur d'une grande nation.

Cinq ans ne sont pas encore écoulés depuis la mémorable dissidence dont nous venons d'expliquer soit les motifs, soit les effets, et déjà le temps a prononcé ses sentences irrévocables. Ce ministre Wilson qui ne permettait pas les objections, même alors qu'il devait céder et qu'il cédait *en secret* à leur force irrésistible, ce ministre, accablé par des soucis imprévus et par des travaux excessifs, est mort au milieu d'une tâche où lui-même, soyons-en sûrs, *cherchait sincèrement le bien public.*

Après une destitution que l'estime du pouvoir destituant avait transformée en véritable ovation, sir Charles Trevelyan revint dans sa patrie, mais non pas comme ces nababs gorgés d'or, de fatuité vulgaire et des ridicules dont Macaulay, son illustre beau-frère, a tracé le portrait inimitable. Il reparut comme un de ces hommes d'élite qui rentrent dans leur élément naturel, au milieu du monde élégant et distingué, dont ils sont l'ornement. Il ne se montra pas humilié de sa disgrâce, ni fier des suffrages publics. Il écrivit comme il vécut, en sage. Dans une narration simple, calme, et *je dirais presque inanimée*, tant elle est dépouillée de ressentiment et de passion, il présenta la narration des faits que je viens d'énumérer. J'ai lu plusieurs fois avec une extrême attention cet exposé, sans y découvrir un seul mot empreint d'amertume haineuse, un seul blâme jeté sur le caractère des antagonistes qui venaient de le renverser, en lui faisant perdre le gouvernement de trente millions d'âmes. Thucydide, quand ses devoirs d'historien l'obligent à parler des citoyens tout puissants qui l'ont expulsé d'Athènes, n'est ni plus maître de lui-même ni plus équitable à leur égard.

Un si noble spectacle ne pouvait manquer de porter ses conséquences en faveur d'un homme d'État ami des peuples subjugués, défenseur des lois, et, par cela même, doublement promoteur de la gloire de son pays.

Le Vice-Roi, modéré par caractère, mais qui cédait à la peur d'une rébellion nouvelle; qui, d'ailleurs bien intentionné, mais timoré, foulait aux pieds la légalité, pour anéantir les représentations légitimes de deux gouverneurs délibérant en Conseil et réclamant pour des nations entières, ce Vice-Roi, descendu de son trône temporaire, a joui peu de temps des souvenirs d'un pouvoir qu'il avait semblé ne concevoir que sans limites; bientôt lui-même a suivi dans la tombe son ministre si passager, M. Wilson.

Or le temps, ce vrai galant homme de l'Europe et de l'Asie, le temps, qui finit par rendre justice à la raison, au courage, au patriotisme, à l'amour vrai du bien-être des peuples, le temps a pris par la main sir Charles Trevelyan; il en a fait, qui l'aurait cru! le successeur de Wilson même, à la place de ministre des finances près du gouverneur général, dans le vaste empire qui pour sujets, pour alliés et pour tributaires dépasse aujourd'hui cent quatre-vingt-dix millions d'hommes.

Sir Charles Trevelyan, devenu le secrétaire d'État d'un Vice-Roi de l'Asie, j'ai presque dit d'un Roi des Rois, après avoir rempli ses hautes fonctions *sans réclamer la destitution d'aucun gouverneur de Présidence*, notre héros a vu le ministre secrétaire d'État métropolitain, sir Charles Wood, en plein Parlement, le 21 juillet 1864, *déclarer que sir Charles Trevelyan avait, LE PREMIER, établi le véritable équilibre d'un budget général de l'Inde.*

« Dès 1859, disait sir Charles Wood, j'annonçais qu'après trois à quatre ans les finances de l'Inde seraient rendues à la prospérité. Aujourd'hui j'ai l'honneur de déclarer à la Chambre des Communes que depuis deux ans la réalité justifie ma prédiction. En 1862, il existait encore un léger déficit; mais pour l'exercice qui finit au 1er mai 1863, au lieu d'un déficit, je proclame un excédant de 47,675,000 francs. (*Explosion d'applaudissements dans la Chambre des Communes*.) J'ajouterai que sir Charles Trevelyan démontre les surplus des deux exercices subséquents. De tels résultats sont le fruit d'une sage réduction qu'il a portée dans les dépenses et d'un accroissement, *qu'il avait prédit*, dans les branches de revenus les plus importantes. Je ne me suis pas aperçu, ajoute l'équitable secrétaire d'État, que les allocations des services publics aient été, dans aucun cas, restreintes au-dessous des véritables besoins, ni qu'aucun moyen praticable ait été négligé quand il fallait encourager le développement des ressources de l'Inde. J'ose penser que la Chambre des Communes partagera ma conviction : nous arrivons à l'état le plus satisfaisant des choses lorsque, en dépit de la dépression réellement extraordinaire qui suivit la rébellion, une si grande supériorité de revenu national succède à l'année où l'équilibre n'était pas atteint. Il y a plus encore : une réduction considérable est opérée sur la dette publique. En deux années, sir Charles Trevelyan évalue le remboursement dans l'Inde à 225 millions de francs; tout balancé, tant à Londres qu'à Calcutta, on a constaté que la somme en réalité remboursée n'est pas au-dessous de 207,825,000 francs. »

Qu'on préfère l'une ou l'autre de ces évaluations, le résultat n'en est pas moins magnifique.

Le climat des bords du Gange n'a pas épargné la santé

de sir Charles Trevelyan dans un ministère où des succès
si merveilleux ne pouvaient être obtenus que par d'immenses travaux. Pour la seconde fois, épuisé de fatigues
affrontées avec courage, cet homme d'État est revenu dans
sa patrie, non plus seulement consolé, mais récompensé
par l'estime et l'affection de l'Inde et de l'Angleterre.

Lorsque Rome assimilait à son empire la plupart des
nations civilisées qui composaient l'ancien monde, sup-
posons que les gouverneurs des pays conquis, intègres et
grands par le caractère, se fussent exposés *à perdre leurs
proconsulats* pour défendre les lois protectrices des personnes et pour empêcher l'impôt, *qui croissait toujours,*
d'écraser à la fin leurs administrés ; certes, par l'effet de
cette énergie, la puissance des Romains ne serait pas arrivée, de décadence en décadence, à ne plus dénombrer
que des provinces épuisées, des contribuables ruinés, hors
d'état de payer les taxes impériales, des campagnes qui se
dépeuplaient, et, pour tout dire, en un mot, des décu-
rions, percepteurs obligatoires d'un revenu qui s'affaiblissait avec rapidité dans les municipes. De telle sorte qu'on
dépouillait tôt ou tard ces notables de leur patrimoine,
pour solder la contribution des infortunés cultivateurs.

Ce serait donc traiter l'Angleterre avec une injustice
extrême si l'on comparait son œuvre moderne accomplie dans l'empire immense de l'Inde avec celle des Romains, entre le siècle d'Auguste et le siècle d'Augustule.

*Marche suivie par sir Charles Trevelyan pour éclairer et diriger l'en-
treprise d'une compagnie de Canalisation et d'irrigation dans la
Présidence de Madras.*

Vers le temps où commençaient les mémorables dis-
cussions dont nous venons d'offrir l'historique, des rap-

ports officiels plus heureux s'établissaient au sujet d'une Compagnie qui demandait, à Londres, qu'on lui concédât une grande entreprise de canalisation et d'irrigation dans la Présidence la plus méridionale de l'Inde.

La demande fut renvoyée au Vice-Roi, comte Canning, et par lui transmise au gouverneur de Madras. En faisant ce renvoi, lord Canning exposait d'excellents principes d'administration et les discutait dans l'intérêt des indigènes, *dont il se montrait,* je suis heureux de le dire, *le tuteur éclairé et vigilant;* il proposait avec sagesse qu'on tentât d'abord une seule et grande expérience, et qu'on fît avec discernement un choix entre tous les projets proposables. Sir Charles Trevelyan eut alors l'heureuse pensée de recourir à l'éminent créateur des travaux, si productifs, exécutés pour les deltas de deux fleuves très-importants.

Plan des travaux, approfondi et discuté par le colonel sir Arthur Cotton.

Tirant parti de sa longue expérience et des beaux résultats dus à son talent, le célèbre ingénieur s'est aussitôt mis à l'œuvre pour présenter le tableau d'un magnifique ensemble de travaux; il en a démontré les bienfaits et l'urgence avec une énergie qu'inspiraient chez lui l'amour du bien public et les convictions les plus profondes. Nous essayerons d'analyser une œuvre digne à tous égards d'être méditée, et qui jette une vive lumière sur des progrès indispensables au midi de l'Hindoustan.

Le projet à préférer. — Il devra remplir des conditions impérieuses, lesquelles sont : 1° qu'il offre la juste et raisonnable perspective de procurer aux actionnaires un ample bénéfice, non-seulement pour leur propre rémunération, mais surtout en vue d'encourager l'application si désirable des capitaux britanniques à de pareilles entreprises; 2° qu'il assure un bienfait considérable aux populations chez lesquelles on veut créer de concert les irrigations et la navigation; 3° qu'il promette d'accroître, soit directement, soit indirectement, les revenus de l'État; 4° qu'il opère sur un vaste pays pour le réunir avec les ports de mer, en assurant l'économie d'un transit aquatique, utile au commerce; 5° qu'au moyen des irrigations ce même pays, dans les mauvaises années, soit garanti contre la famine, tandis que, dans les années ordinaires, il abonde en produits échangeables avec les objets manufacturés d'Angleterre et d'autres contrées; 6° qu'au sein des districts où les travaux devront s'effectuer, on répartisse des Européens bien dirigés, qui, sous un habile contrôle, développeront une influence considérable et bienfaisante au milieu des indigènes; 7° que l'entreprise soit divisible en sections, dont chacune pourra former un projet complet, indépendant du reste, et produire *des revenus immédiats :* dans le Radjahmundry, cité pour exemple, des bénéfices considérables ont été perçus dès les premiers douze mois où les travaux ont commencé; 8° que jamais ne soit perdu de vue ce fait essentiel : dans un pays qui n'est nullement amélioré, l'on obtiendra de grands moyens naturels de communication par quelques ouvrages d'une dépense médiocre, qui les mettront en valeur : telles sont les longues lignes de rivières, déjà presque navigables, et qui le deviendront partout en triomphant de faibles obstacles. Aujourd'hui ces lignes ne servent à rien, parce qu'elles ne sont pas mises en communication complète avec les ports ou les marchés intérieurs; mais leur valeur sera tout à coup réalisée par certains travaux isolés, moyennant les plus modiques sacrifices. Dans un pays aussi généralement *imperfectionné*, quoique très-peuplé, peut-être le principe le plus essentiel est-il, en opérant sur une si vaste étendue de lignes artificielles ou naturelles, soit d'irrigation soit de transports, d'agir avec une extrême rapidité : dût-on employer des moyens éloignés, il est vrai, de la perfection, mais expéditifs.

Cette marche est fort opposée au principe faux qui certainement, plus que tous les genres de difficultés, s'est élevé comme un obstacle insurmontable aux améliorations de l'Inde : on a voulu que chaque plan proposé fût, *du premier abord*, complet et parfait! D'un pareil absolutisme, dont cent exemples pourraient être cités, le résultat se traduit par une seule interprétation désespérante : *puisque vous ne pouvez pas*, DÈS LE PREMIER MOMENT, *obtenir la perfection, laissez-nous continuer à ne rien faire.*

Reproches adressés aux chemins de fer. — « Dans un cas malheureux, l'Inde a voulu développer à tout prix de grands travaux, tels que ceux des chemins de fer, dont les spéculations ont échoué; c'était grouper un ensemble énorme de capitaux directement contraires aux transports à bas prix. Depuis cette invasion, les intéressés ont suscité d'incalculables obstacles à tous les progrès réels. »

On le voit, l'éminent ingénieur, dont la renommée repose sur des travaux hydrauliques, se montre ici trop sévère à l'égard des chemins de fer. Il les dépeint, sans exception, comme ayant échoué dans l'Inde et ne pouvant pas même approcher d'un revenu qui paye l'intérêt des capitaux garantis par le Gouvernement; il en attaque les auteurs comme les ennemis de toute entreprise à tenter pour accomplir des travaux (aquatiques) opérant à bas prix des transports, ruineux pour les voies ferrées.

« Sous la pression des circonstances, les compagnies de chemins de fer, soit de Calcutta, soit du Sindhe[1], ont été

---

[1] Sir Arthur paraît croire que la navigation par la vapeur sur l'Indus est infiniment moins coûteuse que celle des chemins de fer et très-pro-

contraintes de créer une vaste flottille à vapeur sur le Gange et sur l'Indus : *c'était faire ainsi le pas le plus efficace pour amoindrir leurs opérations sur terre.* Elles ont agi de la sorte quand l'état des communications par eau ne leur laissait d'autre choix que de se mettre en concurrence avec elles-mêmes.

« Règle générale : partout où les fleuves et les canaux sont voisins des chemins de fer, les possesseurs de ces chemins emploieront leur influence redoutable à paralyser les entreprises concurrentes de navigation et même d'irrigation; ces capitalistes ont horreur de toute rivalité. »

Certainement de telles attaques sont fondées sur de puissants motifs et caractérisées par cette dialectique animée et vigoureuse qui distingue l'impétueux écrivain, j'ai presque dit l'orateur. Mais s'il a raison, sous un certain point de vue, contre les chemins de fer, lorsque des fleuves leur font une concurrence favorisée par la nature des choses, qu'il ne l'oublie pas : des trois grandes cités qui représentent le génie, la richesse et le commerce de l'empire Indo-Britannique, Calcutta seule est bâtie sur le bord d'un fleuve. Est-ce que les voies accélérées, qu'il traite si sévèrement, ne sont pas pour Madras et Bombay des *fleuves de fer*, créés : ceux du nord pour remonter jusqu'au Gange supérieur, en forçant la nature à travers le Caucase des Ghauts; et ceux du midi, pour aller de la mer

fitable en elle-même : c'est ainsi qu'il parle en 1860. Il nous semble qu'il se trompe en supposant, alors, qu'il existe un chemin de fer latéral à l'Indus et qui, sur ce fleuve, rivalise avec la navigation par la vapeur.

En consultant le rapport officiel de 1864, rédigé par M. Juland Danvers, sur les chemins de fer de l'Inde, voici ce que nous avons remarqué : « La possibilité que la flottille de l'Indus soit remplacée par un chemin de fer est reconnue par le Gouvernement, qui depuis 1863 fait étudier sur les deux rives du fleuve quel sera le chemin le plus avantageux qu'on pourra créer entre Moultan et Kotrie.» Ce chemin n'existait donc pas en 1860, lorsque sir Arthur Cotton rédigeait son savant rapport.

indienne d'occident à la mer bengalaise d'orient, à travers les terres promises du coton? En dehors de ces considérations purement économiques, est-ce que les plus graves motifs d'une politique supérieure ne commandaient pas d'ouvrir un chemin de fer de premier ordre, en traversant dix cités, dont la moindre approche de trente mille âmes, pour transporter et l'armée et les millions de voyageurs, depuis Calcutta, la capitale de l'empire, jusqu'à Lahore, la capitale du bassin de l'Indus, sans avoir à redouter les retardements fluviaux qu'occasionnent les sécheresses et les inondations? Aucune de ces raisons ne pouvait échapper au savant colonel du génie militaire, sir Arthur Cotton; mais il croyait avoir besoin de passionner ses lecteurs, afin de les mieux entraîner. Cela n'était pas nécessaire : car la riche Compagnie d'irrigation et de canalisation formée dans Londres par l'effet des raisons victorieuses que lui-même avait données, cette Compagnie était traitée par le Gouvernement avec tant de confiance et de faveur, qu'il choisissait le promoteur même de l'association pour apologiste et pour arbitre des travaux que l'Administration devait préférer. C'était l'autorité si bien disposée qui demandait à sir Arthur un mémoire décisif, admirable sous un grand nombre de rapports.

Après ces réserves, faites sans autre désir que celui d'être impartial, expliquons, avec tout l'intérêt qu'ils méritent, les principes et les vues de l'éminent ingénieur.

Il réclame l'adoption d'un système où les eaux pluviales, complétement recueillies, accroîtront, par le bienfait des canaux et des rivières, l'irrigation et la navigation dans les pays qui sont le plus exposés aux famines.

Lorsqu'on entreprend des travaux de ce genre, l'essentiel est d'aller vite, afin d'obtenir sans retard des revenus considérables. L'auteur cite quatre fois, dans son mémoire,

l'œuvre de prédilection qui mit le comble à sa renommée. « Aujourd'hui, dit-il, le barrage, *l'anicut* de Radjahmundry, *productif dès le principe*, aménage les eaux•pour
arroser 180,000 hectares de terres, et procure au trésor
une plus-value de revenus annuels qui s'élève de 1,250,000
à 1,500,000 francs : tel est le résultat d'une œuvre d'art
qui n'a coûté que 750,000 francs de création. » Ne doit-on
pas imiter un si bel exemple?

Les deux projets mis en parallèle.

PROJET NON PRÉFÉRÉ, *relatif au pays de Coimbatore.* — Afin
d'arroser presque tout ce pays ainsi qu'une partie du Malabar, on établirait des réservoirs près des Nilgherris et
des monts Animalays. On jetterait le surplus des eaux
dans le Cauvery pour accroître les irrigations actuelles de
Trichinopoli et de Tanjore; en même temps on commu-
niquerait par de nouvelles voies hydrauliques avec les
canaux de l'est et de l'ouest qui longent la côte du Bengale.

PROJET JUGÉ PRÉFÉRABLE : *celui qui prend le nom de la
rivière Tongaboudra.* Ce cours d'eau superbe descend de
l'ouest à l'est, entre le royaume du Nizam et les *trois*
Districts cédés. Tous trois étant situés du côté de la
mer, un simple déversement suffira pour leur assurer
une ample irrigation. Dans le seul district de Bellary,
200,000 hectares de terre peuvent recevoir un pareil
bienfait; les deux autres, Kurnoul et Kuddapah, partici-
peront au même avantage.

Le fleuve Kistna et ses affluents, y compris la Tongaboudra, portent à la mer les eaux de tous les pays mahrattes, Pounah, Sattara, etc., situés à l'orient de la chaîne
des Ghauts. Le projet rendra navigables les différentes

rivières de cette vaste contrée; elles apporteront les produits d'agriculture jusqu'au canal latéral à la côte du Bengale, canal dirigé depuis Tinnevelli jusqu'à l'orient de Madras. Voilà ce qui commande la préférence, en consultant les intérêts généraux d'une immense contrée.

Les deux projets sont excellents; mais, avec sa haute raison, sir Arthur s'est prononcé pour le dernier. Il sera le plus productif en tirant parti des immenses quantités d'eau qui descendent aujourd'hui sans utilité jusqu'à la mer pendant sept mois de l'année, eaux qu'on n'aura pas besoin d'accumuler en entier au fond des réservoirs, mais qu'on saura distribuer avec fruit dans leur parcours.

Un tel projet ouvre aux marchés extérieurs un pays vaste et fécond. Il accroîtra des revenus publics, tels que celui de la douane et la rente payée par les irrigations.

L'auteur fait remarquer le caractère du fleuve Kistna, qui dans sa partie supérieure reçoit les eaux du pays de Pounah, tandis qu'il débouche au nord de Madras, près de Mazulipatam.

Si l'on joint la navigation de ce fleuve avec celle du canal côtier qu'on trouve à partir de Madras, une grande étendue de communications par les rivières sera rendue facile et profitable, avec peu de frais; alors, tout le haut bassin du Kistna se trouvera mis en communication économique avec quelque port marchand. La même ligne navigable peut communiquer en outre, par un cours d'eau naturel, avec la capitale du Deccan, Hyderabad, le plus grand marché intérieur de la péninsule.

Près de onze millions d'âmes, qui peuplent cet État, profiteront de pareils travaux; et ces onze millions d'indigènes seront alors placés plus directement sous l'influence européenne. D'un autre côté, la contrée qu'on veut arroser n'a pas à subir les vents les plus brûlants, fléau de la zone torride. De telles considérations donnent au projet une extrême importance.

L'auteur insiste sur une idée déjà présentée par lui : il ne manque en réalité qu'une communication économique avec la mer pour tirer un grand parti du vaste territoire qui longe la chaîne occidentale des Ghauts depuis la latitude de Mangalore et d'Ahmednaggur, pays convenable sous tous les rapports aux entreprises que peuvent former des agriculteurs européens. Avec une telle addition, nulle partie du monde ne pourrait ouvrir à de pareilles entreprises un champ plus vaste et plus beau que ce pays à la fois sain, fertile et d'un climat tempéré, qui compte une très-nombreuse population dont les bras sont disponibles.

Les travaux devraient être étendus non-seulement vers l'orient, mais aussi vers l'occident, jusqu'au havre naturel de Beitkal (Sedaschegar), lequel est le meilleur et le mieux situé de tous, sur les côtes du sud-ouest. On compléterait ainsi, de mer en mer, une communication fluviale à travers tout le midi de l'Inde[1].

---

[1] *Indications spéciales sur les avantages du projet préféré.*

Le projet peut se subdiviser en parties distinctes dont chacune, rapidement exécutée, donnera des revenus immédiats. Il suffit d'un barrage à travers la Tongaboudra ou sur le Kistna, vers leur jonction, et de quelques travaux pour verser dans la Pennâr, à l'est des Districts cédés, les crues d'un grand réseau de rivières. Il en résulterait pour le pays inférieur un moyen permanent d'irrigations depuis mai jusqu'en octobre (4 mois 1/2), tandis qu'elles sont très-rares aujourd'hui. Cette eau, qui serait immédiatement applicable à des arrosements, produirait une révolution dans la richesse du collectorat de Nellore, arrosé par la Pennâr.

D'autres parties du système général pourraient de même être accomplies isolément. Ainsi, l'auteur voudrait obtenir sans retard un ouvrage d'une valeur extraordinaire : c'est l'ouverture de la navigation fluviale depuis Pounah et Ahmednaggur jusqu'à Kurnoul, près du confluent de la Tongaboudra et du fleuve Kistna. La chute moyenne est égale à $0^m,3$ par 800 mètres pendant trois cent vingt lieues! Un déboursé modéré rendrait à cette vaste étendue, jusqu'ici parfaitement privée de tous les bienfaits du transit, le prodigieux

La région supérieure orientale est particulièrement exposée à la famine par sa position peu favorable aux deux moussons et par sa distance de quatre-vingts à cent vingt lieues des côtes ; la navigation et l'irrigation seront là d'un prix inestimable. Dans ce pays, il y a seulement quatre années, le Gouvernement a dû faire travailler *cent mille personnes*, en sacrifiant trois à quatre millions de francs, 30 ou 40 francs par individu, pour les préserver de la famine ; ajoutons que les trois quarts de cette somme ont été dépensés sans résultats utiles.

avantage d'une ligne de communications qui transporterait probablement à 5 centimes le tonneau par 1,600 mètres, c'est-à-dire 12 1/2 cent. par lieue. Ce mouvement donnerait une valeur nouvelle à plusieurs productions principales du vaste pays mahratte.

Pour corriger toute imperfection d'une rivière de largeur modérée et de si faible chute, petite serait la dépense ; par ce moyen, on assurerait toute l'année la navigation, sans débourser probablement plus de 10,000 francs par lieue, ou 1,500,000 francs pour la ligne tout entière : c'est la centième partie de la dépense d'un chemin de fer qui transporterait hommes et choses en faisant payer dix fois plus cher. N'y trouverait-on pas un avantage infini ?

Un canal qui, depuis Kurnoul, reliera le Kistna au canal côtier est une de ces courtes lignes de jonction ; ses quatre-vingts lieues mettront peut-être huit cents lieues de rivières, aisément améliorables, en communication avec Madras, la capitale du sud indo-britannique, et, de plus, avec la principale ligne du canal qui longe la côte. Sans doute, au-dessous de Kurnoul, le fleuve Kistna n'est pas exploré ; mais sa chute s'élève à 240 mètres pour quatre-vingts lieues de parcours : elle doit opposer de grands obstacles à la navigation *et sa direction n'est pas avantageuse*. Ce qu'on doit désirer, c'est qu'on achemine dans la direction de Madras la navigation fluviale.

Si l'on se réfère au principe établi précédemment, rien qu'en versant l'eau du fleuve Kistna dans la Pennâr, en améliorant par quelques travaux la navigation au-dessous de Kurnoul, une immense impulsion sera donnée à tout le pays inférieur, et de grands revenus seront obtenus longtemps avant que le système général des travaux soit complétement achevé.

On est émerveillé de voir en combien peu de temps de si riches produits peuvent être réalisés dans un pays très-peuplé, mais nullement amélioré par des travaux publics ; or ce projet fournit plusieurs exemples de progrès aussi soudains, aussi remarquables. Ici l'auteur énumère, avec une nouvelle complaisance, les beaux résultats obtenus à Radjahmundry.

En se résumant, sir Arthur Cotton ne doute pas qu'un million sterling ne conduise à terme le projet qu'il préconise et ne satisfasse aux intérêts essentiels, vers l'orient de la Tongaboudra. Ce n'est pas assez; il voudrait qu'on ajoutât un autre million sterling pour les travaux qui sont désirables, du côté de l'occident. On joindrait ainsi la contrée centrale avec les deux mers.

Une évaluation rigoureuse des premiers travaux les porte à 34 millions de francs. Il faudrait y joindre : 1° l'extension des canaux depuis la Tongaboudra vers l'occident jusqu'à Beitkal ou Sedaschegar; 2° l'irrigation d'un vaste pays dans cette direction et le perfectionnement simultané de la Tongaboudra supérieure, ainsi que celui des autres affluents du Kistna pour la navigation; 3° le creusement d'un canal dérivé de ce fleuve qui conduirait jusqu'à la grande cité d'Hyderabad. Cette dernière addition demanderait 15 millions de plus. Sir Arthur réclamait une garantie de l'État au moins pour 50 millions.

L'éminent ingénieur a vu ses conclusions complétement adoptées. La Compagnie autorisée, garantie, quant aux intérêts, d'abord pour 25 millions de francs, puis pour 50, poursuit ses travaux avec constance; et leurs résultats bienfaisants se feront sentir par degrés.

5. *Collectorat de Nellore.*

Ce collectorat borde la baie du Bengale dans la partie la plus orientale des Districts cédés. Tandis que sa superficie surpasse deux millions d'hectares, sa population n'atteint pas même un million d'âmes.

Lorsqu'on aura terminé les grands travaux dont nous venons d'expliquer le plan général, d'abondantes eaux vivifieront le pays; et son agriculture, jusqu'à ce jour assez languissante, fera de rapides progrès. En même temps, la rivière Pennâr, lorsque le volume de ses eaux sera très-augmenté et qu'aura lieu la navigation des régions supérieures, verra ses transports devenir considérables.

Nellore, chef-lieu du collectorat, s'élève sur la rive droite de cette rivière, à cinq lieues de la mer. Elle a changé d'importance; ses fortifications, qu'on n'a plus besoin de réparer, sont en ruine. Sa population est tombée à 20,000 habitants; mais leur industrie sera favorisée au plus haut degré par les perfectionnements hydrauliques dont nous venons de rappeler l'exécution très-active.

Situation géographique : latitude, 14° 27′; longitude, 77° 42′ à l'est de Paris.

Ongole est la seule ville qu'on puisse mentionner après le chef-lieu, dont elle n'égale pas même la population réduite; elle est voisine du dernier collectorat dont il nous reste à parler pour compléter la division de Madras.

Un comice agricole dans le pays de Nellore. — On doit citer avec éloges l'heureuse pensée des cultivateurs du collectorat qui nous occupe en ce moment. Il y a déjà huit années qu'ils ont ouvert leur premier concours, espèce de *comice agricole*, en appelant à rivaliser d'habileté tous les éleveurs de bétail des pays circonvoisins. Dans ces réunions, imitées de l'Europe, les succès obtenus ont fait éprouver une extrême satisfaction; les plus beaux élèves, âgés seulement de deux à trois ans, ont décidément offert les meilleurs résultats et bien mérité de légers sacrifices, accordés comme récompenses.

6. *Collectorat de Guntour.*

Voici le dernier collectorat de la division du Centre. Il

a pour limite, du côté du nord, le fleuve Kistna, l'un de ceux dont la Compagnie des eaux de Madras a pour objet d'améliorer la cours. Ce fut seulement en 1788 que les Anglais obtinrent du Grand Mogol la cession de cette contrée, la seule qui leur manquât pour posséder toute la côte jusqu'au cap Comorin.

Dans ce collectorat, la population est aussi clair-semée que dans celui de Nellore. Les mêmes éléments d'une prospérité nouvelle résulteront, pour les deux pays, d'un système général de perfectionnements hydrauliques, tel que nous l'avons indiqué.

La côte de Guntour s'appelait *côte de Golconde* au temps où ce nom était celui d'un royaume fort célèbre pour ses mines de diamants. Cette côte est très-basse et prolongée sous la mer par une pente insensible, qui repousse au loin les navires de quelque tirant d'eau.

Guntour est construite à douze lieues de la mer, à sept lieues du fleuve Kistna; on lui donne environ 20,000 habitants. Elle n'a rien de remarquable et ses maisons, assez misérables, sont construites en pisé.

Situation géographique : latitude, 16° 18'; longitude, 78° 10' à l'est de Paris.

Le collectorat produit le riz, le coton, le bétel, le tabac, le sorgho, le turmeric et des plantes oléagineuses. Le bétail, fort estimé, comme celui du pays de Nellore, est l'objet d'un commerce extérieur qui mérite d'être cité, et qui s'accroîtra.

Les habitants s'adonnent encore au tissage du coton, et leurs tissus sont envoyés dans le royaume d'Hyderabad.

Nizampatam. — La côte est basse, avons-nous dit, et se prolonge sous la mer en suivant une pente très-douce; elle n'offre que le port de Nizampatam, nom qui signifie *la ville du Nizam*, jadis appartenant au souverain de l'État qui vient d'être cité. Ce port, ou plutôt cette rade ouverte, est au fond d'une anse, à l'occident de l'embouchure du Kistna ; là se fait un petit cabotage assez actif.

Situation géographique : latitude, 15° 55′; longitude, 78° 24′ à l'est de Paris.

En 1862-1863, le commerce extérieur de la douane du Kistna, dont le collectorat de Guntour n'est qu'une partie, s'élevait seulement :

$$\left. \begin{array}{l} \text{Importations, à.... } 980{,}320^{\text{f}} \\ \text{Exportations, à.... } 2{,}597{,}258 \end{array} \right\} \text{Total : } 3{,}577{,}578^{\text{f}}$$

Nous n'avons pas cité pour la même année le commerce extérieur du collectorat de Nellore, parce qu'il est presque nul.

V. — DIVISION DU NORD.

Cette division se compose de quatre anciens *circars* ou districts et du jaghire de Jaypour.

TERRITOIRE ET POPULATION.

COLLECTORATS.	SUPERFICIE.	POPULATION.	HABITANTS par MILLE HECTARES.
	Hectares.	Habitants.	
1. Mazulipatam....................	1,220,149	520,866	426
2. Radjahmundry................	1,165,759	1,012,036	868
3. Vizagapatam..................	1,214,710	1,254,272	1,032
4. Jaypour.....................	3,377,619	391,230	115
5. Ganjam.....................	1,491,322	926,930	621
TOTAUX.............	8,469,559	4,105,334	485

1. *Collectorat de Mazulipatam.*

Ce collectorat, remarquable pour sa position, est borné du côté de l'occident par le Kistna, dont un mince affluent descend d'Hyderabad, mais n'est pas encore canalisé; il est borné du côté de l'orient par un autre fleuve encore plus important, le Godavery.

Sa population est moins condensée que celle des deux derniers collectorats du Centre, que nous venons de décrire. De vastes pâtures et des jongles à peu près déserts expliquent le petit nombre de ses habitants.

La ville de *Mazulipatam*, qui donne son nom à tout le district financier, est un port de mer autrefois opulent.

Situation géographique : latitude, 16° 10'; longitude, 78° 54' à l'est de Paris.

Ce port est le seul, depuis le cap Comorin, que la houle du large ne batte pas avec violence; il peut recevoir des navires de trois cents tonneaux.

Autrefois les tissus de coton que les Anglais achetaient dans ce port étaient renommés; l'Europe, qui les connaissait sous le nom collectif de *mazulipatams*, en recevait des quantités considérables. Ce commerce avec l'Occident est, pour ainsi dire, anéanti par la redoutable concurrence des cotons britanniques; mais en Orient, les Persans font encore usage des vrais tissus de Mazulipatam.

Dans le collectorat de Mazulipatam est aussi *Madapolam*, ville où l'on fabriquait autrefois en abondance des percales estimées, que l'Europe désignait sous le titre même du marché d'où elles provenaient. Aujourd'hui, les Européens achètent et vendent encore des madapolams; mais ils sont fabriqués dans les manufactures d'Angleterre.

Situation géographique : latitude, 16° 27'; longitude, 79° 26' à l'est de Paris.

2. *Collectorat de Radjahmundry.*

Territoire et population en 1852.

Superficie................ 1,165,759 hectares.
Population................ 1,012,036 habitants.
Habitants par mille hectares..   868

En 1822, le collectorat de Radjahmundry n'était supposé contenir que 738,308 habitants. En trente années, l'accroissement moyen se trouverait surpasser un centième par année : c'est beaucoup pour l'Inde.

Sir Arthur Cotton, en rédigeant son beau mémoire sur les travaux qu'il fallait de préférence confier à la Compagnie des irrigations de Madras, a signalé le collectorat de Radjahmundry dans le petit nombre des plus remarquables exemples pour le progrès des richesses : de 1838 à 1843, en quinze années, l'accroissement de ses revenus n'a pas été moindre de 40 pour cent.

Les grands travaux hydrauliques accomplis pour arroser avec une rare intelligence le delta du fleuve Godavery, dont le sommet se trouve immédiatement au-dessous de Radjahmundry, ville capitale du collectorat, ces travaux sont la cause principale d'un si magnifique accroissement. Nous en trouvons la preuve dans les faits importants que M. le capitaine Haig a révélés au public en 1860.

Il a constaté l'impulsion extraordinaire donnée à l'agriculture par les eaux bien aménagées *des deux deltas* du Godavery et du Kistna, les deux principaux fleuves de la Présidence à l'orient de Madras. Là tous les bras sont occupés au développement des cultures, et sur le littoral on peut remarquer l'activité croissante du commerce.

Entreprise des travaux nécessaires à la navigation du Godavery au-dessus de Radjahmundry. — Beaux projets et travaux du capitaine Félix Haig.

Nous sommes appelés naturellement à parler des travaux entrepris dans ces dernières années, en s'élevant au-dessus de Radjahmundry, pour rendre continue et parfaite la navigation du Godavery, qui vers sa partie moyenne reçoit les eaux d'une grande contrée productrice de coton : c'est le pays de Nagpour, aussi nommé le Bérar.

M. le capitaine Félix Haig, un élève de sir Arthur Cotton, élève digne de son maître, a commencé par inspecter avec attention le fleuve et ses affluents; il a signalé les obstacles qui s'opposent à la navigation et les moyens d'en triompher.

Des cataractes. — Le Godavery présente trois longs parcours actuellement navigables quand les eaux ne sont pas très-basses; mais entre eux la navigation est interrompue par trois cataractes formidables : chacune présente une multitude d'énormes rochers dispersés irrégulièrement dans le lit du fleuve; les eaux descendent par flots impétueux et brisés, en franchissant ces dangereux obstacles. Il faut des crues excessives pour que *de ronds et minces batelets d'osier* osent naviguer, quand les eaux augmentées ne forment plus de cascades abruptes. La première cataracte est située à vingt lieues au-dessus de Radjahmundry.

Travaux exigés entre les cataractes, puis pour les contourner. — Les longs bassins navigables présentaient, d'espace en espace, des bancs de sable et quelques rochers qu'il fallait faire disparaître; mais le travail vraiment dispendieux était celui qu'allaient exiger les trois cataractes.

Le capitaine Haig imaginait trois canaux parallèles au Godavery, recevant la batellerie et la restituant au-dessous de chaque cataracte; on aurait racheté la dénivellation du fleuve par des écluses d'entrée et de sortie.

La dépense totale des travaux ainsi combinés s'élevait à 7 millions 500,000 francs. Ce projet, qu'on a constamment eu le désir de réaliser, l'état fâcheux des finances de l'Inde, si près encore de la grande rébellion, ne permettait pas de l'accomplir d'emblée en 1860.

Compagnie métropolitaine offrant d'accomplir les travaux nécessaires pour naviguer sur le haut Godavery.

Précisément à cette époque, un autre officier éminent, celui qui nous a si bien fait connaître les Nilgherris, le capitaine Ouchterlony, mettait à profit son voyage à Londres pour démontrer aux capitalistes anglais le grand avantage qu'ils obtiendraient s'ils voulaient entreprendre de naviguer sur le Godavery. A sa voix, digne d'être écoutée, une compagnie se formait qui faisait à l'État des propositions dignes d'être accueillies. « Il faudrait 7,500,000 francs si l'on voulait compléter tous les travaux sur ce fleuve; nous offrons de les déposer à la trésorerie, et nous nous hâterons de les employer, car nous aurons un immense intérêt à marcher vite. Nous tournerons les cataractes comme vous voudriez y procéder; nos remorqueurs à vapeur et nos bateaux de charge, envoyés d'Angleterre, feront la navigation la plus active depuis la mer jusqu'aux pays de Bérar et de Nagpour, où le coton est l'objet d'une abondante culture. »

La Compagnie repoussée. —— Le croira-t-on? Ces offres, si bien faites pour séduire, sont d'abord ajournées, puis définitivement rejetées.

Pendant ce temps, l'insuffisance des fonds obligeait l'ingénieur du Gouvernement, M. le capitaine Haig, à renoncer pour longtemps aux canaux de dérivation; il les remplaçait par des *tramways*, exécutés avec tant de parcimonie, qu'on en réduisait la dépense d'exécution à 14,500 francs par lieue.

Mais quel ne serait pas l'inconvénient d'un système où, pour parcourir le fleuve, il faudrait sept fois transborder marchandises et voyageurs, en passant tour à tour du parcours sur terre à la navigation fluviale!

Même réduits à ce point, les travaux menacent de n'être presque plus subventionnés. À ce moment, la compagnie des irrigations, province de Calcutta, qui veut soumettre à l'art le fleuve Mahanuddy, offre au capitaine Haig une situation brillante; c'est le titre d'ingénieur-directeur avec les plus beaux appointements. L'appréhension éprouvée par le Gouvernement, de perdre un tel ingénieur sur le Godavery, fut seule suffisante pour que l'on accordât 600,000 francs sur l'exercice de 1860 à 1861.

Il faut se procurer des ouvriers. Les États du Nizam, à travers lesquels on opère, ayant une population très-disséminée, n'en fournissent presque pas, et l'ingénieur propose d'aller chercher des travailleurs à trois cents lieues; il veut en demander au Travancore. On les refuse aussi; car le refus est sans cesse à l'ordre du jour. Dès lors, il faut que l'éminent ingénieur se contente d'un personnel insuffisant.

Les travaux n'avancent plus; les tramways doivent tirer d'Angleterre une partie de leur matériel fixe et circulant, lequel n'est pas arrivé. Sur les quatre bassins fluviaux, on essaye de quatre à six remorqueurs, et la navigation non-seulement reste nulle de 1860 à 1861, mais aussi de 1861 à 1862 et de 1862 à 1863.

Quand les besoins de coton sont immenses en Angleterre, l'état officiel du commerce de la Présidence de Madras, je l'ai sous les yeux, ne présente qu'une sortie dans la division des douanes de Radjahmundry, égale à la misérable quantité de 535,952 kilogrammes de coton en laine.

Nous l'avouerons, il nous est impossible de ne pas déplorer que le Ministère ait repoussé les propositions de la Compagnie d'Ouchterlony, qui se chargeait à la fois des travaux et de la navigation sur le Godavery.

Madras est sans cesse préoccupée de l'avantage que pourront tirer les pays de Bérar, d'Hyderabad et de Nagpour. Eh quoi! Madras ne semble pas faire entrer dans ses calculs deux riches navigations : à la descente du fleuve, pour les cotons *et les bois;* à la remonte, pour le sel, le riz, les fils, les tissus, le matériel du Gouvernement, etc. sans compter les voyageurs qu'appellera le bon marché des transports. Madras, qui peut attirer dans la baie du Bengale tout le coton du riche pays de Nagpour, et l'emporter ainsi, d'un côté sur Calcutta, de l'autre sur Bombay, Madras ne veut pas apercevoir, même en pleine crise cotonnière, l'immense avantage pour ses ports et son commerce de s'assurer de semblables succès et de procéder avec une extrême rapidité! Elle a donc bien peu le génie du commerce!

Il y a déjà quelques années, un négociant distingué de Calcutta, M. Palmer, avait eu l'heureuse idée d'acheter les cotons en laine du pays de Nagpour, de les faire descendre à la mer par le Godavery, tout imparfaite et dangereuse qu'alors en fût la navigation, et de transporter le précieux filament dans la capitale de l'Inde britannique. Il est surprenant que MM. Arbuthnot et les autres principaux marchands de Madras n'aient jamais éprouvé le besoin ni le désir de faire concurrence au hardi M. Palmer, eux, beaucoup plus voisins que lui de l'embouchure du fleuve contesté.

Les faits que nous venons d'énumérer et de concentrer dans un court espace ont été publiés, par ordre de la Chambre des Communes, dans un recueil considérable: il est devenu pour nous l'objet d'un sérieux examen.

SOUS-GOUVERNEMENT DES PROVINCES-CENTRALES DE L'INDE.

Le grand territoire appelé *les Provinces-Centrales* se trouve, pour ainsi dire, de toutes parts environné de ja-ghires ou fiefs relevant de l'Angleterre et d'États qui possèdent encore une ombre d'indépendance héréditaire. Mais avec la durée des dynasties, si courte dans l'Inde, on peut déjà prévoir et pour ainsi dire calculer l'époque où tout le centre de la Péninsule, entre les trois Présidences de Calcutta, de Madras et de Bombay, sera devenu sujet immédiat de l'immense Empire indo-britannique.

Dans le principe, l'État de Nagpour, le plus beau fleuron des Provinces-Centrales, formait avec le vaste royaume d'Hyderabad un magnifique appendice au protectorat de la Présidence de Madras. Si cette Présidence avait apporté plus de zèle à développer les communications de Nagpour avec le golfe du Bengale, elle aurait conservé cette annexe si précieuse, qu'elle a, je crois, perdue par sa faute; c'est encore ainsi qu'elle a perdu le Nord-Canara, dont il a fallu transférer le gouvernement à la Présidence de Bombay.

Le résultat des luttes soutenues dans le centre de l'Hindoustan fut la cession faite à l'Angleterre des districts situés sur la Nerbudda et des États tributaires situés sur la Mahanuddy, qui descend vers la baie du Bengale;

d'autres territoires adjacents furent encore cédés par des traités spéciaux en 1817 et 1818. En 1853, Raghodjie, roi de Nagpour, était mort sans enfants directs; d'après une résolution très-arbitraire de lord Dalhousie, le royaume tomba (*lapsed*), comme par un effet de loi féodale, sous l'autorité suzeraine (*paramount power*) du Gouvernement britannique. L'annexe s'accrut encore par des confiscations qui suivirent les rébellions de 1857. Enfin, dans l'année 1860, un territoire important fut cédé par S. H. le Nizam du Deccan, dans une longueur de cinquante-six lieues, sur les bords du Godavery; ce fut afin que les Anglais pussent aller et venir par ce fleuve et ses affluents depuis la baie du Bengale jusqu'au ci-devant royaume de Nagpour, sans qu'on cessât un moment de naviguer entre deux rives complétement britanniques.

L'ensemble des cessions et confiscations consommées de 1817 à 1860 forme le sous-gouvernement appelé *Provinces-Centrales*[1]. L'acte de réunion est daté du 2 novembre 1861; il est par conséquent postérieur à l'établissement de l'administration royale annoncée par la proclamation de S. M. la reine Victoria.

Territoire et population.

Superficie[2]................ 9,000,000 hectares.
Population................ 3,858,400 habitants.
Habitants par 1,000 hectares..   328

Presque de toutes parts environné par des États indépendants, le nouveau territoire a la figure d'un vaste triangle dont les côtés sont fort irréguliers; il renferme trois provinces, toutes trois situées à l'ouest du Gange.

[1] Compte moral et matériel des Provinces-Centrales, pour 1861 et 1862 t. II, p. 337 et suiv.

[2] Évaluation approximative.

Nous ferons bientôt connaître la division géographique du pays; mais il convient, avant tout, d'expliquer l'état administratif et l'existence remarquable des populations.

Premier compte moral et matériel des Provinces-Centrales.

M. Robert Temple fut nommé dès l'origine Commissaire en chef des Provinces-Centrales, et moins d'un an s'était écoulé lorsque, le 1ᵉʳ août 1862, cet administrateur éminent présentait son remarquable exposé sur la situation de ce vaste gouvernement.

Voici comment il parle des Arabes et des mahométans. Il y avait des nuées d'Arabes et de Rohillas au service de Raghodjie II, roi de Nagpour, comme il en existe encore dans les États du Nizam; mais ils étaient turbulents et malfaisants (*mischievous*). Heureusement *on les a depuis longtemps chassés de Nagpour;* heureusement encore il n'est resté dans le pays qu'un petit nombre de fanatiques prêtres musulmans. En revanche, il y a des brahmanes mahrattes auxquels on reconnaît de l'habileté et de l'influence; mais, excepté dans cette ville, ils sont peu nombreux. Les autres brahmanes, de la classe la plus pauvre, sont répandus dans toute la contrée en qualité de comptables ou de petits trafiquants.

Une classe indigène véritablement importante est celle des principaux commerçants et des banquiers, originaires du Marwar, principauté de Joudpour; plusieurs d'entre eux sont à la fois actifs, entreprenants et riches. D'autres marchands venus de Bombay, les uns Hindous et les autres Parsis, sont attirés par le commerce du coton, qui prend un si vaste développement entre ce grand port et les Provinces-Centrales. L'insouciante Madras ne songe pas encore à s'y faire dignement représenter.

Dans les vallons que fertilisent les affluents du fleuve principal, vers la limite orientale, on trouve des agriculteurs de race mahratte, habiles, soigneux, intelligents.

Des territoires d'une grande étendue et très-montueux sont habités par des tribus demi-barbares et ne présentent que des habitants peu nombreux.

Les *Bundjarahs*, classe à la fois utile et curieuse, transportent les produits de l'agriculture; des troupeaux de bœufs sont leurs bêtes de somme. Le colportage est tout entier dans leurs mains, en attendant que les chemins de fer et la navigation aient considérablement resserré le champ de leur industrie.

Pour juger de la situation d'une vaste partie du territoire, il nous suffira de dire que les tigres et les panthères, ces grands destructeurs d'animaux domestiques, infestent pour ainsi dire tous les districts; les ours, race herbivore, abondent dans les montagnes et font éprouver d'énormes dommages en mangeant sur pied les récoltes.

Aujourd'hui la principale richesse agricole est celle du coton; elle peut s'accroître indéfiniment dans le bassin du Godavery, en remontant par de nombreux affluents jusqu'aux monts Saoutpouras. On peut citer ensuite le blé, le riz, l'opium, et même le sucre, dont la production est encore dans l'enfance. Il existe de belles forêts; mais, jusqu'à ce jour, elles sont restées dans un état d'abandon presque complet; il faut les exploiter avec sagesse.

En peu d'années, avec les grands travaux entrepris par les Anglais, Nagpour, Omrawatty, deviendront des villes aussi riches qu'importantes, et dont la population sera de plus en plus considérable.

Il faut tout organiser : justice, finances, instruction publique, d'après le système général adopté par les Anglais. On veut, en suivant une marche uniforme, propager la civilisation dans une contrée si voisine encore de l'état d'enfance, surtout au sein des montagnes.

Pour seconder les tribunaux établis soit au civil, soit au criminel, on propose d'investir des fonctions de juges de paix les anciens et principaux notables du pays et d'autres personnes placées à la tête des agrégations municipales; bientôt sans doute on réalisera ce projet.

On a considérablement réduit la force militaire; on a dissous les troupes irrégulières, afin d'organiser une police uniforme et puissante, ainsi que nous l'avons fait connaître en parlant de Madras. On a régularisé, en l'améliorant, le service des prisons.

M. le commissaire Temple déroule un tableau savamment tracé des classes supérieures, moyennes et inférieures, qui possèdent et cultivent le sol. Il présente ses vues d'amélioration pour arriver au règlement périodique des redevances foncières.

On se promet d'accueillir des compagnies de capitalistes britanniques, lesquelles cultiveraient en grand le coton dans les bassins de la Nerbudda, du Godavery, et même du Mahanuddy; le Gouvernement ne saurait trop se montrer favorable à de pareilles associations.

On a fait déjà d'immenses concessions à des Européens pour exploiter *la houille et le fer* dans la partie supérieure du bassin de la Nerbudda.

Il faut des travaux infinis, afin de réparer les réservoirs d'eau pour irrigation, tous plus ou moins délabrés et beaucoup abandonnés; l'Administration s'en occupe.

Malgré le développement des cultures et l'élévation du prix des produits principaux, le revenu, qui sous un gouvernement mahratte s'élevait à 8,000,000 francs, est réduit à 7,250,000 francs sous l'autorité britannique. Cette réduction est opérée dans un temps où le prix de toutes choses devient de plus en plus élevé; mais le pouvoir indigène admettait les payements faciles en nature, tandis que les Anglais exigent qu'on les paye en argent, et l'exigent avec une extrême rigueur.

On s'efforce d'ouvrir des voies empierrées depuis les centres de production, et surtout de production cotonnière, pour arriver aux points où les chemins de fer doivent aboutir, et de là conduire les richesses agricoles soit à Bombay, soit aux bords du Gange.

Après avoir présenté ces faits généraux sur l'état actuel des Provinces-Centrales, nous allons les considérer sous un point de vue géographique fort important pour l'Inde entière et pour le Royaume-Uni.

Description topographique des Provinces-Centrales.

Deux chaînes de montagnes sont dirigées de l'ouest vers l'est, suivant deux lignes parallèles : l'une, plus au nord, est celle des monts Vyndhia, qui se prolonge à l'orient jusqu'aux environs de Bénarès; l'autre, plus au sud, celle des monts Saoutpouras, est parallèle à la précédente. Ces deux longues chaînes de montagnes sont habitées par des populations à moitié barbares, qui ne parlent pas l'hindoustani et qui ne professent pas la religion des brahmanes. Leurs figures osseuses et carrées, leurs nez aplatis et larges à la base, dénotent une race à part, qu'on croit être celle des aborigènes, parfaitement distincte de la grande race des Hindous.

Les fleuves principaux. — Rien n'est plus important à considérer que le cours général des eaux, conséquence naturelle de la position centrale des grandes lignes culminantes qui viennent d'être signalées.

Des deux chaînes de montagnes descendent quatre

grands fleuves : le plus avancé du côté septentrional prend sa source entre les deux chaînes, c'est le fleuve *Nerbudda;* le second prend la sienne au midi des deux chaînes, c'est la *Tapti.* L'un et l'autre dirigent leur cours de l'orient vers l'occident; leur partie inférieure appartient à la Présidence de Bombay. Bombay s'est chargée, par un chemin de fer qui se divise en deux vastes branches, d'atteindre la partie supérieure des Provinces-Centrales et d'en exploiter les richesses minérales, soit le fer, soit la houille, existant près de la Nerbudda supérieure; il y faut joindre, comme un objet capital, les cotons, abondants surtout vers l'occident et le midi de cette contrée.

Un troisième fleuve, le *Mahanuddy*, mot qui veut dire « le grand cours d'eau », prend sa source à l'est des monts Saoutpouras; il descend dans le golfe du Bengale, sensiblement plus près de Calcutta que de Madras.

Un quatrième et dernier fleuve, le *Godavery*, recueille les eaux méridionales de la chaîne Saoutpoura, par un immense éventail d'affluents qui se réunissent à ce grand fleuve, dont la partie supérieure appartient au royaume d'Hyderabad et la partie inférieure à la Présidence de Madras. Nous en avons décrit le delta dans la Division du Nord, appartenant à cette Présidence.

Division administrative des Provinces-Centrales.

La partie arrosée par les eaux qui descendent au fleuve Godavery n'était autre que l'ancien royaume de Nagpour, empruntant le nom de sa propre capitale.

La province de Jubbulpour tire également son nom de la ville érigée sur les bords de la haute Nerbudda.

La province de Saugor tire le sien de la ville bâtie au

nord des monts Vyndhia, sur un affluent du Gange; c'est la moins considérable.

De ces trois provinces, deux seulement ont une importance d'intérêt fort général; elles vont nous occuper.

Province et ville de Jubbulpour.

La ville de *Jubbulpour* s'élève au midi d'un vallon singulièrement fertile, bien arrosé, bien cultivé et très-peuplé.

Situation géographique : latitude, 23° 10′; longitude, 77° 50′ à l'est de Paris.

Les écoles. — A Jubbulpour fleurissent déjà des institutions inspirées par le génie de la civilisation. Signalons d'abord une espèce de pénitentiaire ouvert aux enfants des Thugs, de ces étrangleurs systématiques justement tombés sous la vindicte des lois. Nous avons signalé les tentes et les tapis en poils de chameau tissés par ces pauvres orphelins; dans une telle industrie, ils trouveront un moyen, mais non plus infâme, de suffire à leur existence.

Citons avec un tout autre plaisir l'école d'arts et métiers, ouverte seulement aux classes honnêtes; elle peut rendre des services infinis dans une province qui contient de vastes districts encore ignorants et barbares.

Mines importantes de houille.

La province de Jubbulpour est déjà remarquable par les cotons qui sont cultivés dans la plaine au milieu de laquelle est bâtie la ville de ce nom; mais cette province est surtout à considérer relativement au plus précieux des produits utiles à l'industrie, et le plus rare dans l'Inde, la houille. On trouve ce combustible au pied de la chaîne granitique des monts Saoutpouras; son excellente qualité permettra de l'employer sur tous les chemins de fer et dans les diverses manufactures qu'on ne manquera pas d'ériger au sein des Provinces-Centrales.

L'inconvénient capital de Jubbulpour, c'est l'énorme distance de cette ville aux trois ports de mer, centres du commerce des trois Présidences, et le prix élevé des transports quand il faut franchir des distances très-considérables.

De Jubbulpour au Gange, le chemin de fer est traité comme un embranchement de la principale voie du Grand Indien Oriental, *East Indian Railway*. Dans cette partie, les travaux sont poursuivis avec activité; mais la distance directe pour atteindre le Gange est de quarante-cinq lieues, et l'on estime qu'en passant par Allahabad il faut parcourir trois cent quarante-deux lieues pour arriver à la capitale de l'Inde. Jamais les cotons de Jubbulpour ne seront envoyés par cette voie pour être transportés en Angleterre.

Province et ville de Nagpour.

Considérons à présent la grande et fertile contrée qui formait autrefois le royaume de ce nom.

Nagpour, la capitale des Provinces-Centrales, comptait en 1825, avec ses vastes faubourgs, 115,228 habitants : population qui, depuis lors, doit s'être beaucoup augmentée. C'est une ville mahratte, et par conséquent brahmanique, où l'on trouve peu de mahométans.

Situation géographique : latitude, 21° 10′; longitude, 75° 43′ à l'est de Paris.

On a constitué dans cette ville une *société d'agriculture* pour les Provinces-Centrales, sur le modèle de la société de Lahore pour le pays des Cinq-Rivières; elle est dotée d'un vaste et beau *jardin de botanique et d'acclimatation.*

Des écoles de diverses natures sont développées par degrés dans cette capitale d'un pays où tant de lumières sont encore à répandre; c'est au Gouvernement suprême qu'il appartient de les favoriser avec générosité.

Au voisinage de Nagpour, dans la chaîne des monts Saoutpouras, on pourra cultiver *le mûrier et le caféyer*, deux amples sources de richesse; on pourra planter l'arbre à quinquina, tiré des monts Nilgherris. Mais la grande importance de Nagpour est de se trouver au voisinage des vallons et des plaines éminemment favorables à la culture du coton; c'est pour le transport des cotons que sont exécutées les voies rapides que nous allons examiner.

Chemins de fer entrepris pour conduire, soit à Bombay, soit aux bords du Gange, les produits des Provinces-Centrales.

L'important chemin de fer appelé *le Grand Péninsulaire* a pris Bombay pour point de départ. Déjà nous avons décrit son passage à travers la chaîne des Ghauts par le défilé de Bhore. Dans une étendue de cent soixante-huit lieues, ce chemin monte vers le nord-ouest; à cette distance, et très-près du fleuve Tapti. il se partage en deux branches. Celle du midi doit s'élever jusqu'à Nagpour; elle n'était pas terminée à la fin de 1865, et ne l'est pas même au milieu de 1866. De tels retards, vraiment insensés, ont eu lieu malgré la lutte immense où l'Angleterre ne pouvait triompher des États-Unis que par des prodiges de vitesse qu'elle n'a pas su produire.

Du point où la bifurcation commence, la seconde branche, qui gagne la vallée de la Nerbudda, la traverse en obliquant vers le nord. Mais pour s'élever jusqu'à Jubbulpour il faut que cette seconde branche atteigne une longueur de cent soixante lieues. De sorte que, pour descendre de cette ville jusqu'à Bombay, il faut, en suivant le chemin de fer, parcourir trois cent vingt lieues.

J'ai sous les yeux le tarif très-modéré du plus grand chemin de fer de l'Inde. En l'appliquant aux distances que nous venons d'indiquer, voici les prix que devront payer mille kilogrammes de coton pour arriver à Bombay :

$$
\begin{array}{lr}
\text{En partant de Nagpour} & 98^f\ 25^c \\
\text{En partant de Jubbulpour} & 121\ \ 00
\end{array}
$$

Il n'en coûterait pas plus cher pour transporter mille kilogrammes de coton de Bombay jusqu'en Angleterre, en parcourant, par mer, cinq mille lieues.

Tout concourt à démontrer l'avantage définitif qui doit rester à la voie navigable du fleuve Godavery et de ses nombreux affluents pour conduire jusqu'à la mer les cotons en laine réclamés par les manufactures de la métropole; cette voie deviendra de plus en plus nécessaire si l'on veut lutter avec succès contre les États-Unis.

ÉTATS DU NIZAM : ROYAUME D'HYDERABAD.

Le royaume d'Hyderabad est presque égal en superficie à la moitié de la France, tandis que sa population est de fort peu supérieure au quart de la population française. C'est ce que démontrent les nombres suivants :

Territoire et population.

Superficie	24,691,300 hectares.
Population	10,666,080 habitants.
Habitants par mille hectares	432

En 1831, le territoire était plus étendu et le nombre des habitants surpassait douze millions; mais depuis cette époque, par différentes cessions faites à l'Angleterre, il a perdu deux millions d'habitants. Même après un tel affaiblissement, le souverain de cette contrée est encore le plus important parmi les princes indigènes qui conservent un reste d'indépendance; il est de beaucoup celui qui possède le peuple le plus nombreux et le plus vaste territoire.

Le royaume est situé d'une part entre les 15° et 22° degrés de latitude, de l'autre entre les 72° et 79° degrés de longitude. Il se trouve, on le voit, compris tout entier dans la zone torride; mais l'élévation d'une partie considérable de ses plateaux rend les chaleurs moins insupportables.

Le Godavery, nous le savons, verse ses eaux dans la baie du Bengale, au nord de Madras; le bassin de ce fleuve comprend presque tout le territoire oriental et septentrional du royaume. Le territoire oriental et méridional est baigné par la Kistna, autre tributaire de la baie du Bengale. Enfin la rivière Tongaboudra, affluent du fleuve Kistna qui descend en ligne directe de l'occident à l'orient, forme la frontière du midi.

Absence des travaux d'art utiles au royaume. — Ce qui manque au royaume d'Hyderabad, ce sont tous les ouvrages d'art nécessaires aux transports et par terre et par eau; ce sont les routes empierrées, indispensables en hiver, et les chemins de fer; ce sont les rivières et les fleuves partout rendus navigables et reliés entre eux par des canaux; ce sont enfin les vastes irrigations qui peuvent féconder tout un territoire. Ces grandes créations des Européens font ici complétement défaut.

Jusqu'à présent rien n'est entrepris pour mettre en communication le royaume du Nizam avec les trois Présidences britanniques, qui le touchent sur presque tous les points de ses frontières.

Si quelque jour ce grand État devient partie intégrante de l'empire indo-britannique, alors les capitaux de la métropole et tous les secours des Présidences concourront pour entreprendre les travaux que nous venons de signaler; ils donneront une impulsion à la fois nouvelle et puissante à l'agriculture, à l'industrie, au commerce du vaste pays d'Hyderabad, presque égal en superficie au royaume-uni de l'Angleterre et de l'Écosse.

Suprématie de Madras. — Les États du Nizam sont placés sous la tutelle ou du moins sous la direction politique et militaire de la Présidence de Madras. Le contingent britannique entretenu pour assurer l'existence et l'obéissance de ce grand royaume appartient à l'armée de la même Présidence.

Route de Madras à Hyderabad. — La dépendance qui vient d'être indiquée rend d'une haute importance la route qui conduit de Madras à la capitale, Hyderabad. Elle s'avance d'abord parallèlement à la côte, en longeant le grand lac salé de Pulicot, pour arriver à Nellore.

Passage du fleuve Kistna. — A cinq lieues de Nellore, on arrive à ce fleuve, qu'il faut traverser pour entrer dans les États du Nizam. Aujourd'hui ce fleuve, que rien ne régularise, présente des crues extraordinaires et soudaines; puis, dans les temps de sécheresse, il se trouve réduit au plus modeste volume d'eau.

Pour peu que les eaux du Kistna soient abondantes, la vitesse du courant est si grande, qu'on ne pourrait pas en triompher avec des barques européennes.

Afin de traverser le fleuve, on se sert de volumineux paniers ronds, qui sont tissés en se servant de joncs et recouverts avec des feuilles de palmier; le travail est fait assez soigneusement pour que ces singuliers batelets soient imperméables lorsqu'ils sont à flot. Grâce à leur forme circulaire, quelque impétueux que puisse être le courant, ils ne tendent pas à tournoyer dans un sens plutôt que dans un autre : aussi l'impulsion qu'ils reçoivent par l'action d'un rameur agissant tour à tour de droite et de gauche fait qu'ils traversent le fleuve sans difficulté, mais en subissant une dérive considérable.

En naviguant sur des nacelles ou paniers de ce genre, les indigènes descendent les cotons et les céréales qu'ils exportent du royaume. Quand on aura terminé les grands travaux hydrauliques entrepris d'après les plans de sir Arthur Cotton, la navigation du Kistna sera comparable à celle de nos rivières ordinaires, et cette enfance de la batellerie aura disparu.

Aspect sauvage du pays. — Quand on sort du pays indo-britannique pour pénétrer dans les États du Nizam, au delà du Kistna, la nature paraît toute différente : son aspect devient plus sauvage et la culture est moins soignée; une grande partie du territoire est occupée par des jongles, au milieu desquels les beaux arbres deviennent plus rares à mesure qu'on s'avance dans l'intérieur du pays.

Désolation occasionnée par les bêtes féroces. — Dès que l'humidité ramollit la terre, le voyageur est frappé par la fréquence des empreintes que les tigres et les autres bêtes fauves laissent sur le sol; cela démontre la rareté des cultivateurs et leur impuissance à faire disparaître ces animaux destructeurs, soit en les exterminant, soit en leur inspirant un effroi supérieur à celui qu'inspire leur férocité.

Lorsque l'on traverse de nuit, en palanquin, les parties boisées où ces animaux abondent, les porteurs allument de grandes torches et cheminent avec une vitesse singulière, accélérée par la terreur; ils poussent de grands cris, à chaque instant répétés, dans l'espoir d'épouvanter ces bêtes dévorantes.

Hyderabad.

La cité qui donne son nom au royaume possédé par
le Nizam est bâtie sur le bord méridional de la Nuddea-
Massi, affluent du fleuve Kistna. Jusqu'à présent cette
rivière, dont la navigation n'a su tirer aucun parti, est
restée sans influence sur la richesse et sur la prospérité de
cette grande capitale.

Situation géographique : latitude, 17° 22′; longitude,
76° 12′ à l'est de Paris.

On n'évalue pas à moins de 200,000 âmes la population d'Hyderabad, et quelques personnes portent même
jusqu'à 250,000 le nombre de ses habitants; c'est à peu
près un quarantième de la population du royaume. Paris
atteint *le double* d'une telle proportion pour la France,
et Londres *le quintuple* pour les trois royaumes britanniques.

Cette ville a des monuments qu'on peut remarquer
pour leur grandeur, mais non point pour la richesse et la
beauté de leur architecture, comme les musulmans en ont
érigé dans les cités d'Allahabad, d'Agra, de Delhi, etc.

Nous citerons en premier lieu le palais du Nizam : ses
corps de bâtiments et ses pavillons nombreux mais irréguliers, ses jardins très-ornés, arrosés avec abondance, et
son immense harem. C'est là que le souverain entretient
à grands frais jusqu'à six cents femmes, presque toutes à
la fleur de l'âge et remarquables pour leurs attraits. Il y a
peu d'années encore, elles étaient choisies non-seulement
dans les parties de l'Hindoustan les plus renommées par
la beauté du sexe féminin, mais jusqu'au pied du Caucase, dans les vallons de la Géorgie et de la Circassie.
C'était peu de compter au premier rang les épouses et

les enfants légitimes du monarque; au second rang venaient les concubines et leurs rejetons, en nombre limité seulement par les passions et les caprices du monarque.

Les amazones du sérail. — Dans la multitude extraordinaire des femmes que renfermait le harem se trouvait compris pour remplacer les eunuques, et peut-être aussi les odaliques, un corps élégant et régulier de modernes amazones, habillées, armées et disciplinées comme les cipayes de l'armée britannique; on leur avait enseigné les exercices européens, qu'elles exécutaient avec un ensemble, une rapidité, une précision qui faisaient admirer à la fois leur intelligence et leur vivacité. S'il faut en croire des récits enthousiastes, ces gracieuses combattantes ont plus d'une fois fait briller leur bravoure dans les batailles, en chargeant l'ennemi, lorsque des corps réguliers fournis par le sexe le plus robuste et le plus fier de son courage cédaient et battaient honteusement en retraite.

Rundjit Singh, le célèbre roi de Lahore, avait adopté pour le service et l'ornement de sa cour une pareille institution, à la fois élégante et belliqueuse. On nous assure que le souverain qui règne dans Hyderabad conserve, même aujourd'hui, ces brillantes gardes du corps.

Après le palais du Nizam, on peut citer des habitations considérables où les grands du royaume, jaloux d'habiter une capitale de laquelle émanent toutes les faveurs, entretiennent leur suite nombreuse et *leurs zenanas*, leurs harems, dont trop souvent le faste sans bornes devient pour eux une cause de ruine.

Le père du premier ministre, Jatar Jung, a fait bâtir un palais et dessiner un jardin qui ne le cèdent en magnificence qu'à ceux du souverain même. Le vizir actuel, fidèle aux leçons de l'auteur de ses jours, et comme celui-ci profond et fin politique, se fait une loi de rester invariablement fidèle à l'alliance britannique; la grande rébellion de 1857 à 1858 n'a pas ébranlé cette résolution. Sans une telle prudence, très-probablement l'État d'Hyderabad ne serait plus aujourd'hui qu'une province britannique.

Nous parlerons maintenant des édifices consacrés au culte dominant, les seuls qui soient dignes d'une mention spéciale.

La mosquée cathédrale est construite sur le même plan que le temple saint de Médine; elle s'annonce au dehors, à de grandes distances, par ses minarets, qui sont d'une hauteur extraordinaire. A l'intérieur, on admire ses colonnes ou piliers *monolithes* en granit; leurs proportions sont colossales et leur poli rappelle l'éclat du porphyre. Une belle simplicité, que ne dépare aucun vain ornement de sculpture ni de peinture, donne à l'aspect du temple je ne sais quelle imposante et sévère grandeur.

Sans compter ce monument, digne en tout d'un puissant royaume, dans une ville où le souverain et son gouvernement professent l'islamisme, on trouve un grand nombre de moindres mosquées et de simples oratoires mahométans.

Comme une dépendance de la mosquée cathédrale, dès le xviiᵉ siècle, on avait construit le singulier édifice appelé le *chatar minar*. Cet édifice est ainsi nommé pour ses quatre minarets, presque aussi remarquables que ceux du temple principal; ils s'élèvent au-dessus des quatre grandes arcades qui couvrent l'intersection des deux principales rues de la cité. Ces arcades supportent un étage considérable, lequel autrefois présentait quatre séries d'appartements, et, dans chaque série, des docteurs musulmans enseignaient des sciences différentes. Aujourd'hui les salles destinées à cette instruction à la fois religieuse et civile sont devenues des halles de ventes publiques; leur ensemble forme *un bazar*, où les intérêts du trafic ont remplacé les études religieuses et la seule culture qui, dans une grande cité, fût donnée à l'esprit des vrais croyants.

Collège français. — Au milieu de cet abandon, vrai signe de décadence, signalons un collège fondé dans l'année 1866 par des missionnaires catholiques; évidemment, il ne peut être fréquenté que par des indigènes, auxquels on apprend l'ourdou, le persan, l'anglais peut-être, et les éléments des sciences. C'est un progrès digne d'être signalé dans les États du Nizam.

Reprenons notre revue d'édilité. La plupart des rues sont étroites; elles n'ont pas plus de propreté que dans les cités indo-britanniques, et c'est un triste objet de comparaison.

Un grand nombre d'arceaux bâtis en travers de beaucoup de rues servent à réunir et sans doute à consolider des maisons situées en face l'une de l'autre. Plusieurs rues se succèdent ainsi sans intervalles découverts; c'est comme une longue voûte jetée sur la voie publique, abritée, mais obscurcie par ce moyen.

On voit des maisons à deux, à trois et même à quatre étages; ce qui paraît infiniment rare dans l'Hindoustan.

La Rivière, ou Nuddea-Massi. — Nous n'avons pas mentionné les remparts, en simple pisé, dont la ville est entourée; ils figurent un vaste quadrilatère dont le côté septentrional borde la rivière Nuddea-Massi. Au delà de cette rivière, nous voyons se déployer un faubourg très-étendu, qui va bientôt commander notre attention.

Pont unique. — Un magnifique pont de sept arches, en granit, joint ce faubourg à la ville. Le croira-t-on? C'est seulement en 1831 qu'un officier anglais, le colonel Oliphant, a construit un monument si nécessaire aux communications d'une grande capitale, et c'est le seul qu'on ait bâti sur tout le cours de la Nuddea-Massi.

Réservoir monumental qui donne des eaux à la cité. — Un autre ingénieur anglais, le capitaine du génie Russel, a construit un barrage vraiment digne de nos éloges, pour aménager dans un vaste lac artificiel les eaux nécessaires à la consommation régulière d'Hyderabad.

Cet ouvrage a coûté deux millions de francs, dans un pays où la main-d'œuvre coûte cinq fois moins qu'en France. Au lieu de présenter pour levée, comme à l'ordinaire, une masse rectiligne et ne résistant que par sa grande épaisseur, le barrage est formé par la juxta-position de 21 murs demi-circulaires formant contre-fort extérieur à leur ligne de jonction, et présentant tous leur convexité du côté qui s'oppose à la pression de l'eau. Leur ensemble figure un grand contour circulaire dont la convexité générale, comme celle des cylindres creux partiels, résiste à la poussée du liquide. L'exécution est digne de la conception; et l'on est frappé du bel appareil des blocs de granit taillés pour ériger ce monument, que les indigènes désignent, avec les eaux qu'il retient, sous un nom européen en l'appelant *le lac de l'Ingénieur.*

Le faubourg d'Hyderabad.

Palais du Résident britannique. — Le même capitaine du génie auquel est dû le lac artificiel dont nous venons d'expliquer la retenue a donné les plans et dirigé l'exécution du palais que la Compagnie des Indes a fait bâtir pour le vrai potentat d'Hyderabad : *le palais du Résident.*

Il est très-vaste. Sa façade imposante est décorée d'un portique dont les hautes colonnes grecques s'élèvent au sommet d'un vaste escalier; par un grand nombre de marches, on descend jusqu'au niveau du quai dont est bordée la rivière. C'est presque l'aspect de l'escalier des Propylées.

Suivant l'usage asiatique, le palais est entouré de hautes murailles défensives et paraît plus propre à contenir une garnison que le paisible personnel d'une ambassade.

Il y a quelques années, un colonel Kirkpatrick, ancien Résident près du Nizam, obtint pour épouse une princesse indienne. Afin de recevoir dignement sa fiancée, il construisit un harem enclos de hautes murailles. L'intérieur était décoré par des jardins, au milieu desquels on voyait des bassins revêtus de marbre et des fontaines jaillissantes; là s'élevaient des édifices d'une architecture qui respirait à la fois la magnificence et la volupté orientales. Ce harem se trouvait auprès du Palais du Résident.

Aujourd'hui les représentants de la Grande-Bretagne n'épousent pas de princesses indigènes; peut-être trouvent-ils qu'elles ne sont plus assez riches ni d'assez grande espérance pour satisfaire leur ambition.

Magnificence calculée du Résident britannique accrédité dans Hyderabad auprès du Nizam. — Nous donnerons l'idée de ce grand luxe, d'après une visite faite sur les lieux par un officier français au service de l'Angleterre et les récits animés qu'il a donnés dans son ouvrage sur l'Inde. Il n'y a guère plus d'un tiers de siècle, l'époque est encore assez récente, le comte de Warren voulait connaître par ses yeux Hyderabad; mais protégé, ou peut-être desservi, par son uniforme de cipaye, il n'aurait pu la parcourir sans être injurié ni sans être insulté par un peuple fanatique, irrité du vasselage auquel son prince est assujetti. Cette cité orientale, qui s'élève au centre de l'Hindoustan, rappelle à la fois l'intolérance et l'aversion contre l'étranger qui se manifestent à Damas, à Médine, à la Mecque, trois cités sacrées de l'Asie occidentale.

Pour satisfaire impunément sa curiosité, M. de Warren vient se ranger dans l'escorte du Résident britannique, un jour où cet ambassadeur doit traverser la capitale en grande pompe, afin d'accepter une fête que lui veut donner le premier ministre du Nizam. Ce vizir, que j'ai déjà mentionné, sorti de la caste des brahmanes et doué d'une vive intelligence, par ambition sans doute, s'était rangé sous la loi de Mahomet. Je vais citer en abrégeant.

« Le Résident, colonel Josiah Stewart, nous reçut le matin dans sa vaste salle à manger, où le déjeuner le plus copieux nous fut servi. Tout officier anglais venu des cantonnements (nous les décrirons dans peu de moments) pour présenter son hommage au représentant national était de droit invité, et nous étions près de quarante convives. Dans cette réunion se trouvaient compris avant tout les attachés de la Résidence, c'est-à-dire le premier assistant, le secrétaire militaire, le docteur médecin et le commandant de l'escorte d'honneur. Après le repas, cette brillante assemblée devait former le cortége officiel; à onze heures du matin, les *chobdars*, maîtres des cérémonies, portant des cannes à pomme d'argent, viennent annoncer, de la part du ministre, que tout est prêt pour se rendre chez le vizir, et que la cavalcade qui doit accompagner Son Excellence est rangée dans la cour d'honneur. Le diplomate européen a la prétention, dans les jours d'apparat, d'égaler le faste d'un prince indigène. Pour son service honorifique, le Gouvernement anglais tient à ses ordres *un équipage complet d'éléphants;* il y joint un escadron de cavalerie régulière, qui sont de vrais gardes du corps, ainsi qu'un nombre considérable de serviteurs, tous revêtus de livrées splendides et portant des masses d'argent, des hallebardes, etc.

« Les portes s'ouvrent aussitôt, et nous voyons disposés

comme en bataille, au pied du magnifique escalier par
où l'on descend du palais, quinze à vingt éléphants couverts de housses écarlates magnifiquement brodées en or,
chacun portant sur son dos un siége surmonté d'un dais
élégant. (Tel est l'équipage dont nous avons donné la description, volume V, p. 486 de cet ouvrage.)

« La société se divisa par groupes de deux ou trois personnes, et chaque groupe accourut pour se choisir un
éléphant. Le nôtre, un des plus grands de la troupe, était
chargé d'un siége couvert, d'un *howdah* qui s'élevait à
quatre mètres au-dessus du sol.

« Dans l'appareil imposant que formait notre cortége européen, le Résident à la tête, nous traversâmes avec fierté
la capitale du Nizam; chacun de nous put apprécier la capitale, admirer ses fastueux cavaliers, et la foule immense
accourue pour contempler la cavalcade anglo-saxonne qui
rivalisait, à certains égards, avec le luxe asiatique. »

Les richesses d'Hyderabad.

On commettrait une étrange erreur si l'on mesurait
le bien-être des populations et la richesse des provinces
d'après l'opulence de la capitale, où la fleur de l'aristocratie, les chefs militaires, les principaux administrateurs
et les plus riches *Babous* ou commerçants font assaut de
magnificence, hélas! trop souvent aux dépens de leur
fortune. Ils brillent à l'envi dans la grande cité d'Hyderabad, qui réunit, nous l'avons déjà mentionné, près du
quart d'un million d'hommes. C'est encore là qu'on peut
trouver les plus belles pierreries de l'Orient, soit diamants, soit émeraudes ou grenats ou rubis, et surtout
des perles merveilleuses, ornements des costumes les plus
fastueux. Mais trop souvent ces joyaux sont mis en vente

par une noblesse imprévoyante et prodigue, *qui disparait par degrés*, assure le voyageur dont je rappelle ici les souvenirs. L'amateur qui désire les acheter doit être aux aguets dans les bazars, lorsqu'ils y sont présentés. C'est aussi là que sont apportés les plus magnifiques tissus : des mousselines d'une rare finesse, des châles de cachemire, des velours artistement brodés et des brocarts d'or et de soie, mélanges ingénieux qui sont façonnés en partie dans Hyderabad, ville de luxe, où fleurissent peu des arts plus simples. Autrefois ces produits justement célèbres de Bénarès, de Dacca, de Cachemire et de vingt autres cités industrieuses, trouvaient un magnifique placement dans les cours d'Allahabad, d'Agra, de Delhi, de Luknow et de Lahore. Mais ces cours ont pour jamais cessé d'exister; la seule capitale vraiment riche, et qui les attire encore, est celle où règne le Nizam.

Les seigneurs hindous, la plupart d'une taille élégante et d'une heureuse physionomie, ajoutent à ces avantages par le goût exquis et la somptuosité de leur parure. Leur turban laisse voir une toque en velours azur ou pourpre, brodée d'or; elle est entourée, nous dirions presque couronnée, par un disque saillant que dessinent les plis d'une mousseline dont la blancheur éblouissante éclaire au lieu d'ombrager leur vaste front et fait ressortir l'ovale heureux d'une belle figure. Un large pantalon, en brocart d'or et de soie cramoisie, contraste avec un justaucorps somptueux, pour faire valoir la taille élancée que dessine un ceinturon de cachemire auquel s'attache un cimeterre enrichi de rubis et de saphirs. Un autre châle, écharpe plus fine encore et plus légère, est jeté par-dessus l'épaule sur une robe onduleuse et bien drapée. Tel est le cavalier monté sur un coursier de sang arabe, aux harnais resplendissants et parsemés de pierreries; rien n'est comparable à l'harmonie de sa personne, de son destrier et de son costume, dont l'éclat convient à l'appareil des solennités nationales ou militaires, ainsi qu'aux fêtes intimes célébrées dans l'intérieur des palais et des harems.

Voilà vraiment ce faste de l'Asie qui séduit l'imagination des poëtes hindous, arabes et persans; ce faste que le gracieux poëte de l'Irlande, Thomas Moore, s'est efforcé de retracer dans les vers brillants, trop brillants peut-être, et déjà cités par nous, qui fascinent les lecteurs du poëme gracieux de *Lalla Rook*.

Un faste pareil, loin de représenter l'opulence du peuple, n'en représentait que la misère, au temps où l'aristocratie, soit musulmane, soit hindoue, avec un pouvoir sans bornes, possédait et rançonnait, à titre de principautés ou de *jaghires militaires*, des portions de territoire obtenues par des usurpations ou pour des services de guerre. Aujourd'hui les luttes de peuple à peuple sont devenues impossibles dans l'Inde; et les querelles obscures de zemindar à zemindar tendent sans cesse à prendre un caractère plus restreint, plus humble et moins dévastateur. Cet état d'anarchie existait encore avec tous ses excès sur les bords du Godavery aussi récemment qu'en 1860, lorsque les Anglais obtinrent du Nizam la cession d'une zone parallèle à ce fleuve, entre les Provinces-Centrales et la Présidence de Madras.

Cantonnement britannique.

Auprès de la capitale, ce qui doit surtout attirer nos regards, c'est l'établissement militaire qui garantit à l'Angleterre la docilité du Nizam et la soumission de ses États.

Le palais du Résident se trouve au tiers du chemin entre le palais du monarque, au sein d'Hyderabad, et le cantonnement britannique, dont les troupes ne reçoivent pas d'autres ordres que ceux de l'ambassadeur.

Au nord de la ville, une route magnifique, ombragée par de beaux arbres, dans une longueur de deux lieues, conduit à ce cantonnement, appelé, par un singulier orgueil de conquérants, *Secunderabad* : une résidence d'Alexandre. Il est réservé pour le corps d'armée des Anglais, corps dont la force numérique est établie par des traités qui remontent aux actes politiques du célèbre marquis Wellesley. Les casernes sont érigées au voisinage d'un beau lac artificiel qui rafraîchit l'atmosphère, et dont les eaux fertilisent, auprès de ses bords, une végétation délicieuse.

Cantonnement indigène. — Si l'on s'avance de deux lieues au delà de Secunderabad, en s'éloignant de la capitale, on arrive à la plaine où sont campées les troupes du Nizam. Par conséquent, ce prince voit son palais séparé de son armée nationale par le contingent britannique. Ses troupes, d'ailleurs, soit éloignées soit rapprochées, sont aussi complétement sous les ordres du Résident que les troupes de l'armée d'occupation ; des officiers anglais les commandent, et nul officier de nation étrangère ne peut en faire partie. Nous dirons bientôt comment s'est appesantie cette extrême dépendance.

Un lieutenant d'Aureng-Zeb avait pris le nom d'un illustre vizir des premiers temps de l'empire Ottoman, lequel se faisait appeler *Nizam-oul-Moulk* [1], nom qui signifiait le régulateur, le défenseur du royaume. Le Nizam indien répandit un si grand éclat sur ce nom d'emprunt, qu'il en fit son titre royal, lorsqu'en 1732, dix-sept ans après la mort

---

[1] Voyez sur ce nom l'*Histoire de l'empire Ottoman*, par de Hammer, tome Ier, livre Ier. Le premier Nizam fut le fondateur de brillantes écoles, surtout celle de Bagdad qui s'appelle *Nizamise*, et qui servit de modèle à toutes les universités établies plus tard pour l'enseignement de l'Islam.

d'Aureng-Zeb, il consolida son usurpation pour en faire
une véritable royauté. Quand il acheva de réduire à de
vaines formalités son obéissance envers les faibles successeurs de celui qui fut, on peut le dire, le dernier des
Grands Mogols, le lieutenant infidèle et ses successeurs
devinrent par antiphrase les Nizams, les régulateurs et
les soutiens, non plus du trône de Delhi, mais de leur
propre révolte et de leur autonomie. Les États du chef
de leur dynastie étaient immenses; ils comprenaient à
peu près le tiers de l'Empire ayant Delhi pour capitale.

En 1748, à l'âge de cent quatre ans, meurt le célèbre
Nizam-oul-Moulk, qui laisse cinq fils, sans compter un
petit-fils né de sa fille favorite. Ce petit-fils, Mouzaffer
Jung, parvient à s'emparer du trône, en invoquant l'appui
de Dupleix, alors vainqueur de Madras et tout-puissant
sur la côte du Bengale.

Après un combat imprudent, le jeune prince est fait
prisonnier par le fils aîné de Nizam-oul-Moulk; le vainqueur, poursuivant ses succès jusqu'à la côte du golfe du
Bengale, vient camper, à la tête de cent mille hommes,
non loin de Pondichéry. Mais, à la faveur de la nuit,
huit cents Français lancés par Dupleix tombent comme
la foudre sur le camp du Soubahdar, qui périt dans la
mêlée; ses troupes, saisies d'une terreur panique, se dé-
bandent et fuient de toutes parts. Grâce à cette victoire,
le prisonnier Mouzaffer Jung est délivré par Dupleix, qui
le proclame hardiment Soubahdar du Deccan, comme s'il
eût été le Grand Mogol au faîte de sa puissance.

En retour d'un pareil service, le gouverneur des possessions françaises est élevé par le nouveau Prince au rang
de Nawab, gouverneur ou régent héréditaire du pays qui
s'étend sur la côte du golfe du Bengale depuis le Cauvery
jusqu'au fleuve Kistna.

Par le même acte, la France acquiert deux nouveaux territoires : le premier, qui touche Pondichéry, d'un revenu de 960,000 roupies; le second, à Karikal, est moins considérable. A ces dons le Nizam joint celui de Mazulipatam, ville maritime alors célèbre pour l'étendue de son commerce et pour la beauté de ses tissus en coton.

Si le Gouvernement français, au lieu de méconnaître le génie et les services de Dupleix, l'avait secondé comme il l'aurait dû faire, les plus déplorables désastres n'auraient pas détruit notre brillante fortune asiatique lors de la guerre de Sept ans. Les Français perdirent leur vaste possession qui dominait le golfe du Bengale; mais le Nizam, ménagé par les Anglais, conserva toute sa puissance.

Souvenir glorieux du général français Raymond. — Un demi-siècle après les événements que nous venons de rappeler, le souverain d'Hyderabad, à l'exemple de Tippou Sahib, s'efforçait d'organiser des troupes régulières telles que les cipayes : troupes inventées par Dupleix, puis imitées avec tant de succès par les Anglais. Il appela, pour les former, des officiers européens, entre lesquels il est juste de distinguer le général Raymond. Cet officier, non moins habile que vaillant, finit par instruire et discipliner vingt bataillons d'infanterie, en y joignant une artillerie respectable dont il sut créer le matériel. Avec cette force il avait, en des circonstances mémorables, donné la victoire aux armées du Nizam.

De tels succès ne pouvaient manquer d'exciter les alarmes et la jalousie de l'Angleterre. Sa diplomatie finit par obtenir que, pour prix d'un si grand zèle, l'organisateur français perdrait son commandement; elle alla plus loin, et, par des traités formels, elle exigea qu'à l'avenir aucun étranger ne serait admis à rendre aux princes natifs de si formidables services... La reconnaissance publique et la vénération que les indigènes ont conservée pour la mémoire de l'organisateur français sont un honneur à la fois pour le caractère de cet étranger et pour le sentiment patriotique de tout le peuple du Deccan.

Monument érigé par les indigènes en l'honneur de Raymond. — Auprès de l'ancienne Hyderabad, dans l'endroit où ce général a reçu la sépulture, on trouve un terrain qu'entourent encore quelques pans de murs; les natifs n'ont pas cessé de l'appeler *le Jardin français*, Feringhi-Bag : c'était Raymond qui l'avait planté et cultivé. Au milieu d'un enclos à présent envahi par les jongles, on voit encore quelques arbres fruitiers et leurs rejetons devenus presque sauvages. L'ancien jardin renferme un monument peu fastueux, mais qui doit fixer les regards de quiconque chérit la gloire de la France. Une pyramide en maçonnerie, recouverte d'un beau stuc, s'élève à treize mètres de hauteur; elle est entourée d'une espèce de parterre où sont cultivées des fleurs symboliques appelées *immortelles*. En face du monument se dresse un pilier monolithe dans lequel est creusé l'espace nécessaire pour abriter une lampe funéraire, sans cesse allumée. Un fakir, entretenu par la dotation du mausolée, veille au luminaire ainsi qu'à la culture des fleurs commémoratives. Il apprend aux visiteurs étrangers que c'est le monument d'un héros du Franghistan, qui travaillait à la force du royaume, révéré pour ses vertus, pour sa valeur, et dont les habitants conservent pieusement la mémoire.

Le voyageur à qui l'on doit l'intéressante description de ce monument joint à son récit la note suivante, qu'il ne faut, pensons-nous, croire qu'en partie :

« Même à notre époque, le jour anniversaire de la mort de Raymond, vous voyez des milliers d'habitants, accourus de toutes les provinces du royaume d'Hyderabad, se rendre en pèlerinage à sa tombe. Chose remarquable, ces païens, si féroces dans leurs vengeances pendant l'insurrection récente (1857 et 1858), font dire une messe à leurs frais dans une petite chapelle catholique près de la tombe de Raymond, pendant qu'un mollah et un brahmane bénissent à l'envi *cet infidèle* dans leurs temples respectifs[1]. »

Golconde et ses mines de diamants.

Non loin d'Hyderabad se trouvaient la forteresse et la capitale du royaume antique de Golconde, si célèbre pour ses richesses et pour ses mines de diamants.

Le public ignore le lieu précis où ces mines sont exploitées; mais on admet qu'elles ne sont pas éloignées de la capitale dont elles portaient le nom.

En consultant la grande Commission de l'enquête parlementaire sur le cadastre et la colonisation de l'Inde, nous avons trouvé que le Président de cette Commission s'est adressé (5,342ᵉ question) au capitaine Ouchterlony, très-souvent cité par nous avec de justes éloges, pour obtenir, au sujet de ces mines, des renseignements pleins d'intérêt. Nous allons en reproduire la substance.

Quelques-uns des diamants de l'Europe les plus célèbres, le superbe diamant qui porte le nom de Pitt, et d'autres qui sont des plus estimés, proviennent d'un district indiqué sur la carte de l'Inde par le capitaine Ouchterlony. Dans ce district, il existait autrefois un vaste lac dont le contour est encore parfaitement dessiné; quelque chaînon de montagnes se sera rompu dans sa partie la moins résistante, en ouvrant un passage par lequel les eaux ont pu écouler. C'est dans le lit du lac, ainsi mis à sec, qu'on a découvert les diamants. Pendant une

---

[1] *L'Inde*, par le comte de Warren.

longue suite de siècles, les indigènes ont exploité cette mine précieuse.

Moyens d'exploitation qui sont employés jusqu'à ce jour. — Un natif qui désire faire de nouvelles découvertes commence par prendre possession de l'espace de terre dans lequel il va creuser son puits de mine. Il étend sur le sol tout le déblai qu'il en retire; il descend ainsi jusqu'à ce qu'il trouve un terrain sec, au-dessous d'une couche rocheuse qu'il perfore; alors il s'arrête. Jamais il ne songe à pousser des galeries horizontales; le puits vertical, avec ce qu'il contient, suffit à son ambition. Voilà pourquoi la surface de l'ancien lac offre un triste spectacle d'endroits perdus et de déblais amoncelés, qui couvrent des superficies inexplorées. En réalité, l'on n'a jamais exploité les deux tiers ou tout au moins la moitié de cette mine si riche. M. Ouchterlony pense qu'il reste encore à recueillir un nombre de beaux diamants aussi considérable que tous ceux qui, depuis des siècles, ont été découverts.

La gangue où sont enfermés les diamants de Golconde est une espèce de roche. On la brise, et, dans les cassures, on les trouve enchâssés comme la prunelle de l'œil l'est dans son orbite.

Le site de l'ancien lac avait la fâcheuse renommée d'être fort insalubre. Mais les Européens que la soif de l'or attire dans l'Inde ne vont pas en de semblables lieux pour entreprendre leurs travaux de minéralogie. Ils ne trouveraient pas à proximité quelques sites dont les hauteurs offriraient comme les monts Nilgherris, pour y rétablir leur santé, un refuge salutaire. En définitive, il ne faut pas espérer que les Européens veuillent travailler aux mines de Golconde, aussi longtemps qu'un chemin de fer ne les conduira pas jusqu'au lieu de l'exploitation.

Déjà le préjugé repoussé par M. Ouchterlony, sur l'épuisement supposé des mines de Golconde, avait été combattu par des considérations fort judicieuses, dues à notre savant naturaliste Victor Jacquemont :

« Il n'y a pas de raison, dit celui-ci, pour que le même « nombre d'hommes, exploitant aujourd'hui par les « mêmes procédés des lambeaux de la même couche de « gangue diamantifère qu'il y a un siècle ou deux, n'en « extrayent pas chaque année la même quantité de dia- « mants. La richesse minérale des filons s'épuise; mais « celle des couches dure autant que la couche a d'éten- « due : seulement, la même quantité de diamants ne repré- « sente plus la même valeur, parce que les pierres pré- « cieuses vont se dépréciant de siècle en siècle. »

Nous allons, maintenant, passer aux parties septentrionales, par lesquelles a commencé la conquête du *Deccan*, mot qui désigne la partie méridionale de l'Inde.

Comment s'est formée une province mahométane du Deccan (du midi), et comment Hyderabad en est devenue la capitale.

Deoghir ou Dowletabad. — Lorsque, vers la fin du xiiie siècle, les mahométans, qui venaient du nord, envahirent le centre de l'Hindoustan, ils s'emparèrent de la place qui portait le premier de ces deux noms, et que possédait un radjah puissant; ils y trouvèrent d'abondantes richesses dont ils firent leur proie.

Situation géographique de Deoghir : latitude, 19° 57'; longitude, 73° 5' à l'est de Paris.

Au point de vue militaire, cette ville avait son importance. Elle était défendue par une grande forteresse dont la base reposait sur un énorme rocher granitique; les remparts s'élevaient presqu'à pic, et leur sommet se trouvait à soixante mètres au-dessus de la plaine environnante.

Mais, pour favoriser la capitale d'une grande principauté, l'on ne trouvait qu'une rivière insignifiante ; et le territoire, du côté du nord, était borné par une longue chaîne de montagnes qui coupe en deux la péninsule.

Croira-t-on qu'au commencement du xive siècle le sultan ou schah Mohammed, qui régnait dans la grande cité de Delhi, admirablement située sur les bords de la Jumna, avait formé le projet insensé d'abandonner une capitale qui comptait vingt siècles de splendeur, pour transférer le siége de son gouvernement à Deoghir? c'est alors que cette dernière ville prit le nom musulman de Dowletabad. Mohammed dut recourir à la violence pour entraîner les habitants de Delhi, à 3oo lieues de distance, vers un lieu qui ne leur promettait ni commerce florissant par la navigation, ni moyens de féconder l'agriculture par des eaux trop rares. La tyrannie fut impuissante à conduire jusqu'au bout une conception si misérable.

Plus tard, un aventurier venu d'Arabie, chef de mercenaires empruntés à son pays par les souverains du Deccan, s'empara de Dowletabad, mais sans pouvoir la conserver ; elle devint dépendante d'une autre ville, Aurungabad, qui fut fondée, comme nous le dirons bientôt, par le dernier empereur illustre de Delhi.

Monuments religieux et souterrains d'Élora.

A une époque dont l'éloignement dépasse les souvenirs historiques les plus reculés, les souverains de Deoghir, voulant montrer aux âges futurs le génie et la puissance de leurs arts, ont osé concevoir un dessein dont l'Égypte offre à peine un autre exemple. A proximité de leur capitale, ils ont choisi l'un des monts les plus considérables, dont la hauteur au-dessus du pays d'alentour n'est pas inférieure à l'élévation de la principale pyramide érigée sous les Pharaons. Cette montagne, ils l'ont excavée comme une simple carrière, dans laquelle ils sont descendus, à partir du sommet, pour ne s'arrêter qu'en arrivant au niveau du terrain le plus bas, à l'extérieur. En même temps, au lieu d'extraire les matériaux nécessaires à l'érection d'un vaste temple, c'est le temple même qu'ils ont voulu tailler et nous dirions presque *ciseler sur place*, afin de n'en former qu'un gigantesque monolithe. Ils y sont parvenus à force d'art et de patience, en retirant comme déblai ce que nous osons appeler les recoupes d'un immense rocher, lesquelles devaient être transportées au loin pour mettre à découvert ce monument majestueux.

Ils ont fait plus : autour du temple, ils ont extrait à ciel ouvert tout ce qu'il fallait enlever dans la montagne pour y développer une enceinte sacrée, spacieuse, et présentant la figure d'un vaste carré long. Dans les flancs de ce qui restait de la montagne excavée, comme nous venons de l'indiquer, ils ont taillé ce qu'on pourrait appeler *un cloître souterrain*, comparable pour la grandeur à celui qu'on admire à Pise et qui circonscrit le célèbre Campo Santo de cette ville. Mais le cloître oriental est répété par trois étages superposés, qui se prolongent, à travers l'immense masse granitique, dans une longueur totale qu'on n'estime pas à moins de deux lieues. Il ne s'agissait pas ici, comme dans les catacombes de Rome ou de Paris, de tailler en pleine carrière des matériaux tendres et faciles à déblayer, ni d'obtenir des parois nues, planes et privées de toute décoration, ou d'appliquer sur de grands murs, comme à Pise, des fresques si peu durables, que moins de cinq cents ans les ont déjà presque effacées. C'est avec le porphyre et le granit qu'il a fallu travailler. Pour embellir les superficies mises à nu, au lieu de couleurs passagères, les Hindous ont

préféré les moins périssables des ornements. Leurs my-
riades de sculptures, triomphant des difficultés que présentait la matière, sont à la fois merveilleuses pour la variété,
la richesse et la délicatesse. Les scènes infinies qu'elles
expriment et les divinités qu'elles figurent ne couvrent
pas seulement les parois du cloître excavé, mais l'intérieur et l'extérieur du temple, les piliers, les pilastres, les
murailles, et jusqu'aux plafonds qui couvrent tout l'édifice; car ici, comme sur les bords du Nil antique, on chercherait en vain quelque voûte ovale ou circulaire. Des statues gigantesques et sans nombre représentent les dieux
d'un polythéisme infatigable à tout déifier. Cette assemblée de statues rappelle un grand peuple disparu, qui
venait en foule pour les adorer, il y a déjà cent générations! Imaginez dans une solitude souterraine, prêtes à
saisir chacune quelque don Juan oublieux du culte de ses
ancêtres, imaginez mille effigies de Commandeurs, prêtes
à marcher, et qui semblent aspirer, dans ce sépulcre abandonné depuis deux mille ans, à descendre plus bas encore
vers les entrailles de la terre.

En étudiant les sujets mythologiques représentés dans
le temple d'Élora, les antiquaires ont reconnu qu'il renfermait diverses parties singulièrement disparates; les
unes appartiennent au culte de Brahma, les autres au
culte de Bouddha. Ainsi, deux religions, qui ne pouvaient être pratiquées en même temps et dans la même
enceinte, se sont succédé au fond d'un temple souterrain,
sans qu'aucun des sectateurs de ces religions antagonistes
ait eu la pensée de mutiler les symboles appartenant à
la croyance rivale.

Il fallait donc que les dernières parties du monument
fussent antérieures au temps où les sectaires opposés se
firent une guerre acharnée, laquelle a fini par l'expulsion

des bouddhistes au delà des limites naturelles marquées par les Himâlayas, l'Indus et le Brahmapoutra.

Tel est le temple à la fois aérien et souterrain qu'ont rendu si célèbre son antiquité, sa richesse et sa beauté; temple dont les Européens les plus savants ont reproduit les merveilles par le dessin et la gravure.

Évidemment le culte qui s'est maintenu et qui, même aujourd'hui, se maintient prédominant d'un bout à l'autre de l'Inde, ce culte que n'ont jamais professé moins de cent millions d'âmes, n'a pu disparaître de son plus magnifique sanctuaire, à moins d'être expulsé par une conquête et des persécutions comparables à celles qu'ont exercées les mahométans les plus fanatiques. Ces derniers ont dispersé les habitants de la ville qui florissait autour de la montagne sainte; les habitants exilés, les brahmanes mis en fuite, les cérémonies sacrées ont cessé tout à coup. Néanmoins, protégés par leur existence souterraine, les cloîtres et le temple avec leurs ornements les plus délicats sont restés intacts; ils ont été préservés également contre les injures de l'air et les outrages des hommes.

Aux voyageurs qu'attire un pieux sentiment ou la simple curiosité, la cité d'Élora montre quelle dut être sa splendeur, par les débris de ses édifices les moins périssables et surtout par ses tombeaux; on trouve encore sur pied de longues lignes des remparts qui jadis faisaient partie d'une enceinte très-étendue. Deux constructions, qu'il faut par comparaison appeler modernes, sont les seuls monuments qui fassent revivre tout un passé religieux.

Pagode bâtie par la reine Ahalya. — Sur les bords d'un lac artificiel, nécessaire à la vie de quelques habitants et des pèlerins, les Hindous admirent un beau temple de Siva, dont l'érection ne remonte qu'à la dernière moitié du siècle dernier. La reine illustre dont nous avons signalé avec une juste admiration les vertus, les travaux et les bienfaits, non-seulement a construit ce temple aux frais de son trésor, mais elle l'a doté des fonds nécessaires pour revivifier et perpétuer le culte de Brahma, près des restes abandonnés d'Élora : restes dont les merveilles doivent être rangées parmi les plus grands souvenirs que ce culte ait laissés dans le centre de l'Hindoustan.

Mû par un sentiment contraire, l'empereur Aureng-Zeb, ce fanatique musulman qui détestait tous ses sujets hindous, à la seule pensée de leur religion, qu'il méprisait, Aureng-Zeb, il y aura bientôt deux cents ans, s'était procuré l'insolent et stérile plaisir d'ériger une mosquée, sans grandeur et sans prestige, précisément en face de l'entrée par où l'on pénètre à travers la montagne dans le temple que révérait l'immense majorité de ses sujets. Une haine inextinguible chez les nations outragées de la sorte a causé d'abord la puissante révolte des Mahrattes, celle dont nous avons esquissé l'histoire; puis leur vengeance prolongée, assouvie seulement par la déchéance et le servage qu'a subis la postérité dégénérée d'un monarque intolérant et persécuteur.

Aurungabad. — Lorsque Dowletabad eut été rangée sous les lois d'Aureng-Zeb, ce séjour lui déplut; il préféra développer à peu de distance une cité qui serait toute musulmane et qui porterait son nom. Telle fut Aurengabad, bientôt appelée par corruption *Aurungabad;* il en fit sa résidence favorite pendant la fin de son règne. La salubrité de cette situation l'avait séduit; c'était son séjour de délices, lorsque les besoins de sa politique l'appelaient vers le midi de ses États. Le palais qu'il a bâti n'est plus qu'un monceau de ruines, et déjà le temps appesantit sa main sur le mausolée que cet empereur a fait construire en l'honneur de sa fille, en essayant d'é-

galer le modèle inimitable du Tadj-mahâl d'Agra. Là,
pour lieutenant ou vizir il avait alors le puissant Nizam-
oul-Moulk, qui survécut pendant un tiers de siècle à son
maître. Dès 1690, Aureng-Zeb avait assiégé la forteresse
qui devait porter son nom, plus célèbre encore pour ses
trésors que ne l'avait été l'antique Deoghir. Après sa mort,
Nizam-oul-Moulk transporta le siége de son grand viziriat
dans la ville d'Hyderabad, très-voisine de Golconde, et
qui devait devenir l'une des cités les plus peuplées et les
plus opulentes de l'Hindoustan non britannique.

La forteresse, qui renfermait les trésors, protégeait
l'ancienne capitale, appelée *Serounaggar*. Les musulmans,
devenus maîtres de cet État, avaient à peu de distance,
jeté les fondements d'Hyderabad, qui plus tard devint,
comme nous venons de le dire, la capitale du Deccan.

Serounaggar, qu'on nomme aussi le vieil Hyderabad, ne
présente plus aujourd'hui que les ruines de temples et de
tombeaux. A quelque distance de ces débris, qui ne disent
rien à nos cœurs, nous trouvons le monument qui per-
pétue la mémoire du général français Raymond, monument que nous nous sommes fait un devoir de décrire.

*Provinces du royaume d'Hyderabad; inutilité présente des fleuves
et des rivières.*

Les diverses provinces d'un royaume presque égal en
étendue à la moitié de la France ne nous offrent aucune partie qui soit devenue célèbre pour l'avancement
de ses arts et pour l'heureux parti que les habitants aient
su tirer des trésors de la nature. Ce vaste pays est pourtant arrosé par de beaux fleuves, soit à l'orient, soit à l'occident, et, dans l'intervalle qui les sépare, par la grande
rivière Mandjera, qui, prenant sa source aux confins de la

Présidence de Bombay, parcourt d'abord plus de cent lieues dans la direction du sud-ouest. Elle descend ainsi jusqu'à vingt-cinq lieues de la capitale; ensuite elle rebrousse vers le nord, pour confondre ses eaux avec celles du Godavery. Ce fleuve pourrait conduire à la mer du Bengale tous les produits commerciaux des Provinces-Centrales; tandis qu'en le remontant on s'en servirait pour transporter les approvisionnements de guerre expédiés de Madras par Mazulipatam et Radjahmundry, afin de satisfaire aux besoins du corps d'armée britannique campé, pour ainsi dire, aux portes d'Hyderabad.

Les villes éloignées de la capitale.

Si quelque chose démontre l'état d'enfance et le mauvais gouvernement des États du Nizam, c'est qu'un royaume si vaste ne présente nulle part des cités qui soient à la fois très-populeuses et très-riches.

Si nous nous éloignons d'Hyderabad, nous trouverons très-peu de villes dignes d'être mentionnées, excepté pour quelques souvenirs, et nous avons indiqué les principales. Le commerce et l'industrie n'en ont pas fait prospérer de nouvelles dans les temps postérieurs. A peine pouvons-nous citer une exception à ces tristes remarques; la voici :

Byder ou Beder et ses fonderies de vases métalliques. — A trente lieues d'Hyderabad, cette ville assez considérable s'élève sur les bords de la Mandjera; son industrie est renommée pour les vases qu'on y fabrique avec un alliage de zinc et de bronze incrusté d'argent. On exporte un grand nombre de ces vases dans toutes les parties de l'Inde.

Situation géographique de Byder : latitude, 17° 53'; longitude, 75° 16' à l'est de Paris.

Défense et garde des provinces.

Le royaume d'Hyderabad n'a plus besoin de tenir sur
pied, vers ses frontières, des forces destinées à surveiller
les États voisins, contre lesquels il a perdu le droit de
faire la guerre, et qui n'ont eux-mêmes ni le droit ni le
pouvoir de l'attaquer. Ce qu'il doit surveiller, et de près,
ce sont les sujets peu civilisés de ses propres montagnes.

Ville et cantonnement anglais de Jaunah. — A quelques
lieues d'Aurungabad, on a placé le cantonnement réservé
pour les troupes légères appartenant à la force auxiliaire
britannique. Elles sont toujours sur le pied de guerre,
et toujours prêtes à marcher avec leur matériel complet
pour faire campagne. Le cantonnement est séparé par un
ruisseau de la ville hindoue de *Jaunahpour.* En 1803,
cette ville, en y joignant quarante lieues carrées de pays,
avait été cédée par les Mahrattes aux Anglais; ces derniers l'échangèrent ensuite avec le Nizam pour des territoires meilleurs, adjacents à leurs possessions.

L'objet essentiel de la brigade auxiliaire britannique
est de surveiller les montagnards appelés *Bhils,* race
audacieuse, spoliatrice, et d'une incroyable adresse pour
entreprendre toute espèce de brigandages; c'est elle dont
nous avons fait connaître les mœurs en rappelant la très-
instructive autobiographie de Lutfullah, p. 182.

Cantonnement septentrional des troupes légères du Nizam.
— Ce second cantonnement se trouve auprès d'Aurungabad, et la troupe qu'il contient est aux ordres du général
qui commande le cantonnement britannique. La ville, il
y a trente ans, comptait encore 30,000 habitants; mais
chaque jour voit sa population diminuer.

Dans les parties avoisinantes, possédées par les Anglais,
ce n'est pas seulement de la soumission des montagnards

que la puissance publique est préoccupée; elle a fini par
comprendre qu'avec un esprit équitable et bienveillant
on peut tout obtenir, même de ces peuplades à l'état
presque sauvage. Aujourd'hui, des soins attentifs sont
dirigés vers l'enseignement et la civilisation des montagnards; on établit des écoles pour leurs enfants; on en-
courage avec plaisir leur agriculture; on construit des
chemins pour le transport de leurs produits; enfin, on les
appelle dans les rangs de l'armée indo-britannique.

Si la dynastie tristement dégénérée qui règne aujour-
d'hui sur le royaume d'Hyderabad pouvait produire un
prince comparable aux derniers Maharadjahs de Madura
et de Travancore, à leur exemple, ce prince adopterait
pour modèle la meilleure administration des Présidences
anglaises; dans un pays où tout est à faire, il entrepren-
drait de tout faire, avec une activité prudente et néanmoins infatigable. Mais il faudrait qu'il eût auparavant,
soit à Madras, soit à Calcutta, préparé l'éducation et
développé l'instruction du futur vizir capable de réaliser
un pareil avenir.

ILE DE CEYLAN.

Peu d'îles ont reçu plus de noms et des noms plus divers. Les Grecs l'appelaient Taprobane; les Arabes, Se-
randip, l'île de Seran; les brahmanes, dans leurs antiques poésies, la célébraient sous le nom de Singhal, le
séjour des lions. Les indigènes d'aujourd'hui la nomment
encore Singhala, et Singhalais ses habitants; les Anglais,
Ceylon, et les autres Européens, Ceylan.

Quoique Ceylan soit d'environ 60 lieues plus rapprochée
de l'équateur que le continent de l'Inde, sa position à l'entrée de l'immense golfe du Bengale, l'abaissement et la

largeur de ses plaines baignées par la mer, l'abondance des eaux descendues de ses hautes montagnes, eaux qui s'ajoutent à celles que les moussons versent sans obstacle sur ces mêmes plaines, une constitution géologique éminemment favorable à la végétation, tout contribue à rendre Ceylan, au milieu des régions intertropicales de l'Asie, l'une des îles les plus fécondes et qui se prêtent le mieux aux diverses cultures que peut innover ou perfectionner le génie des Européens.

Il semble naturel de supposer qu'un pays si merveilleusement favorisé par la nature, un pays depuis plusieurs siècles stimulé par des peuples fort avancés de l'Occident, devrait présenter, comme les plus belles contrées de l'Inde, une population très-condensée; il n'en est rien. C'est ce que démontre le tableau qui suit :

Territoire et population.

Superficie.................. 6,397,300 hectares.
Population.................. 2,342,098 habitants.
Habitants par 1,000 hectares..   366

En présence d'un tel résultat, conclu de la plus récente publication officielle [1], il doit paraître incroyable qu'un tiers de siècle après la prise de possession par les Anglais, en 1829, le consciencieux Walter Hamilton [2] n'évaluât le nombre des habitants qu'à 700,000, c'est-à-dire seulement à 94 habitants pour mille hectares; évidemment il admettait des supputations beaucoup inférieures à la vérité.

Toute erreur corrigée, pour une égale étendue de territoire, malgré de vastes déserts et des monts couverts de

---

[1] *Statistical Tables relating to the colonial possessions of the United Kingdom;* London, 1866.

[2] *East-India Gazetteer.*

neiges éternelles, l'Inde britannique est presque deux fois
aussi populeuse que Ceylan. Même aujourd'hui, ce qui
manque surtout à cette île, objet de notre étude, ce sont
des bras disponibles; et pourtant les habitants sont trois
fois plus nombreux que ne le supposaient les maîtres
actuels il n'y a pas quarante années.

Les conquérants européens.

Rappelons en quelques mots la conquête de Ceylan
par les puissances européennes. Dès 1505, les Portugais
rendent un grand service à l'un des rois de cette île, qui
résidait à Colombo. Comme récompense, ils obtiennent
qu'on leur concède la précieuse écorce appelée *cinnamome*
ou *cannelle*, à condition qu'ils protégeront les districts
maritimes contre les spoliations des pirates arabes.

Longtemps après, quand les Hollandais firent la guerre
au Royaume-Uni de Portugal et d'Espagne, ils expulsèrent,
en 1656, les nouveaux sujets de Philippe II, de concert
avec le roi de Candy : Candy, c'est l'État que dans la suite,
mais en vain, les Hollandais s'efforcèrent d'envahir.

Un siècle et demi plus tard, en 1796, la Hollande,
métamorphosée en République Batave, se vit forcée par
les Français de déclarer la guerre à la Grande-Bretagne;
les Anglais alors conquirent ses possessions de Ceylan, lesquelles se bornaient, comme nous l'avons dit, au littoral.

A la paix de 1802, la colonie hollandaise fut définitivement acquise à l'Angleterre. Le marquis Wellesley, qui
gouvernait l'Inde Britannique au nom de la Compagnie
des Indes, employa tous ses efforts afin d'obtenir qu'on
rangeât sous ses ordres cette île, qui, du côté du midi,
semble compléter l'Hindoustan; mais le ministre de la
guerre et des colonies, sous les auspices duquel s'était
opérée la conquête, fit repousser une telle demande.

Depuis cette époque, l'île n'a pas cessé de former un gouvernement spécial et très-éclairé, lequel n'a rien de commun avec celui des Présidences de l'Inde.

Plus audacieuse et plus puissante que la Hollande, l'Angleterre entreprit de subjuguer l'île entière; peu d'années lui suffirent pour accomplir ce dessein.

Géologie. — Hydrographie.

Dans les premiers temps de leur séjour, la mortalité des Européens était grande à Ceylan; mais, par degrés, l'assainissement, résultat de cultures plus étendues, et l'art de faire écouler les eaux stagnantes ont rendu le climat moins funeste aux conquérants ainsi qu'aux natifs.

Il est certaines parties de l'île où l'on remarque le phénomène singulier qui fut si fatal à Seringapatam quelque temps après la conquête des Anglais, et que nous avons signalé, page 435. On voit certains districts et certains lieux isolés qui depuis longtemps étaient renommés pour leur salubrité, on les voit, disons-nous, sans aucune cause que l'observation et la science puissent assigner, devenir tout à coup mortels pour les habitants; plus tard ces localités recouvrent, mais lentement, leur première salubrité. Des exhalaisons souterraines doivent être la cause de ces étranges phénomènes.

Les populations diverses. — Parmi les indigènes on distingue trois populations fort différentes et qu'on suppose à tort presque égales en nombre :

1° Les Singhalais ou Ceylanais proprement dits, habitants du midi de l'île;

2° Les Malabars ou Tamils, occupant les côtes occidentales et septentrionales;

3° Les Candyens, sujets de l'ancien royaume de Candy, confinés dans le centre des montagnes.

Au milieu des natifs, mais dans les parties les plus accessibles, sont établis : les Portugais et leurs prosélytes catholiques, les Hollandais et leurs presbytériens, auxquels s'ajoutent les Anglais et leurs néophytes anglicans.

Trois cultes asiatiques partagent les indigènes restés étrangers au christianisme. Les aborigènes sont *bouddhistes* et plus nombreux que tous les autres; ensuite il faut compter les sectateurs de Brahma, arrivés de l'Hindoustan; viennent enfin quelques musulmans, colons arabes ou convertis par les Arabes.

Ce mélange extraordinaire de populations n'ayant ni la même origine ni le même langage exige que les actes de l'autorité soient publiés dans quatre idiomes différents : 1° l'anglais et 2° le hollandais, pour les chrétiens; 3° la langue malabare ou tamile, pour les émigrés de l'Inde; 4° le ceylanais ou singhalais, pour les montagnards aborigènes.

Aux indications que nous venons de présenter sur la diversité des races et des cultes, nous pouvons ajouter un document beaucoup plus précis et plus significatif. Il donne le nombre des élèves de chaque croyance dans les écoles que subventionne le Gouvernement, et qu'il ouvre *sans préférence* à tous les habitants. Le voici tel qu'il est présenté dans les rapports officiels de la colonie, pour l'année 1860 :

ÉLÈVES CHRÉTIENS.		ÉLÈVES NON CHRÉTIENS.	
Catholiques	1,962	Bouddhistes	1,544
Anglicans	859	Hindous	596
Presbytériens { britanniques	402	Musulmans	224
Presbytériens { hollandais	408	Autres cultes	30
Autres classes de protestants	69	TOTAL, élèves non chrétiens.	2,394
TOTAL, élèves chrétiens	3,700		

TOTAL GÉNÉRAL, 6,094.

Dans le tableau précédent, soyons-en certains, si les
chrétiens ont la supériorité du côté du nombre, c'est
qu'en presque totalité leurs enfants suivent les écoles;
mais il est évident qu'entre les cultes non chrétiens,
tous plus ou moins apathiques, et pour la plupart également
ment peu jaloux de s'instruire, la proportion des élèves
est un indice très-parlant de l'inégalité des populations
qui les professent. On doit surtout être frappé du grand
nombre des bouddhistes et du petit nombre des musulmans
mans.

Inégalité de l'enseignement chez les deux sexes. — Dans
les écoles plus ou moins secourues par le Gouvernement,
à l'époque où l'on a dressé le tableau qui les concerne,
sur mille élèves on comptait 857 garçons et seulement
143 filles; celles-ci, pour la plupart, étaient des chrétiennes. A la même époque, l'enseignement primaire non
subventionné comprenait 25,500 élèves : ce n'était guère
plus d'*un enfant pour cent personnes.* Une pareille dispro-
portion est déplorable.

Nous allons à présent parcourir les six provinces dans
lesquelles on a divisé l'île et qui présentent des diversités
extraordinaires.

1. *Province sud-occidentale.*

Nous commencerons par la première province qui se
soit offerte à la cupidité des Occidentaux; elle formait,
il y a quatre siècles, un État indépendant, gouverné
par un prince qui résidait à Colombo, ville qui devint par
degrés la capitale de l'île entière.

La prospérité de cet État, son heureuse position en
face de l'Inde, et la fécondité de son territoire, nous expliquent son peuplement beaucoup plus développé que

celui du reste de l'île, et même que celui de la côte opposée sur le continent de l'Inde.

L'île entière de Ceylan est de formation primitive; ses masses rocheuses sont le granit, le greastone, la syénite, et particulièrement le gneiss. Par la succession des siècles, un désagrégement s'est opéré; les parcelles de ces roches, entraînées par les eaux, ont formé les sables et les terres qui composent le sol cultivable de l'île. Dans ces triturations, le feldspath et le quartz sont les composés minéraux qui prédominent, et l'on est surpris du peu d'alluvions végétales qui sont mêlées à ces matières primitives.

Comme richesses minérales, le sol de l'île renferme du manganèse, de la plombagine, du fer, du cuivre, etc.

Territoire et population de la province.

Superficie . . . . 989,339 hectares.
Population . . . . 974,076 habitants.
Habitants par 1,000 hectares   983

La supériorité territoriale de cette province est démontrée par une population presque égale à mille habitants pour mille hectares : proportion qu'en Europe même si peu de contrées atteignent. Sur près d'un million d'habitants, il y a seulement 7,034 individus de race blanche; mais ce sont eux qui font prospérer les cultures les plus avancées dont nous parlerons dans un moment.

On est surpris qu'une contrée si populeuse ne cultive pourtant que la moindre partie de son territoire; en 1863, sur près d'un million d'hectares, moins du sixième était à l'état de récoltes effectives. Le riz, le froment, le café, la cannelle, le poivre, le tabac, sont les principales cultures; en même temps, l'élève des bêtes bovines est considérable et beaucoup d'habitants sont pasteurs.

Culture du riz. — Partout où la nature le permet, on cultive le riz; mais sur les pentes les plus prononcées, avec de petits murs, on forme des terrasses horizontales qui retiennent à la fois les eaux et la terre où cette céréale peut être plantée.

Colombo, la capitale. — C'est la seule ville importante que contienne la province occidentale.

Situation géographique : latitude, 6° 55′; longitude, 77° 25′ à l'est de Paris.

Quoique bâtie sur une côte ouverte et sans baie protectrice, comme Madras et Pondichéry, dès le commencement du siècle, Colombo ne comptait pas moins de 50,000 habitants. Ils s'enrichissaient à la fois par la rare fécondité de la plaine circonvoisine et par un commerce chaque jour plus productif avec la côte opposée de l'Hindoustan. On doit y joindre un plus vaste commerce dont nous étudierons le point central de relâche en décrivant le port si célèbre appelé Pointe de Galles.

Protection de Colombo. — Une forteresse importante, à sept bastions, est érigée sur une péninsule de peu d'étendue. Elle a trois fronts qui battent la mer du large; un quatrième domine les roches marines du sud, roches qui de ce côté rendent le littoral inabordable; un cinquième front regarde la terre, et les deux derniers font face à l'entrée de la lagune qui, vers le nord, longe la côte.

Un petit mouillage est protégé, du côté du sud, par la forteresse, et, du côté de l'ouest, par un rocher armé de deux batteries; il reçoit des barques de pêche et de cabotage. Plus au nord s'étend, mais sans abri contre la mer, la longue côte où des navires peuvent mouiller sans danger depuis octobre jusqu'en mars, alors que dominent les vents alizés du nord-est. Mais dans les six mois où les vents viennent du sud-ouest, la rade, ouverte et labourée par les vents du large, ne permet plus de mouiller devant Colombo; alors, du côté du nord, un cabotage intérieur déploie son activité dans la longue lagune qui borde la terre ferme.

Les Anglais se réservent la forteresse; les Portugais et les Hollandais habitent la ville, qui s'élève à l'est; les indigènes, qui sont de beaucoup les plus nombreux, peuplent les faubourgs.

L'humidité chaude et constante qui règne à Colombo fait pourrir les livres, les tissus et les vêtements, à moins de les étaler fréquemment au soleil pour les sécher; en revanche, les brises de mer rafraîchissent l'air, et les Européens, quoique si près de l'Équateur, peuvent aisément en supporter la température adoucie.

Culture du cannellier ou laurier cinnamome. — Le principal charme de la contrée que nous décrivons est répandu par les riantes cultures qui, toute l'année, verdoient autour de Colombo, et surtout par la beauté du laurier cinnamome. C'est le magnifique arbuste dont l'écorce, dégagée de sa pellicule extérieure, fournit l'épice connue dans le langage ordinaire sous le nom de *cannelle*.

Cet arbuste précieux a trouvé dans la vaste plaine autour de Colombo des conditions plus favorables qu'en aucun lieu de la terre : aussi nul autre pays n'en produit dont l'écorce odorante ait une aussi parfaite qualité.

En des terrains de semblable composition, mais plus riches en humus, des observateurs ont remarqué que l'arome du cinnamome ne parvient pas au même degré d'intensité.

Les voyageurs éprouvent une extrême surprise lorsqu'ils voient une plaine de pur sable quartzeux, dont la blancheur éblouit sous les feux d'un soleil équatorial, et ce sable couvert d'une opulente végétation arborescente.

Le laurier que nous décrivons peut s'élever jusqu'à
six mètres; mais, lorsqu'il arrive à cette hauteur, le
parfum de son écorce est devenu par degrés moins
puissant; c'est pourquoi, dans les beaux jardins dont est
entourée la ville de Colombo, on préfère le cultiver à
l'état d'arbuste et le tailler à trois mètres seulement d'élévation. Les jardiniers le font pousser par touffes, au
lieu de réserver et d'isoler un tronc unique.

Lorsque les tiges n'ont guère qu'un décimètre de circonférence, on les abat. Cela fait, on enlève l'écorce par
longues lanières qui sont ratissées avec soin, pour en
supprimer l'épiderme comparable à celle du bouleau;
puis on les laisse sécher, et bientôt elles se courbent en
forme de tuyaux. La cannelle, à la rigueur, est alors prête
pour la vente; mais on l'améliore sensiblement lorsqu'on
lui laisse le temps de se dessécher davantage.

Ici, le précieux végétal aromatique trouve un terrain
si favorable qu'avant toute culture, et dans les temps les
plus antiques, il y croissait et prospérait à l'état sauvage.
Ce terrain, suivant la description déjà donnée, est un
sable siliceux, que fournit un quartz désagrégé descendu
des montagnes; chose remarquable, la partie du sol où
pénètrent les racines contient en poids moins d'un centième de substance végétale. Non-seulement la nature du
sol, mais l'atmosphère humide et chaude propre à la
côte occidentale, peut-être aussi la nature des eaux qui
circulent à travers le sous-sol, tout contribue à la supériorité du cannellier aux environs de Colombo.

Lorsqu'on creuse à très-peu de profondeur dans le
milieu des jardins, on voit surgir une eau limpide d'une
pureté extraordinaire : aussi les habitants la recherchent-
ils avec avidité, comme une boisson délicieuse.

COMMERCE DU CINNAMOME DE CEYLAN, POUR L'ANNÉE 1863 [1].

EXPORTATIONS DE CINNAMOME.	QUANTITÉS.	VALEURS.
	Kilogr.	Francs.
Pour le Royaume-Uni...........................	330,602	911,050
Pour les possessions britanniques.................	704	1,950
Pour tous les pays étrangers.....................	1,669	4,550
Totaux.......................	332,975	917,550

Culture du palmier à coco. — Le palmier à coco prospère aussi dans les terrains sableux favorables au cannellier. Il est à Ceylan d'un revenu considérable; son fruit contribue essentiellement à l'alimentation populaire, et les fibres extérieures qui couvrent sa noix fournissent un filament très-propre à faire des cordages. Cet arbre, à la fois utile et pittoresque, contribue beaucoup à l'ornement de la campagne aux environs de Colombo.

Culture du café. — Au delà des rizières, et sur la pente des montagnes, les Européens ont introduit cette culture, l'une des plus récentes et des plus riches : elle se partage entre la province qui nous occupe et la province centrale, dont nous allons parler dans un moment; un tiers seulement appartient à la province occidentale.

En pleine zone torride, on ne pourrait pas cultiver le café dans les plaines. C'est pour cela que les Européens se sont placés sur la pente des monts qui viennent d'être signalés. On enrichit ainsi l'île de Ceylan par un choix judicieux des terrains et des expositions les plus pro-

---

[1] *Statistical Tables of the colonial possessions,* published in 1865 for the year 1863, p. 444.

pices. Comme l'on éprouvait de trop grandes difficultés
à trouver assez d'ouvriers natifs de l'île, on en a tiré du
Malabar. Dans ces dernières années, ceux qu'a fournis
le Travancore sont revenus dans leur pays avec un abondant pécule dont nous avons signalé les effets singuliers
(voyez page 418).

C'est seulement en 1835 que les Anglais ont commencé dans Ceylan cette belle culture; ils l'ont poursuivie
avec une intrépide activité et l'ont ensuite enseignée au
midi de l'Inde. En 1864, la seule île de Ceylan a fourni
34,406,970 kilogrammes de café : quatre fois plus que
l'Inde entière !...

2. *Province centrale, ancien royaume de Candy.*

Dans toute sa largeur du sud au nord, la province occidentale touche à la province centrale. Imaginons un quadrilatère d'à peu près 50 kilomètres, formé par la crête
de quatre chaînes de montagnes; il représentera ce qu'on
peut appeler le couronnement de la province centrale.

Territoire et population.

Superficie................	1,344,414 hectares.
Population	340,435 habitants.
Habitants par 1,000 hectares...	253

Quand on quitte la division de Colombo pour passer
à celle des hauteurs, on est étonné de ne plus guère trouver que le quart des habitants pour la même superficie.

Les montagnes, de formation primitive et granitique,
sont couronnées d'épaisses forêts et de jongles très-éten-

dus; beaucoup de terrains, jusqu'ici restés en friche, n'aident en rien au peuplement.

Sur les 1,344,414 hectares qu'offre la province, la partie qui donne des récoltes ne surpasse pas 150,000 hectares, dont près du tiers consiste en plantations de café sur la pente des montagnes.

Les éléphants de Ceylan. — Autrefois les forêts, à l'état vierge, étaient peuplées d'un nombre incroyable d'éléphants sauvages; sous des ombrages séculaires ces animaux trouvaient la solitude profonde que Buffon déclare indispensable à leur reproduction. Mais, depuis que les Européens multiplient leurs habitations et leurs cultures de café sur la pente des montagnes qu'on déboise, des chasseurs adroits, actifs, intrépides, font à ces animaux une chasse qui bientôt les rendra rares, même au centre de Ceylan. Un de ces chasseurs, dans ses excursions perpétuelles, a tué de sa main, prétend-on, mille éléphants.

En 1851, à l'Exposition de Londres, on remarquait pour leur beauté les défenses de ces animaux si réduits en nombre; leur ivoire, aujourd'hui, n'est plus qu'un médiocre sujet d'exportation. On remarquait aussi de magnifiques fourrures de bêtes féroces, le léopard, l'ours, le tigre, etc. A côté de ces fourrures, le public admirait les échantillons des beaux bois coupés dans les montagnes.

Royaume et ville de Candy. — Le massif montagneux de la province centrale formait autrefois le royaume de Candy, le dernier qu'aient asservi les Européens. Dans le quadrilatère montueux déjà signalé, vers l'angle nord-ouest, le moins éloigné de Colombo, dans un étroit défilé, s'élève à 450 mètres au-dessus de la mer Candy, la capitale du royaume aborigène; c'est un misérable bourg qui ne comptait pas plus de 3,000 habitants lorsque les Anglais s'en emparèrent. Dans le temple principal, les natifs

9 782329 361864